环保公益性行业科研专项经费项目系列丛书

U0190065

入海排污口设置与
直排海污染源监管技术

彭海君　赵庄明　赵　肖　刘明清　等著

中国海洋大学出版社

·青岛·

图书在版编目(CIP)数据

入海排污口设置与直排海污染源监管技术/彭海君
等著. —青岛:中国海洋大学出版社,2018.1
ISBN 978-7-5670-1700-9

Ⅰ.①入… Ⅱ.①彭… Ⅲ.①海洋污染—排污口—介
绍—中国②海洋污染监测—研究—中国 Ⅳ.①X834

中国版本图书馆 CIP 数据核字(2018)第 032252 号

出版发行	中国海洋大学出版社			
社 址	青岛市香港东路 23 号	邮政编码	266071	
出 版 人	杨立敏			
网 址	http://www.ouc-press.com			
电子信箱	j.jiajun@outlook.com			
订购电话	0532-82032573(传真)			
责任编辑	姜佳君	电 话	0532-85901984	
印 制	青岛正商印刷有限公司			
版 次	2018 年 7 月第 1 版			
印 次	2018 年 7 月第 1 次印刷			
成品尺寸	185 mm×260 mm			
印 张	15.25			
字 数	300 千			
印 数	1～1 000			
定 价	58.00 元			

《入海排污口设置与直排海污染源监管技术》
编写组

著　　者　彭海君　环境保护部华南环境科学研究所
　　　　　赵庄明　环境保护部华南环境科学研究所
　　　　　赵　肖　环境保护部华南环境科学研究所
　　　　　刘明清　环境保护部华南环境科学研究所

主要成员　郭振仁　环境保护部华南环境科学研究所
　　　　　李　媛　北京化工大学
　　　　　陈道毅　清华大学深圳研究生院
　　　　　陈清华　环境保护部华南环境科学研究所
　　　　　唐静亮　浙江省舟山海洋生态环境监测站

内容简介

　　本书是作者所承担的环保公益性行业科研专项"入海排污口设置与直排海污染源监管技术研究"的总结,以入海排污口为研究对象,研究了我国入海排污口分布、设置、审批、监管现状等,识别出我国入海排污口审批监管所存在的问题,提出了"入海排污口选址和排放方案比选技术"。通过研究我国入海排污口混合区面积计算方法,综合运用理论推导、室内实验模拟、现场野外监测验证、水环境模拟、生态系统模型等技术手段,研究提出了"入海排污口混合区划定技术"和"入海排污口生态风险评估及防范措施"。利用已有的入海排污口监测统计资料,集成开发出"入海排污口与直排海污染源动态管理地理信息系统",为环境保护行政主管部门加强全过程管理提供切实、有效的信息化技术支撑。

　　本书为排污方和技术论证机构选址排污口及排污方案的比选提供技术支持,入海排污口/直排海污染源动态管理GIS系统供监测监管机构使用。

序　言

目前,全球性和区域性环境问题不断加剧,已经成为限制各国经济社会发展的主要因素,解决环境问题的需求十分迫切。环境问题也是我国经济社会发展面临的困难之一,特别是在我国快速工业化、城镇化进程中,这个问题变得更加突出。党中央、国务院高度重视环境保护工作,积极推动我国生态文明建设进程。党的十八大以来,按照"五位一体"总体布局、"四个全面"战略布局以及"五大发展"理念,党中央、国务院把生态文明建设和环境保护摆在更加重要的战略地位,先后出台了《环境保护法》《关于加快推进生态文明建设的意见》《生态文明体制改革总体方案》《大气污染防治行动计划》《水污染防治行动计划》《土壤污染防治行动计划》等一批法律法规和政策文件,我国环境治理力度前所未有,环境保护工作和生态文明建设的进程明显加快,环境质量有所改善。

在党中央、国务院的坚强领导下,环境问题全社会共治的局面正在逐步形成,环境管理正在走向系统化、科学化、法治化、精细化和信息化。科技是解决环境问题的利器,科技创新和科技进步是提升环境管理系统化、科学化、法治化、精细化和信息化的基础,必须加快建立持续改善环境质量的的科技支撑体系,加快建立科学有效防控人群健康和环境风险的科技基础体系,建立开拓进取、充满活力的环保科技创新体系。

"十一五"以来,中央财政加大对环保科技的投入,先后启动实施水体污染控制与治理科技重大专项、清洁空气研究计划、蓝天科技工程专项等专项,同时设立了环保公益性行业科研专项。根据财政部、科技部的总体部署,环保公益性行业科研专项紧密围绕《国家中长期科学和技术发展规划纲要(2006—2020 年)》《国家创新驱动发展战略纲要》《国家科技创新规划》和《国家环境保护科技发展规划》,立足环境管理中的科技需求,积极开展应急性、培育性、基础性科学研究。"十一五"以来,环境保护部组织实施了公益性行业科研专项项目 479 项,涉及大气、水、生态、土壤、固废、化学品、核与辐射等领域,共有包括中央级科研院所、高等院校、地方环保科研单位和企业等几百家单位参与,逐步形成了优势互补、团结协作、良性竞争、共同发展的环保科技"统一战线"。目前,专项取得了重要研究成果,已验收的项目中,共提交各类标准、技术规范 1232 项,各类政策建议与咨询报告 592 项,授权专利 626 项,出版专著 367 余部,专项研究成果在各级环保部门中得到较好的应用,为解决我国环境问题和提升环境管理水平提供了重要的科技支撑。

为广泛共享环保公益性行业科研专项项目研究成果,及时总结项目组织管理经验,环境保护部科技标准司组织出版环保公益性行业科研专项经费系列丛书。该丛书汇集了一批专项研究的代表性成果，具有较强的学术性和实用性，可以说是环境领域不可多得的资料文献。丛书的组织出版，在科技管理上也是一次很好的尝试，我们希望通过这一尝试，能够进一步活跃环保科技的学术氛围，促进科技成果的转化与应用，不断提高环境治理能力现代化水平，为持续改善我国环境质量提供强有力的科技支撑。

中华人民共和国环境保护部副部长

黄润秋

　　改革开放以来，沿海地区成了社会经济高速发展和人口不断积聚的热点地区，市政生活污水、水产养殖行业废水、各类工业废水及港口交通设施废水大量产生，最终都排入附近海域，给近岸海域环境带来巨大压力。入海排污口邻近海域环境质量状况总体较差。2014 年全国入海直排口（日排污水量大于 $100 \ m^3$）的污水排放总量较 2006 年增长近 80%，其中工业污染源废水量较 2007 年增长 93%；2014 年纳入常规监测的 415 个排污口中，1/3 的排污口全年监测不达标，监测的 37 个污染指标中，包括第一类污染物、持久性有机污染物等 20 个指标出现超标现象。由于我国入海排污口设置论证缺乏统一的科学方法，审批和监管缺乏严格的依据，导致一些入海排污口设置不尽合理，混合区范围和入海污染物总量的控制也不够严格，有的入海排污口污染物迁移扩散不佳，有的距离敏感点太近，正常情况下就引起污染问题，而一旦发生污染事故，更会酿成严重危害。随着我国入海排污口的逐年增加，近岸海域污染状况日益严峻，海洋生态安全受到威胁。为此，环境保护部科技标准司在 2013 年启动了环保公益性行业科研专项"入海排污口设置与直排海污染源监管技术研究"的工作，以污染控制和海洋生态保护为目标，研究入海排污口设置与直排海污染源监管技术，为科学管理污水排海提供技术支撑，围绕沿海地区环保部门管理监督指导海洋环境保护工作这一重要职能和对直排海污染源加强监管的迫切需求，提出入海排污口/直排海污染源监管成套技术，为近岸海域污染控制和生态保护提供极其重要的管理手段。

　　课题组经过三年多的研究，以入海排污口为研究对象，实地调研了我国沿海地区入海排污口分布、排放和管理（审批、规范化建设、日常监督管理等）的现状，分析存在的问题和成因；通过对入海排污口设置影响因素及异质多因子优化方法的文献综述与调查，构建了入海排污口选址适宜性评价指标体系，确立了入海排污口选址与方案比选方法；综合运用理论推导、室内实验模拟、现场野外监测验证、水环境模拟、生态系统模型等技术手段，研究提出了"入海排污口混合区划定技术"和"入海排污口生态风险评估及防范措施"；利用已有的入海排污口监测统计资料，建立入海污染源与排污口动态数据库，通过地理信息平台与应用软件的开发，实现数据库与电子图层的对接，直观展现入海污染源与排污口的空间定位，除 GIS 基本操作、查询等功能外，实现规定空间（海区、海域、省、市、纳污海域环境功能区）的汇总、统计、分析，为管理提供技术支撑和辅助决策支持。

　　全书共 6 章,按照"入海排污口设置与直排海污染源监管技术"来组织章节,即我国入海排污口现状、入海排污口监管现状及入海排污口设置与直排海污染源监管技术。第 1 章首先介绍了我国近岸海域环境质量状况、入海排污口分布现状以及入海排污口污染物排放现状;第 2 章进一步指出了我国入海排污口监管所存在的问题;第 3～6 章则为入海排污口设置与入海污染源管控和监管技术。

　　本书写作分工如下:前言由彭海君完成;第 1 章由彭海君、钟超、何松琴完成;第 2 章由刘明清完成;第 3 章由李媛、唐静亮、潘静芬、王晓慧、胡颢琰、翟雅男、石红完成;第 4 章由赵庄明、郭振仁、彭海君、綦世斌、钟超、姜国强完成;第 5 章由赵肖、陈清华、杨静完成;第 6 章由郭振华、陈柏良、贾卓、孙毅、张立、李秀、陈道毅完成。全书由彭海君统稿。

　　本研究的开展及本书的写作过程,得到环境保护部水环境管理司海洋处、科技标准司、海南省生态环境保护厅、广西北海市环境保护局、辽宁省大连市环境保护局、浙江省舟山市环境保护局和绍兴市环境保护局等的大力支持,在此一并表示衷心的感谢。

　　由于作者水平有限,书中难免存在疏漏和不当之处,敬请批评指正。

彭海君

环境保护部华南环境科学研究所

CONTENTS | 目 录

1

第1章

我国近岸海域入海排污口现状

1.1 我国近岸海域环境质量状况

1.1.1 我国近岸海域水环境状况

根据《2015 中国环境状况公报》,2015 年全国近岸海域国控监测点中,一类海水比例(某一类别的监测站点数与监测站点总数的比值即为某一类别海水比例)为 33.6%,比 2014 年上升 5.0 个百分点;二类为 36.9%,比 2014 年下降 1.3 个百分点;三类为 7.6%,比 2014 年上升 0.6 个百分点;四类为 3.7%,比 2014 年下降 4.0 个百分点;劣四类为 18.3%,比 2014 年下降 0.3 个百分点。主要污染指标为无机氮和活性磷酸盐。

渤海:近岸海域一类海水比例为 14.3%,比 2014 年下降 12.2 个百分点;二类为 57.1%,比 2014 年上升 10.2 个百分点;三类为 14.3%,比 2014 年上升 8.1 个百分点;四类为 8.2%,比 2014 年下降 6.1 个百分点;劣四类为 6.1%,与 2014 年持平。主要污染指标为无机氮。

黄海:近岸海域一类海水比例为 37.0%,比 2014 年下降 5.6 个百分点;二类为 51.9%,比 2014 年上升 11.2 个百分点;三类为 5.6%,比 2014 年下降 3.7 个百分点;四类为 1.9%,比 2014 年下降 3.7 个百分点;劣四类为 3.7%,比 2014 年上升 1.8 个百分点。主要污染指标为无机氮。

东海:近岸海域一类海水比例为 20.0%,比 2014 年上升 17.9 个百分点;二类为 16.8%,比 2014 年下降 10.6 个百分点;三类为 11.6%,比 2014 年上升 2.2 个百分点;四类为 5.3%,比 2014 年下降 8.4 个百分点;劣四类为 46.3%,比 2014 年下降 1.1 个百分点。主要污染指标为无机氮和活性磷酸盐。

南海:近岸海域一类海水比例为 53.4%,比 2014 年上升 6.8 个百分点;二类为 37.9%,比 2014 年下降 4.8 个百分点;三类为 1.9%,比 2014 年下降 2.0 个百分点;四类为 1.0%,比 2014 年上升 1.0 个百分点;劣四类为 5.8%,比 2014 年下降 1.0 个百分点。

2015 年四大海区近岸海域水质状况见图 1.1-1。

1

我国 9 个重要海湾中,北部湾水质优,黄河口和胶州湾水质一般,辽东湾、渤海湾和闽江口水质差,长江口、杭州湾和珠江口水质极差。与 2014 年相比,北部湾水质变好,黄河口水质变差,其他海湾水质基本稳定,见图 1.1-2。

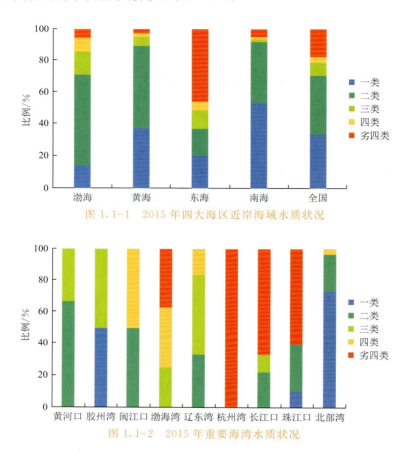

图 1.1-1　2015 年四大海区近岸海域水质状况

图 1.1-2　2015 年重要海湾水质状况

2015 年,195 个入海河流监测断面中,I～III 类水质断面占 41.5%,比 2014 年下降 0.9 个百分点;IV、V 类占 36.9%,比 2014 年下降 2.5 个百分点;劣 V 类占 21.5%,比 2014 年上升 3.3 个百分点。主要污染指标为化学需氧量、五日生化需氧量和总磷。四大海区入海河流水质情况见表 1.1-1。

表 1.1-1　2015 年不同水质类别入海河流监测断面情况

海区	断面个数					
	I 类	II 类	III 类	IV 类	V 类	劣 V 类
渤海	0	0	5	10	12	19
黄海	0	3	15	18	7	10
东海	0	2	10	6	5	1
南海	0	17	29	10	4	12
合计	0	22	59	44	28	42

1.1.2　我国近岸海域沉积物环境状况

根据《2015 中国环境状况公报》,2015 年,中国管辖海域沉积物质量状况总体良好。近岸海域沉积物中铜和硫化物含量符合第一类海洋沉积物质量标准的站位比例均为 93%,其余指标含量符合第一类海洋沉积物质量标准的站位比例均在 96% 以上。南海近岸以外海域个别站位砷含量超第一类海洋沉积物质量标准,渤海湾中部个别站位多氯联苯含量超第一类海洋沉积物质量标准。四个海区中,黄海近岸沉积物综合质量良好的站位比例最高,为 100%,渤海、东海和南海沉积物综合质量良好站位的比例依次为 98%、99% 和 86%。海湾中,辽东湾和汕头湾沉积物质量状况一般,辽东湾个别站位石油类含量超第三类海洋沉积物质量标准,汕头湾的主要污染指标是石油类和铜。其他海湾沉积物质量状况良好。

1.1.3　我国近岸海域海洋渔业环境状况

根据《2015 中国环境状况公报》,2015 年,全国渔业生态环境监测网对中国渤海、黄海、东海、南海和其他重点区域的 48 个重要渔业水域近 1 000 个监测站位的水质、沉积物、生物等 18 项指标进行了监测,监测总面积 486.7 万公顷。结果表明:除部分水域氮和磷营养物质超标严重外,天然渔业水域、重点养殖区及国家级水产种质保护区的生态环境总体保持良好。

海洋天然重要渔业水域主要污染指标为无机氮和活性磷酸盐。东海部分渔业水域无机氮超标相对较重,包括杭州湾、长江口等水域。舟山渔场和杭州湾活性磷酸盐超标相对较重。与 2014 年相比,石油类和化学需氧量的超标范围均有所减小,活性磷酸盐的超标范围有所扩大。海水重点养殖区主要污染指标为无机氮、活性磷酸盐和石油类。东海和南海部分养殖水域无机氮和活性磷酸盐超标相对较重,南海部分养殖水域石油类超标相对较重。与 2014 年相比,活性磷酸盐超标范围有所扩大,化学需氧量超标范围明显减小。海洋重要渔业水域沉积物中,主要污染指标为镉。黄海个别渔业水域镉超标相对较重。国家级水产种质资源保护区(海洋)部分区域主要污染指标为无机氮、活性磷酸盐和化学需氧量。

1.2　我国入海排污口分布现状

根据浙江省舟山海洋生态环境监测站提供的资料,2013 年统计的全国日排污水量大于 100 m³ 的入海排污口共计 425 个,其中离岸入海排污口 156 个,2015 年全国入海排污口增加至 471 个,具体见表 1.2-1。2016 年统计的我国主要的离岸入海排污口情况见表 1.2-2。

表 1.2-1　2015 年全国入海直排源统计表

省市	市政排污口	企业排污口	污水处理厂排污口	河流排污口	合计	其中离岸排污口
辽宁	9	17	11	1	38	6
河北	0	4	4	0	8	0

省市	市政排污口	企业排污口	污水处理厂排污口	河流排污口	合计	其中离岸排污口
天津	11	5	3	0	19	10
山东	0	23	27	1	51	20
江苏	4	9	10	0	23	4
上海	0	3	8	0	11	7
浙江	4	85	48	0	137	66
福建	0	28	24	1	53	20
广东	15	21	27	0	63	8
广西	26	22	3	0	51	4
海南	4	5	8	0	17	11
合计	73	222	173	3	471	156

注：① 企业排污口并非工业源；② 河流排污口是指排污沟渠；③ 总数"471"与《2015 中国环境状况公报》中的"401"不同，是因为有的地方有些企业有多个排污口；④ 表中离岸排污口是 2013 年的统计数据

表 1.2-2　2016 年我国主要离岸入海排污口情况

省市	序号	海洋工程或企业、单位名称	排污口类型	设计污水排放量/(万 t/d)	离岸距离/m	有无扩散器	扩散器类型
辽宁	1	绥中 36-1 油田整体开发工程	企业直排口	0.6	2 100	有	直线型
	2	大连紫光凌水污水处理工程	企业直排口	6	500	有	直线型
	3	大连老虎滩污水处理厂	企业直排口	8	1 100	有	直线型
	4	大连市马栏河污水治理工程	企业直排口	20	1 000	无	
	5	大窑湾污水厂	企业直排口	0.3	800	有	直线型
	6	旅顺城市污水处理有限公司	企业直排口	3	1 200	有	直线型
	7	盖州市第二污水处理厂	其他直排口	5	196	有	直线型
	8	鞍钢股份鲅鱼圈钢铁分公司	企业直排口	3.2	1 116	无	
	9	营口港务集团有限公司	企业直排口	0.96	1 500	无	
山东	1	山东亚太森博浆纸有限公司	企业直排口	16	2 240	有	L 型
	2	威海市水务集团污水达标排放工程	市政直排口	10	900	有	Y 型
	3	威海市工业园污水处理工程	市政直排口	2	900	有	Y 型
	4	威海市水务集团初村污水处理厂	企业直排口	4	1 500	有	Y 型
	5	威海市第三污水处理厂	市政直排口	8	1 280	有	Y 型
	6	套子湾污水处理厂	市政直排口	35	650	有	I 型
	7	烟台市辛安河污水处理有限公司	市政直排口	12	2 098	有	直线型
	8	烟台新水源水处理有限公司总口	企业直排口	4	5 120	有	Y 型

省市	序号	海洋工程或企业、单位名称	排污口类型	设计污水排放量/(万 t/d)	离岸距离/m	有无扩散器	扩散器类型
江苏	1	凯发新泉污水处理(如东)有限公司	工业园区排污口	2	1 500	无	
	2	江苏滨海经济开发区沿海工业园	工业园区排污口	4	5 840	有	Y 型
	3	射阳中大污水处理有限公司排海管网	工业园区排污口	2	3 000	有	Y 型
	4	凯泉(南通)污水处理有限公司	工业园区排污口	0.48	2 400	无	
上海	1	中国石化上海石油化工股份有限公司	企业直排口	13.4	1 185	有	其他
	2	上海化学工业区中法水务发展有限公司	企业直排口	3.65	980	有	Y 型
	3	新江水质净化厂	企业直排口	10	963.6	有	L 型
	4	上海临港供排水发展有限公司污水处理厂	市政排污口	5	62	有	直线型
	5	上海海滨污水处理有限公司	企业直排口	20	100	有	L 型
	6	上海奉贤区西部污水处理厂排污口	企业直排口	15	1 200	有	Y 型
	7	上海奉锦环境建设管理有限公司	企业直排口	12	1 000.3	有	Y 型
浙江	1	宁波岩东污水处理厂	市政直排口	22	447	有	Y 型
	2	宁波北仑岩东排水有限公司小港污水处理厂	市政直排口	3	1 000	有	年代久远，资料缺失
	3	宁波大榭开发区生态污水处理有限公司	企业直排口	4	80	有	Y 型
	4	宁波市城市排水有限公司镇海区排水分公司	市政直排口	6	400	有	L 型
	5	余姚市黄家埠污水处理有限公司五联分公司	工业园区排污口	3	30	无	
	6	乐清市污水处理厂	混合排污口	15	100	有	L 型
	7	瑞安市江北污水处理厂	企业直排口	14	300	有	直线型
	8	嘉兴市联合污水处理厂(一、二期)	企业直排口	60	2 050	有	直线型
	9	海宁市尖山污水处理厂及丁桥污水处理厂排放口改造工程	市政直排口	25	179	有	Y 型
	10	盐仓污水处理厂	市政直排口	16	150	有	直线型
	11	平湖市东片污水处理工程	企业直排口	5	515	有	直线型
	12	岛北污水处理厂	企业直排口	1.5	2 200	无	
	13	舟山市污水处理有限公司(小干污水处理厂)	企业直排口	5	220	无	
	14	温岭市观衙污水处理厂	企业直排口	7	450	有	Y 型
	15	玉环县滨港工业城污水处理厂排海管道工程	工业园区排污口	0.5	192	有	L 型
	16	玉环县污水处理厂	市政直排口	6	353、360	有	直线型
	17	三门沿海污水处理厂	工业园区排污口	1.6	200	无	
	18	台州市水处理发展有限公司	企业直排口	15	2 500	有	直线型

省市	序号	海洋工程或企业、单位名称	排污口类型	设计污水排放量/(万 t/d)	离岸距离/m	有无扩散器	扩散器类型
广东	1	中海壳牌石油化工有限公司（包括惠州大亚湾清源环保有限公司、中海油石油炼化有限责任公司惠州炼化分公司）	混合排污口	3	22 000	有	Y 型
	2	深圳南山水质净化厂	市政直排口	73.6	1 609	有	直线型
	3	广东理文造纸有限公司	企业直排口	13.5	100	无	
	4	东莞市麻涌镇豪峰电镀、印染专业基地	工业园排污口	3.5	530	有	直线型
	5	东莞玖龙纸业有限公司	企业直排口	18	700	有	直线型
	6	东莞市沙田福禄沙污水处理厂	企业直排口	4	200	无	
	7	东莞市泰景环保科技有限公司	工业园排污口	0.5	195	无	
	8	东莞欣润水务有限公司	工业园排污口	4	195	无	
	9	中国石油化工股份有限公司茂名分公司化工分部	企业直排口	3.6	1 499	有	其他类型
广西	1	广西金桂浆纸业有限公司	企业直排口	6	7 000	有	直线型
	2	红坎污水处理厂	市政排污口	20	737	有	Y 型
	3	中国石化北海炼化有限责任公司	企业直排口	1.2	1 587	有	直线型
	4	北海市铁山港区污水处理工程	与中石化及林浆纸厂共用排污口	4	3 600	有	L 型
海南	1	海口威立雅水务有限公司白沙门污水处理厂	企业直排口	30	1 300	有	直线型
	2	北控水务集团(海南)有限公司白沙门污水处理厂	企业直排口	20	1 290	有	直线型
	3	北控水务集团(海南)有限公司长流污水处理厂	企业直排口	5	1 703	有	直线型
	4	三亚市污水处理公司(红沙污水处理厂)	企业直排口	8	200	有	直线型
	5	海南金海浆纸业有限公司(制浆)	企业直排口	7	5 000	无	
	6	海南金海浆纸业有限公司(造纸)	企业直排口	4.8	5 000	无	
	7	中海石油化学股份有限公司	企业直排口	580 m³/h	5 000	无	
	8	海南北控水务有限公司万宁市污水处理厂	市政直排口	2.5	200	无	
福建	1	江阴工业区污水厂	企业排污口	4	980	有	直线型
	2	石狮市南华环境工程开发有限责任公司	企业直排口	12.3	一期:560;三期:740	有	Y 型
	3	石狮市绿源环境工程有限公司	企业直排口	8	900	有	Y 型
	4	福建省石狮市尾水排海工程	工业园区排污口	5	935	有	直线型
	5	石狮市鸿山镇伍堡污水排海工程	工业园区排污口	9	2 245	有	L 型
	6	晋江东海安开区污水处理厂尾水深海排放工程	工业园区排污口	4	1 500	有	Y 型
	7	晋江市远东污水处理厂尾水排放工程	市政排污口	6	1 264	无	

续表

省市	序号	海洋工程或企业、单位名称	排污口类型	设计污水排放量/(万 t/d)	离岸距离/m	有无扩散器	扩散器类型
福建	8	惠泉石化工业区配套污水排海管系统工程尾水排海工程	工业园区排污口	4	3 700	有	直线型
	9	福建湄洲湾氯碱工业有限公司	企业直排口	1.3	2 800	有	直线型
	10	福建联合石油化工有限公司	企业直排口	3.6	4 866	有	L 型
	11	厦门水务中环污水处理有限公司筼筜污水处理厂	市政直排口	30	1 412	有	直线型
	12	厦门水务中环污水处理有限公司前埔污水处理厂	市政直排口	20	1 860	有	Y 型
	13	泉州市东海污水处理厂	企业直排口	2.5	685	无	
	14	泉州市城东污水处理厂	企业直排口	4.5	3 577	有	直线型

1.3　我国入海排污口污染物排放现状

根据《2015 中国环境状况公报》,2015 年,监测了 401 个日排污水量大于 100 m^3 的直排海工业污染源、生活污染源和综合排污口,污水排放总量约为 62.45 亿吨,其中,化学需氧量排放总量为 21.0 万吨,石油类为 824.2 吨,氨氮为 1.5 万吨,总磷为 3 149.2 吨,部分直排海污染源排放汞、六价铬、铅和镉等重金属。直排海工业污染源、生活污染源和综合排污口排放的各污染物情况见图 1.3-1。2015 年四大海区受纳的污染物情况见表 1.3-1。

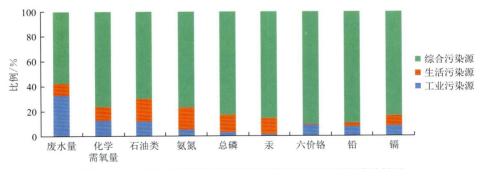

图 1.3-1　2015 年不同类型直排海污染源主要污染物排放情况

表 1.3-1　2015 年四大海区受纳污染物情况

海区	废水量/亿吨	化学需要量/万吨	石油类/吨	氨氮/万吨	总磷/吨
渤海	2.19	2.1	19.3	0.4	350.9
黄海	10.47	4.1	82.8	0.3	525.1
东海	39.61	11.4	505.6	0.5	1 387.5
南海	10.18	3.4	216.5	0.3	885.7
合计	62.45	21.0	824.2	1.5	3 149.2

　　根据浙江省舟山海洋生态环境监测站提供的资料,2015 年,全国分布有 22 个石化行业入海排污口,向海域排放污水 2.96 亿吨,排放污染物化学需氧量 7 613.55 吨、石油类 26.95 吨、氨氮 165.74 吨、总氮 1 306.81 吨、总磷 47.66 吨等,具体见表 1.3-2 和表 1.3-3。

表 1.3-2　2015 年我国石化入海排污口污染物排放量统计(一)

序号	城市	企业名称	排污口代码	污水量/万吨	化学需氧量/t	石油类/t	挥发酚/t	六价铬/kg	硫化物/t	氨氮/t
1	茂名	中国石化集团公司茂名石油化工公司	GD09A001	455.26	198.25	1.26	0.00	5.00	0.00	1.99
2	惠州	大亚湾石化区	GD13A001	1 087.74	411.82	0.71	0.38	0.00	0.02	7.05
3	北海	中国石化北海炼化有限责任公司	GX0512A006	24.59	15.62	0.00	0.00	0.00	0.00	0.06
4	钦州	中国石油广西石化公司	GX0702A005	515.98	219.92	0.41	0.05	0.00	0.00	2.25
5	天津	临港工业区胜科污水处理厂	TJ07A009	266.90	93.20	0.00	0.02	0.00	0.00	1.24
6	洋浦	洋浦海南逸盛石化有限公司	HN03A004	368.82	174.72	0.12	0.00	0.00	0.00	0.00
7	东方	中海石油化学股份有限公司	HN07A001	127.40	60.56	0.00	0.00	0.00	0.00	5.54
8	东方	中海石油化学股份有限公司	HN07A002	61.88	19.99	0.00	0.00	0.00	0.00	0.46
9	泉州	福建联合石油化工有限公司	FJ05A034	599.82	157.74	1.47	0.12	0.00	0.08	8.60
10	连云港	江苏新海石化有限公司	JS07A009	0.00	0.00	0.00	0.00	0.00	0.00	0.00
11	大连	中国石油天然气股份有限公司大连石化分公司(D42)	LN02A042	6 529.85	702.00	1.16	0.00	0.00	0.00	9.09
12	大连	中国石油天然气股份有限公司大连石化分公司(D43)	LN02A043	5 458.52	1019.76	0.57	0.00	0.00	0.00	21.60
13	大连	大连西太平洋石油化工有限公司	LN02A052	5 825.73	1 360.96	9.78	0.00	0.00	0.00	8.11
14	葫芦岛	中海石油(中国)有限公司天津分公司辽东作业公司绥中 36-1 原油终端厂	LN14A003	38.06	10.32	0.32	0.00	0.00	0.02	0.27

续表

序号	城市	企业名称	排污口代码	污水量/万吨	化学需氧量/t	石油类/t	挥发酚/t	六价铬/kg	硫化物/t	氨氮/t
15	上海	中国石化上海石油化工股份有限公司	SH16A001	4 952.89	1 387.97	7.48	0.17	0.00	0.00	64.27
16	上海	中国石化上海石油化工股份有限公司	SH16A002	10.80	4.32	0.04	0.00	0.00	0.00	0.19
17	上海	中国石化上海石油化工股份有限公司	SH16A003	380.13	142.74	0.51	0.00	0.00	0.00	3.28
18	上海	上海化学工业区中法水务发展有限公司	SH20C005	2 240.74	1 197.68	1.65	0.00	0.00	0.00	25.44
19	宁波	中国石化镇海炼油化工股份有限公司	ZJ02A103	175.20	75.34	0.19	0.16	0.00	0.02	1.01
20	宁波	中海油大榭石化有限公司	ZJ02A136	0.37	0.19	0.00	0.00	0.00	0.00	0.04
21	宁波	浙江逸盛石化有限公司	ZJ02A111	447.50	354.06	1.27	0.00	0.00	0.00	5.20
22	舟山	中海石油舟山石化有限公司	ZJ0901A124	25.07	6.39	0.01	0.00	0.00	0.00	0.05
合计				29 593.25	7 613.55	26.95	0.90	5.00	0.14	165.74

表 1.3-3　2015 年我国石化入海排污口污染物排放量统计（二）

序号	城市	企业名称	排污口代码	总锌/kg	总铜/kg	总砷/kg	总铅/kg	总镍/kg	总汞/kg	总铬/kg	总镉/kg	氰化物/t	总氮/t	总磷/t
1	茂名	中国石化集团公司茂名石油化工公司	GD09A001	0.00	0.00	0.00	6.82	0.00	0.00	0.00	0.34	0.00	16.19	0.64
2	惠州	大亚湾石化区	GD13A001	43.89	156.37	9.96	0.00	0.00	0.00	1.88	0.01	0.00	33.50	0.51
3	北海	中国石化北海炼化有限责任公司	GX0512A006	0.00	0.00	0.00	0.00	5.15	0.00	0.00	0.00	0.00	4.17	0.03
4	钦州	中国石油广西石化公司	GX0702A005	0.00	0.00	0.00	0.00	67.46	0.00	0.00	0.03	0.00	72.16	0.40
5	天津	临港工业区胜科污水处理厂	TJ07A009	0.00	0.00	1.66	0.82	0.00	0.08	0.00	0.16	0.25	17.66	0.77

序号	城市	企业名称	排污口代码	总锌/kg	总铜/kg	总砷/kg	总铅/kg	总镍/kg	总汞/kg	总铬/kg	总镉/kg	氰化物/t	总氮/t	总磷/t
6	洋浦	洋浦海南逸盛石化有限公司	HN03A004	0.00	0.00	6.86	0.00	0.00	0.00	0.00	0.00	0.00	0.00	0.00
7	东方	中海石油化学股份有限公司	HN07A001	0.00	0.00	0.00	0.00	0.00	0.00	0.00	0.00	0.00	0.00	0.00
8	东方	中海石油化学股份有限公司	HN07A002	0.00	0.00	0.00	0.00	0.00	0.00	0.00	0.00	0.00	0.00	0.00
9	泉州	福建联合石油化工有限公司	FJ05A034	0.00	0.00	0.00	0.00	0.00	0.00	0.00	0.00	0.00	0.00	0.00
10	连云港	江苏新海石化有限公司	JS07A009	0.00	0.00	0.00	0.00	0.00	0.00	0.00	0.00	0.00	0.00	0.00
11	大连	中国石油天然气股份有限公司大连石化分公司(D42)	LN02A042	0.00	0.00	0.00	0.00	0.00	0.00	0.00	0.00	0.00	168.90	6.16
12	大连	中国石油天然气股份有限公司大连石化分公司(D43)	LN02A043	0.00	0.00	0.00	0.00	0.00	0.00	0.00	0.00	0.00	241.53	8.99
13	大连	大连西太平洋石油化工有限公司	LN02A052	0.00	0.00	0.00	0.00	0.00	0.00	0.00	0.00	0.00	137.44	4.56
14	葫芦岛	中海石油(中国)有限公司天津分公司辽东作业公司绥中36-1原油终端厂	LN14A003	0.00	0.00	0.00	0.00	0.00	0.00	0.00	0.00	0.00	0.34	0.16
15	上海	中国石化上海石油化工股份有限公司	SH16A001	0.00	0.00	0.00	0.00	0.00	0.00	0.00	0.00	0.10	374.50	16.66
16	上海	中国石化上海石油化工股份有限公司	SH16A002	0.00	0.00	0.00	0.00	0.00	0.00	0.00	0.00	0.00	0.00	0.10
17	上海	中国石化上海石油化工股份有限公司	SH16A003	0.00	0.00	0.00	0.00	0.00	0.00	0.00	0.00	0.00	7.87	1.23
18	上海	上海化学工业区中法水务发展有限公司	SH20C005	10 803.16	0.00	57.51	357.77	3 249.39	4.36	49.57	39.27	0.39	232.55	7.45

序号	城市	企业名称	排污口代码	总锌/kg	总铜/kg	总砷/kg	总铅/kg	总镍/kg	总汞/kg	总铬/kg	总镉/kg	氰化物/t	总氮/t	总磷/t
19	宁波	中国石化镇海炼油化工股份有限公司	ZJ02A103	0.00	0.00	0.00	0.00	0.00	0.00	0.00	0.00	0.00	0.00	0.00
20	宁波	中海油大榭石化有限公司	ZJ02A136	0.00	0.00	0.00	0.00	0.00	0.00	0.00	0.00	0.00	0.00	0.00
21	宁波	浙江逸盛石化有限公司	ZJ02A111	0.00	0.00	0.00	0.00	0.00	0.00	0.00	0.00	0.00	0.00	0.00
22	舟山	中海石油舟山石化有限公司	ZJ0901A124	0.00	0.00	0.00	0.00	0.00	0.00	0.00	0.00	0.00	0.00	0.00
合计				10 847.05	156.37	75.99	365.41	3 322.00	4.44	49.57	41.65	0.78	1 306.81	47.66

1.4 小 结

（1）2015 年，全国近岸海域国控监测点中，一类海水比例为 33.6%，比 2014 年上升 5.0 个百分点；二类为 36.9%，比 2014 年下降 1.3 个百分点；三类为 7.6%，比 2014 年上升 0.6 个百分点；四类为 3.7%，比 2014 年下降 4.0 个百分点；劣四类为 18.3%，比 2014 年下降 0.3 个百分点。主要污染指标为无机氮和活性磷酸盐。

（2）2015 年，我国监测了 401 个日排污水量大于 100 m³ 的直排海工业污染源、生活污染源和综合排污口，污水排放总量约为 62.45 亿吨，其中，化学需氧量排放总量为 21.0 万吨，石油类为 824.2 吨，氨氮为 1.5 万吨，总磷为 3 149.2 吨，部分直排海污染源排放汞、六价铬、铅和镉等重金属。

（3）2015 年，全国分布有 22 个石化行业入海排污口，向海域排放污水 2.96 亿吨，其中，排放污染物化学需氧量 7 613.55 吨、石油类 26.95 吨、氨氮 165.74 吨、总氮 1 306.81 吨、总磷 47.66 吨等。

第2章

入海排污口审批监管规程与管理办法

2.1 入海排污口审批监管现状

为科学制定入海排污口监管工作规程和管理办法,有必要对我国入海排污口有关的法律法规等进行系统收集与研究,同时对我国沿海地区现有入海排污口环境监管情况进行调研。

国家及沿海地区有关入海排污口管理的法律、政策等文件要求和已有的监管工作成果以室内文献调研为主,沿海地区现有入海排污口监管情况调研以实地走访调查和室内文献调研相结合。通过实地走访调查,调研沿海地区企业、污水处理厂等入海排污口管理现状(规范程度与管理水平),并分析存在的问题和原因。

实地调研内容主要包括:① 入海排污口设置审批部门、审批依据、审批原则与条件、审批流程及审批要求等;② 入海排污口设置论证程序及相关技术规范要求;③ 入海排污口监督(污染源监测、考核)的依据、机构、流程及要求等;④ 排污口管理的信息化、数字化程度等。

按以下原则选择调研区域:① 从排污口类型、数量考虑,选择浙江、广东、福建、山东为重点,兼顾辽宁、广西;② 从经济发展水平及地域分布考虑,重点考虑广东、上海、海南。因此,选择辽宁、天津、上海、浙江、广东、海南为重点,兼顾河北、山东、江苏、福建、广西。

调研部门和单位包括:① 沿海地区省(直辖市)、市级环保、海洋、水利(水务)等政府部门,如浙江省环保厅建设项目管理处、浙江省海洋与渔业局、宁波市海洋环境监测中心站;② 沿海地区典型的市政、企业、污水处理厂等入海排放口设置或拥有单位,如宁波市、海口市城市污水处理厂。

2.1.1 与入海排污口管理有关的法律法规及管理条例

入海排污口管理有关的法律法规及管理条例包括:《中华人民共和国环境保护法》《中华人民共和国海洋环境保护法》《中华人民共和国海域使用管理法》《海洋功能区划管理规定》《中华人民共和国自然保护区条例》《海洋自然保护区管理办法》《陆源入海排污口及邻

近海域生态环境评价指南》《近岸海洋生态健康评价指南》《防治海洋工程建设项目污染损害海洋环境管理条例》《防治海岸工程建设项目污染损害海洋环境管理条例》《防治陆源污染物损害海洋环境管理条例》等海洋法律法规与管理条例。上述相关法律法规包含了与入海排污口选址及排放方式相关的条款，以及与海洋环境保护管理相关的部门职能分工等规定。

2.1.1.1　《中华人民共和国环境保护法》（2014 年修订）

第三十四条　国务院和沿海地方各级人民政府应当加强对海洋环境的保护。向海洋环境排放污染物、倾倒废弃物，进行海岸工程和海洋工程建设，应当符合法律法规规定和有关标准，防止和减少对海洋环境的污染损害。

第四十二条第三款　重点排污单位应当按照国家有关规定和监测规范安装使用监测设备，保证监测设备正常运行，保存原始监测记录。

第四款　严禁通过暗管、渗井、渗坑、灌注或者篡改、伪造监测数据，或者不正常运行防治污染设施等逃避监管的方式违法排放污染物。

第四十五条　国家依照法律规定实行排污许可管理制度。实行排污许可管理的企业事业单位和其他生产经营者应当按照排污许可证的要求排放污染物；未取得排污许可证的，不得排放污染物。

2.1.1.2　《中华人民共和国海洋环境保护法》（2017 年修订）

禁止、严格限制或严格控制向海域排放废液或废水的有关规定：

第三十三条　禁止向海域排放油类、酸液、碱液、剧毒废液和高、中水平放射性废水。

严格限制向海域排放低水平放射性废水；确需排放的，必须严格执行国家辐射防护规定。

严格控制向海域排放含有不易降解的有机物和重金属的废水。

须采取有效措施处理并符合国家有关标准后，方能向海域排放污水或废水的规定：

第三十四条　含病原体的医疗污水、生活污水和工业废水必须经过处理，符合国家有关排放标准后，方能排入海域。

第三十五条　含有机物和营养物质的工业废水、生活污水，应当严格控制向海湾、半封闭海及其他自净能力较差的海域排放。

第三十六条　向海域排放含热废水，必须采取有效措施，保证邻近渔业水域的水温符合国家海洋环境质量标准，避免热污染对水产资源的危害。

入海排污口设置的有关规定：

第三十条　入海排污口位置的选择，应当根据海洋功能区划、海水动力条件和有关规定，经科学论证后，报设区的市级以上人民政府环境保护行政主管部门备案。

环境保护行政主管部门应当在完成备案后十五个工作日内将入海排污口设置情况通报海洋、海事、渔业行政主管部门和军队环境保护部门。

在海洋自然保护区、重要渔业水域、海滨风景名胜区和其他需要特别保护的区域，不得新建排污口。

在有条件的地区,应当将排污口深海设置,实行离岸排放。设置陆源污染物深海离岸排放排污口,应当根据海洋功能区划、海水动力条件和海底工程设施的有关情况确定,具体办法由国务院规定。

2.1.1.3 《中华人民共和国防治海岸工程建设项目污染损害海洋环境管理条例》(2018年修订)

《中华人民共和国防治海岸工程建设项目污染损害海洋环境管理条例》第二条:本条例所称海岸工程建设项目,是指位于海岸或者与海岸连接,工程主体位于海岸线向陆一侧,对海洋环境产生影响的新建、改建、扩建工程项目。具体包括:

…………

(六)固体废弃物、污水等污染物处理处置排海工程项目;

…………

第七条第二款　环境保护主管部门在批准海岸工程建设项目的环境影响报告书(表)之前,应当征求海事、渔业主管部门和军队环境保护部门的意见。

第十条　在海洋特别保护区、海上自然保护区、海滨风景游览区、盐场保护区、海水浴场、重要渔业水域和其他需要特殊保护的区域内不得建设污染环境、破坏景观的海岸工程建设项目;在其区域外建设海岸工程建设项目的,不得损害上述区域的环境质量。法律法规另有规定的除外。

第十一条　海岸工程建设项目竣工验收时,建设项目的环境保护设施经验收合格后,该建设项目方可正式投入生产或者使用。

第十三条　设置向海域排放废水设施的,应当合理利用海水自净能力,选择好排污口的位置。采用暗沟或者管道方式排放的,出水管口位置应当在低潮线以下。

第二十五条　未持有经审核和批准的环境影响报告书(表),兴建海岸工程建设项目的,依照《中华人民共和国海洋环境保护法》第七十九条的规定予以处罚。

第二十六条　拒绝、阻挠环境保护主管部门进行现场检查,或者在被检查时弄虚作假的,由县级以上人民政府环境保护主管部门依照《中华人民共和国海洋环境保护法》第七十五条的规定予以处罚。

第二十七条　海岸工程建设项目的环境保护设施未建成或者未达到规定要求,该项目即投入生产、使用的,依照《中华人民共和国海洋环境保护法》第八十条的规定予以处罚。

2.1.1.4 《防治海洋工程建设项目污染损害海洋环境管理条例》(2018年修订)

2006年11月实施的《防治海洋工程建设项目污染损害海洋环境管理条例》第三条:本条例所称海洋工程,是指以开发、利用、保护、恢复海洋资源为目的,并且工程主体位于海岸线向海一侧的新建、改建、扩建工程。具体包括:

…………

(三)海底管道、海底电(光)缆工程;

…………

第四条　国家海洋主管部门负责全国海洋工程环境保护工作的监督管理,并接受国务院环境保护主管部门的指导、协调和监督。沿海县级以上地方人民政府海洋主管部门负责本行政区域毗邻海域海洋工程环境保护工作的监督管理。

第五条　海洋工程的选址和建设应当符合海洋功能区划、海洋环境保护规划和国家有关环境保护标准,不得影响海洋功能区的环境质量或者损害相邻海域的功能。

第六条　国家海洋主管部门根据国家重点海域污染物排海总量控制指标,分配重点海域海洋工程污染物排海控制数量。

第八条　国家实行海洋工程环境影响评价制度。

海洋工程的环境影响评价,应当以工程对海洋环境和海洋资源的影响为重点进行综合分析、预测和评估,并提出相应的生态保护措施,预防、控制或者减轻工程对海洋环境和海洋资源造成的影响和破坏。

海洋工程环境影响报告书应当依据海洋工程环境影响评价技术标准及其他相关环境保护标准编制。编制环境影响报告书应当使用符合国家海洋主管部门要求的调查、监测资料。

第十条　新建、改建、扩建海洋工程的建设单位,应当编制环境影响报告书,报有核准权的海洋主管部门核准。

海洋主管部门在核准海洋工程环境影响报告书前,应当征求海事、渔业主管部门和军队环境保护部门的意见;必要时,可以举行听证会。其中,围填海工程必须举行听证会。

海洋主管部门在核准海洋工程环境影响报告书后,应当将核准后的环境影响报告书报同级环境保护主管部门备案,接受环境保护主管部门的监督。

海洋工程建设单位在办理项目审批、核准、备案手续时,应当提交经海洋主管部门核准的海洋工程环境影响报告书。

第二十二条　污水离岸排放工程排污口的设置应当符合海洋功能区划和海洋环境保护规划,不得损害相邻海域的功能。

污水离岸排放不得超过国家或者地方规定的排放标准。在实行污染物排海总量控制的海域,不得超过污染物排海总量控制指标。

第三十一条　建设单位在海洋工程试运行或者正式投入运行后,应当如实记录污染物排放设施、处理设备的运转情况及其污染物的排放、处置情况,并按照国家海洋主管部门的规定,定期向原核准该工程环境影响报告书的海洋主管部门报告。

2.1.1.5　《铺设海底电缆管道管理规定》和《铺设海底电缆管道管理规定实施办法》

1989 年实施的《铺设海底电缆管道管理规定》(国务院令第 27 号)的有关规定:

第三条　在中华人民共和国内海、领海及大陆架上铺设海底电缆、管道以及为铺设所进行的路由调查、勘测及其他有关活动的主管机关是中华人民共和国国家海洋局(以下简称主管机关)。

第六条　海底电缆、管道路由调查、勘测完成后,所有者应当在计划铺设施工六十天前,将最后确定的海底电缆、管道路由报主管机关审批,并附具以下资料:

…………

（四）铺设海底管道工程对海洋资源和环境影响报告书；

…………

1992 年国家海洋局颁布实施的《铺设海底电缆管道管理规定实施办法》的有关规定：

第四条第四款　下列海底电缆、管道由国家海洋局审批：

一、路经中国管辖海域和大陆架的外国海底电缆、管道；

二、由中国铺向其他国家和地区的国际海底电缆、管道；

三、国内长距离（二百公里以上）的海底管道和污水排放量为二十万吨/日以上的海底排污管道。

第七条第二款　设置海底排污管道应充分考虑排放海域的使用功能，排污口的位置应选择在远离海洋自然保护区、重要渔业水域、海水浴场、海滨风景游览区等区域的具有足够水深、海面宽阔、水体交换能力强等条件适当的场点，并符合国家的有关规定和标准。

第九条　《铺设海底管道工程对海洋资源和环境影响报告书》的内容应包括：

一、海底管道途经海域海洋资源和环境的状况；

二、海底管道海上铺设施工作业阶段及其正常使用阶段对周围海域海洋资源和生态环境及其他海洋开发利用活动影响的综合评价及对上述影响的解决办法；

三、海底管道事故状态对海洋资源和环境产生影响的评价及其应急措施。

第二十七条　《规定》及本办法下列用语的含义是：

一、"海底电缆、管道"系指位于大潮高潮线以下的军用和民用的海底通信电缆（含光缆）和电力电缆及输水（含工业废水、城市污水等）、输气、输油和输送其他物质的管状设施。

…………

2.1.1.6　《中华人民共和国防治陆源污染物污染损害海洋环境管理条例》

第二条　本条例所称陆地污染源（简称陆源），是指从陆地向海域排放污染物，造成或者可能造成海洋环境污染损害的场所、设施等。

本条例所称陆源污染物是指由前款陆源排放的污染物。

第四条　国务院环境保护行政主管部门主管全国防治陆源污染物污染损害海洋环境工作。

沿海县级以上地方人民政府环境保护行政主管部门，主管本行政区域内防治陆源污染物污染损害海洋环境工作。

第五条　任何单位和个人向海域排放陆源污染物，必须执行国家和地方发布的污染物排放标准和有关规定。

第六条　任何单位和个人向海域排放陆源污染物，必须向其所在地环境保护行政主管部门申报登记拥有的污染物排放设施、处理设施和在正常作业条件下排放污染物的种类、数量和浓度，提供防治陆源污染物污染损害海洋环境的资料，并将上述事项和资料抄送海洋行政主管部门。

排放污染物的种类、数量和浓度有重大改变或者拆除、闲置污染物处理设施的，应当征得所在地环境保护行政主管部门同意并经原审批部门批准。

第八条　任何单位和个人，不得在海洋特别保护区、海上自然保护区、海滨风景游览区、盐场保护区、海水浴场、重要渔业水域和其他需要特殊保护的区域内兴建排污口。

对在前款区域内已建的排污口,排放污染物超过国家和地方排放标准的,限期治理。

第十八条　向自净能力较差的海域排放含有机物和营养物质的工业废水和生活废水,应当控制排放量;排污口应当设置在海水交换良好处,并采用合理的排放方式,防止海水富营养化。

第二十六条　违反本条例规定,具有下列情形之一的,由县级以上人民政府环境保护行政主管部门责令改正,并可处以五千元以上十万元以下的罚款:

(一)未经所在地环境保护行政主管部门同意和原批准部门批准,擅自改变污染物排放的种类、增加污染物排放的数量、浓度或者拆除、闲置污染物处理设施的;

(二)在本条例第八条第一款规定的区域内兴建排污口的。

2.1.2　现行入海排污口审批及监管现状

为了解现行入海排污口审批及监管管理中存在的问题,课题组实地走访调查了渤海、黄海、东海、南海四大海区入海排污口管理现状,包括入海排污口审批部门、审批依据、审批要求、审批程序等管理内容以及排污口规范化、排放达标率,管理的信息化、数字化程度。

2.1.2.1　天津市、河北省入海排污口设置许可

根据《天津市海洋环境保护条例》(2015 年 11 月修订)有关海洋环境污染防治的规定,天津市海洋行政主管部门、环境保护行政主管部门,应当按照海域排污总量控制要求,加强对入海排污口和陆源污染物排海的监督,市海洋行政主管部门在审批海洋工程建设项目时,应当审查入海直排口、污水离岸排放工程排污口设置是否符合海洋功能区划和海洋环境保护规划。天津市入海排污口实际由天津市环保局审批,申请条件为:① 必须遵守国家和地方的环境保护法规标准;② 符合重点污染物排放总量控制要求;③ 工业建设项目应采用清洁生产工艺。需提供的申请材料包括:① 申请表;② 天津市环境工程评估中心技术评估意见;③ 行业主管部门预审意见(2016 年修改后的环评法取消行业预审);④ 环境影响报告书、环境影响报告表或者环境影响登记表;⑤ 区、县环保局预审意见。

2012 年 7 月,为规范海洋开发管理及严格监管入海排污口,河北省政府下发了《关于进一步加强和规范海洋开发管理的意见》(以下简称《意见》)。《意见》要求,各涉海部门和单位严格控制沿海新上石化项目,严格审批和监督管理入海排污口。2013 年 2 月 1 日起施行《河北省海洋环境保护管理规定》(以下简称《规定》),《规定》要求,从事海上运输和生产作业的单位、个人不得向海洋排放含油废水、压载水、废弃物、船舶垃圾或者其他有害物质。《规定》禁止在海洋自然保护区、海洋特别保护区、重要渔业水域、盐场纳水口水域和海滨的风景名胜区、旅游度假区等需要特殊保护的区域新建入海排污口。沿海设区的市、县(市、区)人民政府及其有关部门、单位应当组织建设和完善沿海城镇及工业园区的污水集中处理设施,对城镇和工业园区的污水实行集中处理、达标排放。城镇污水集中处理设施配套管网覆盖区域外海滨的宾馆、饭店、旅游场所,应当自行建设污水处理设施,对本单位产生的污水进行统一处理、达标排放。向海域排放冷废水、热废水,必须采取有效措施达标排放,保证周围渔业水域的水温符合国家颁布的海洋环境质量标准的要求。

河北省对入海排污口的审批包含在项目环境影响报告的审批中,如曹妃甸工业区入海排污口工程。该工程由唐山曹妃甸永泰实业有限公司投资 9 734.42 万元建设,主要包括泵站、陆域管线、海域管线和排污口扩散器。泵站占地面积 5 400 m²,路由总长度(陆域管线+海域管线+扩散器)约为 1.67 km。其中陆域部分长度为 0.2 km,采用管径为 DN750 涂塑钢管;海域部分长度为 1.37 km,采用单层非保温(带混凝土配重层)结构形式,管线外径为 762 mm;扩散器长度为 0.1 km。排污口大地坐标为 38°57′03.058″N、118°35′07.541″E;设计污水排放量为 6.0 万立方米/天。

2.1.2.2 辽宁省入海排污口管理

(1)辽宁开展入海排污口达标排放绩效考评。

自 2011 年开始,辽宁省将入海排污口达标排放情况作为省政府对沿海各市政府海洋环境保护绩效考评的重要指标。按照考评实施方案,每年 5 月、8 月、10 月分 3 次对沿海 6 市入海排污口达标排放绩效进行现场监测考评。入海排污口达标排放情况执行海洋功能区划水质标准,对入海排污口邻近海域海水取样,检测化学需氧量、无机氮、活性磷酸盐和石油类 4 项指标,每项指标不超过所在海洋功能区水质标准的得 15 分,4 项指标全部合格的得 60 分,超出标准的扣减相应分数。入海排污口邻近海域水质达标绩效考评提高了沿海各级政府对海洋环境监测和保护工作的重视程度。据了解,葫芦岛和大连市也仿效省里的做法,开展了市政府对沿海县、区政府海洋环境保护绩效考评工作,强化了海洋环境保护目标责任制。

(2)大连开展入海排污口综合整治。

大连市以管理好陆源排污口为抓手,即管好"水龙头":不新增排污口,利用现有排污口,对已有的中心城区排污口进行分区摸底调查,设立标示牌,对排污口实施规范化整治,拍照,GPS 定位,统计排放水量、水质及污染负荷,建立中心城区入海排污口电子档案。为进一步提高管理的科学性,拟增加排污口海上信息:离岸距离、放流管长度、扩散器形式、GPS 定位坐标、所处水深与潮流水文特征等。

2010 年大连市开展了中心城区入海排污口综合治理,对中心城区北起振兴路海湾大桥、南至小平岛的大连湾海域和南部沿海海域 135 个入海排污口(不包括泄洪口)综合整治。截至 2012 年 12 月,共完成大小治理项目 21 个,总投资 8 000 万元,中心城区入海排污口总数由 2009 年的 135 个下降至 85 个,减少 37%,入海排污口排放达标率由 2009 年的 13.7%提高到 67.92%,企业直排口基本实现达标排放。

在整治入海排污口,严把污水入海前的最后一关的同时,大连市还切实加强新建项目管理,严格黄、渤海沿岸产业环境影响评价。同时综合使用法律、行政、经济等多种手段,切实加强工业企业环境监管。由于新建排污口单独申报审批行政许可,成本过高,所以岸边排污口在项目环评审批时由环保局一并审查。如老虎滩污水处理厂尾水达到一级 A 标准,通过暗渠排入渔港码头岸边,排口处设方便采样的梯子,有排污口立碑标志,该排放口审批含在污水处理厂项目环评审批之中。

2.1.2.3 山东省入海排污口设置许可

青岛崂山区入海排污口设置许可依据《中华人民共和国海洋环境保护法》第三十条第

一款"入海排污口位置的选择,应当根据海洋功能区划、海水动力条件和有关规定,经科学论证",并作为审批条件。区海洋与渔业局环保站在接到入海排污口设置申请报告后,按下列程序办理:

(1) 对项目进行初审,并报市海洋与渔业局;

(2) 根据审核权限,组织专业人员进行评审,并提出审核意见,报同级环境保护主管部门。

烟台市入海排污口的设置由环保局环境影响评价科审批,明确哪些海域不能设入海排污口,对能设的海域,要求对入海排污口严格论证,需采用混合动力模型计算和罗丹明实验验证来确定混合区范围,对此范围的海域征用为排污海域。

2.1.2.4　浙江省入海排污口设置许可

浙江省环保厅建设项目管理处与污染防治处负责入海排污口设置许可审批。法律依据是《中华人民共和国海洋环境保护法》,需要提供的材料包括:

A. 入海排污口设置申请;

B. 入海排污口环境影响评价文件及科学论证意见;

C. 海洋、海事、渔业行政主管部门和军队环境保护部门的意见;

D. 当地环保局意见;

E. 法律法规要求的其他相关证明材料等。

依据《中华人民共和国海洋环境保护法》第三十条,绍兴市环保局负责审批入海排污口设置。

申报材料包括:① 入海排污口设置许可申报表;② 入海排污口设置位置示意图;③ 海洋、海事和渔业主管部门意见;④ 专家论证意见;⑤ 环境影响报告书。

审批条件为:① 符合海洋功能区划、海洋动力条件的要求;② 专家论证可行;③ 在海洋自然保护区、主要渔业水域、海滨风景名胜区和其他特别需要保护的区域不得新建排污口;④ 采用暗沟或者管道方式排放的,出水管口位置应当在低潮线下。

办理流程为:申请—现场核查—告知—资料齐全—受理—审查—决定。

审批流程如图 2.1-1 所示。

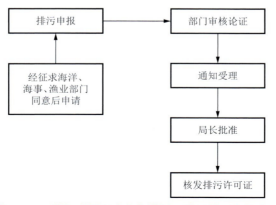

图 2.1-1　浙江省绍兴市入海排污口设置许可审批流程

浙江省入海排污口作为建设项目附属的环保设施一般不单独列出审批,只对建设项目环评审批,无审批入海排污口记录。但在建设项目环评中对入海排污口论证不够深入,主要是选址缺多方案比选优化,对混合区的设定无统一的技术要求,或沿用污水海洋处置工程污染控制标准要求。

2.1.2.5 江苏省连云港市入海排污口设置许可

连云港市入海排污口设置审批包含在建设项目环境影响评价文件审批中。连云港市环保局审批建设项目环境影响评价文件(含入海排污口设置审批)依据以下法律法规条款:

(1)《中华人民共和国环境影响评价法》(2016年修订)第二十二条 建设项目的环境影响报告书、报告表,由建设单位按照国务院的规定报有审批权的环境保护行政主管部门审批。海洋工程建设项目的海洋环境影响报告书的审批,依照《中华人民共和国海洋环境保护法》的规定办理。

(2)《建设项目环境保护管理条例》(2017年修订)第九条 应当依法编制环境影响报告书、环境影响报告表的建设项目,建设单位应当在开工建设前将环境影响报告书、环境影响报告表,报有审批权的环境保护行政主管部门审批。

(3)《中华人民共和国海洋环境保护法》(2017年修订)第四十三条 海岸工程建设项目单位,必须对海洋环境进行科学调查,根据自然条件和社会条件,合理选址,编报环境影响报告书(表)。在建设项目开工前,将环境影响报告书(表)报环境保护行政主管部门审查批准。

(4)《中华人民共和国海洋环境保护法》(2017年修订)第三十条 入海排污口位置的选择,应当根据海洋功能区划、海水动力条件和有关规定,经科学论证后,报设区的市级以上人民政府环境保护行政主管部门备案。

审批条件和程序按建设项目环评文件审批要求和规范办理。

2.1.2.6 福建省福州市入海排污口设置许可

依据《中华人民共和国海洋环境保护法》《中华人民共和国海域使用管理法》《防治海洋工程建设项目污染损害环境管理条例》《福建省海洋环境保护条例》,福州市入海排污口设置需取得行政许可,由福州市海洋与渔业局海域与资源处审批入海排污口设置申请。办理程序如下:

A. 受理:申请人到福州市海洋与渔业局海域与资源处提交申请材料。经办人当场审查申请材料是否齐全,材料不齐全的发《缺件通知单》,材料齐全的出具《受理承诺单》,并转交审查人进行审查;

B. 初审:经办人在2个工作日内对受理材料进行审查;

C. 复审:处室领导在2个工作日内对初审材料进行复审,完成必要时的现场勘查;

D. 审核:局领导根据复审意见在1个工作日内做出准予报批与否的决定;

E. 上报：对准予报批的，由经办人在 1 个工作日内汇总材料，签署意见上报省海洋与渔业局，并填报网络意见。

申请条件如下：

A. 符合海洋功能区划、海洋环境保护规划和国家有关环境保护规定；

B. 项目对环境影响程度在可接受范围内；

C. 通过环境评价专家评审，有专家评审意见；

D. 符合法律、法规和规章规定的其他条件。

需提交的材料如下：

A. 书面申请报告（原件 3 份）；

B. 海洋环境影响报告书（表）（报批稿，原件 3 份）；

C. 批准机关要求的其他相关材料。

2.1.2.7　广东省入海排污口设置许可

为加强广东省污染源排污口规范化管理，2008 年 4 月 28 日广东省环保局颁布了《广东省污染源排污口规范化设置导则》，有关排污口设置的规定有：

第二条　在我省辖区内直接或间接向环境排放污染物的单位（以下简称"排污者"）必须依法向环境保护行政主管部门（以下简称"环保部门"）申报登记排污口数量、位置及所排放的主要污染物的种类、数量、浓度、排放去向等情况。

第四条　环保部门审批建设项目环境影响评价文件，必须明确排污口的数量、排放去向等要求，并作为项目竣工环保验收的重要内容。

第五条　未经环保部门许可，任何单位和个人不得擅自设置、移动、扩大和改变排污口。有下列情况之一，须履行排污口变更申报登记手续，更换标志牌和更改登记注册内容。

（一）排放主要污染物种类、数量、浓度发生变化的；

（二）位置发生变化的；

（三）须拆除或闲置的；

（四）须增加、调整、改造或更新的。

第八条　排污者现有排污口达不到本导则要求的，必须限期整改并报环保部门检查和验收。

广东省一些沿海城市入海排污口管理实践如下：

（1）广州市。

依据《中华人民共和国海洋环境保护法》第三十条第一款："入海排污口位置的选择，应当根据海洋功能区划、海水动力条件和有关规定，经科学论证后，报设区的市级以上人民政府环境保护行政主管部门备案。"

广州市入海排污口位置，由广州市环保局实施行政备案。

受理条件：通过设置入海排污口排放水污染物，符合《中华人民共和国海洋环境保护法》规定。

申请材料如下：

A. 入海排污口位置备案申请书；

B. 入海排污口位置论证报告。

办理流程分网上办理流程和窗口办理流程。

网上办理流程：申请—受理—审查—备案—出件。

窗口办理流程：申报—受理—审核—备案—送达。

具体流程见图2.1-2。

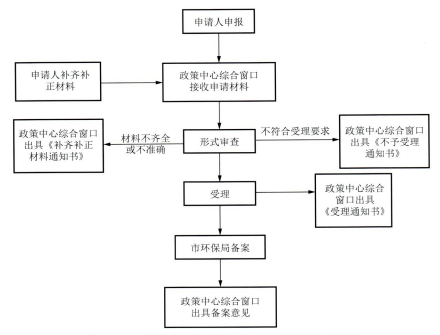

图 2.1-2 广州市入海排污口位置备案窗口办理流程

（2）湛江市。

湛江市在海洋污染管理方面的分工是：陆源污染控制由环保局负责，海上排污控制由海事局负责，离岸污水海洋处置由海洋渔业局负责。对于离岸排污口设置是否可行需通过海域使用论证报告和海洋环评报告来论证。排污口隶属的陆上企业、工业园区或市政污水处理厂的建设是否可行则由项目环评或区域环评来论证，并结合海洋管理部门对排污口的核准备案结论最终确定。没有将排污口作为环保单独行政许可审批。日常监管中，湛江市环保局环境监察分局对排污口没有区分入河和入海，对不通过污水处理厂处理由企业自行处理直接或间接排入海洋的企业加强监管，每年至少监测四次。

赤坎、霞山两个城市污水处理厂的尾水达标排海，在陆上均安装在线监测装置。晨鸣纸业的工业废水离岸 3 km 排放，陆上排放口装有在线监测装置，入海排污口没有单列审批，由该纸厂项目环评审批。

2.1.2.8　广西壮族自治区入海排污口设置许可

根据《中华人民共和国海洋环境保护法》第三十条和《广西壮族自治区人民政府关于开展扩权强县工作的意见》(桂政发〔2010〕72 号)附件 2 第 30 项规定,设置入海排污口的单位和个人必须取得行政许可。地级市环境保护主管部门委托县环保部门负责审批入海排污口申请。行政审批条件如下:

A. 符合海洋功能区划和环境质量要求;

B. 在海洋自然保护区、重要渔业水域、海滨风景名胜区和其他需要特别保护的区域,不得新建排污口;

C. 不得违反国家、自治区有关强制性规定。

申请材料包括:

A. 申请报告 1 份;

B. 项目环境影响报告书 1 份;

C. 入海排污口的工程可行性报告 1 份;

D. 入海排污口设置位置示意图 1 份。

广西沿海城市的管理实践:

(1)钦州市。

钦州市设置入海排污口设置行政许可,由市环保局审批,审批条件和提交材料按广西壮族自治区环保厅要求。审批程序如图 2.1-3 所示。

钦州市根据广西壮族自治区环保厅近岸海域环境功能区划修编和北部湾战略环评成果对钦州排污区进行了调整,大项目可单管单口排放,小项目一律不批单独排放口,要求归集到市政污水管网统一排入划定的排污区,不再对入海排污口单独审批。

(2)防城港市。

入海排污口设置行政许可由市环保局审批,提交材料除按自治区环保厅要求外还需提供用海论证报告、专家论证意见。审批条件除按环保厅要求外,还要提供海洋、海事、渔业行政主管部门和军队环境保护部门的意见,符合海洋动力条件的要求与广西近岸海域环境功能区划,专家论证可行。采用暗沟或者管道方式排放的,出水管口位置应当在低潮线下。

办理程序如下:

① 申请。申请单位向政务服务窗口提交申请。

② 受理。申请材料不全的,出具《材料补正告知书》;对不符合相关规定的,出具《不予受理通知书》;符合相关规定的,出具《行政许可受理通知书》。

③ 审查。环保局到现场进行核查。

④ 决定。环保局在规定时限内做出行政许可决定。

⑤ 领取批文。申请人在项目办结后,凭收文回执到政务服务窗口领取正式批复文件。

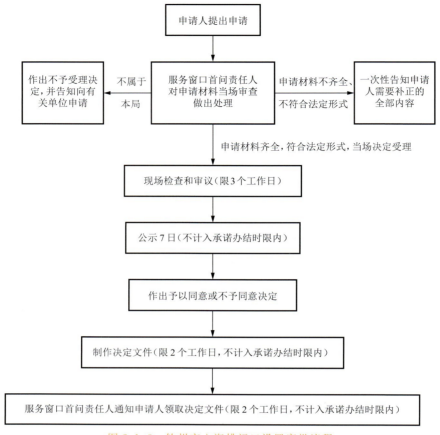

图 2.1-3　钦州市入海排污口设置审批流程

（3）北海市。

北海市设置入海排污口设置行政许可，由市环保局审批。需要提交材料按广西壮族自治区环保厅要求，审批条件除按自治区环保厅要求外，还要提供海洋、海事、渔业行政主管部门和军队环境保护部门的意见。审批流程见图 2.1-4。

北海市根据工业企业和城镇污水处理厂排污需要，共设置了 11 个入海排污口，市政为主，其中合浦 1 个，北海市 10 个。近年通过规划环评和海洋功能区划、近岸海域环境功能区划规划了 4 个排污区，要设置入海排污口只能在规划的排污区选址。在涠洲岛新设 1 个工业污水排放口，在建的铁山港污水处理厂和拟新建的大官河污水处理厂拟深海排放达标尾水，斯道拉恩索林纸浆一体化项目借用铁山港排海管道排放污水。

对入海排污口的监管由监测站进行尾水监测，环境监察支队监管。

2.1.2.9　海南省入海排污口设置许可

（1）海南省入海排污口设置审批/备案。

海南省入海排污口设置需取得行政许可，由市、县环境保护行政主管部门审批，报海南省生态环境保护厅备案。

办理备案程序如下：

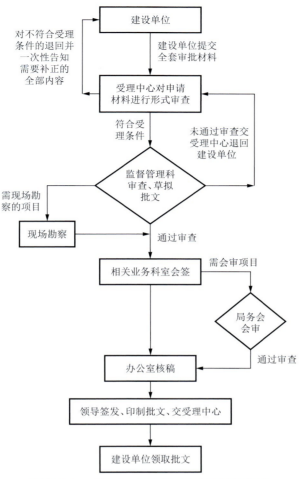

图 2.1-4　北海市入海排污口设置审批流程图

A. 市、县环境保护行政主管部门（申请单位）向省生态环境保护厅提出备案申请；

B. 省生态环境保护厅审批办窗口受理（出具备案受理回执）；

C. 省生态环境保护厅审核；

D. 通过审查后送档案室存档（未通过审查，向备案申请单位下发《备案事项整改意见书》）。

办理备案申请材料包括：

A. 入海排污口位置审批备案登记表（原件，1份）；

B. 入海排污口位置批复（复印件，1份）；

C. 设置排污口论证报告（含专家审查意见）（复印件，1份）；

D. 审批所依据的其他材料（复印件，各1份）；

E. 电子文档一份（内含申报纸质材料的全部内容）。

办理备案条件如下：

A. 符合海洋功能区划、近岸海域环境功能区划要求；

B. 符合法律、法规规定，程序合法，标准清楚；

C. 符合排放污染物浓度、总量要求。

目前,海南省要求污水处理厂和洋浦经济开发区的大型企业污水排放实施离岸排放。

(2)海口市入海排放口设置审批。

海口市设置入海排放口必须取得行政许可,由海口市环境保护局污染防治和总量控制处负责受理入海排污口申请和审批。

审批条件为:符合海洋功能区污染防治规定,经环境影响评价,具备达标排放的陆域排放单位。

申请人应当提交的材料包括:

A. 设置入海排放口的申请报告;

B. 入海排放口位置图;

C. 污染物排放设施、处理设施正常作业条件下排放污染物的种类、数量和浓度;

D. 环境影响评价报告书(表)及审批文件;

E. 提供入海排放口涉及的海洋、海事、渔业行政主管部门和军队环境保护部门的书面意见。

审批程序为:申请、审查申请资料、现场踏勘、审查、做出准予许可或者不准予许可的决定。审批流程见图 2.1-5。

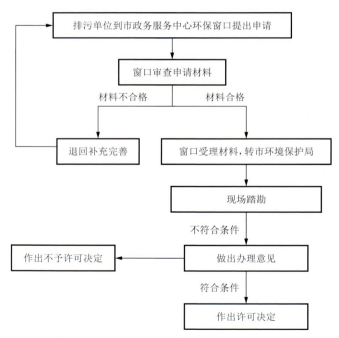

图 2.1-5　海口市入海排放口设置审批流程图

如海口市白沙门污水处理厂采取离岸排放,其入海排污口设置由海口市环保局审批。建设单位提供了国家海洋局浙江滨海污水海洋处置工程承包总公司编制的《海口市污水海洋处置工程海洋环境与海洋资源评价报告补充说明》(1994 年 7 月)。海口市白沙门污水处理厂扩建工程排海管道长度变更,审批需编制路由调查、勘探报告及海洋环境影响报告书。海口市污水海洋处置工程,由海南省生态环境保护厅组织专家对环境影响与海洋资源评估报告评审。

2.1.2.10 入海排污口日常监管与考核

(1)环保部门对直排入海污染源的监测。

按照《中华人民共和国海洋环境保护法》第五条规定,国务院环境保护行政主管部门作为对全国环境保护工作统一监督管理的部门,对全国海洋环境保护工作实施指导、协调和监督,并负责全国防治陆源污染物和海岸工程建设项目对海洋污染损害的环境保护工作。环保部对入海排污口监测由各级环保行政主管部门负责组织,实施主体为全国近岸海域环境监测网。1994 年由中国环境监测总站和沿海 11 省、自治区、直辖市的各级环境监测站组成了"全国近岸海域环境监测网",对全国近岸海域水质状况开展常规监测。

自 2004 年以来,全国近岸海域环境监测网对日排污水量大于 100 m³ 的直排入海污染源排污口开展了常规监测,包括工业污染源排放口、市政生活下水口、城市综合污水排放口、污水河(沟、渠),监测因子包括废水量、化学需氧量、石油类、氨氮、总汞、六价铬、铅、镉、总磷等,达标情况按各排污口执行的污水排放标准评价。

国务院环境保护行政主管部门每年定期发布中国环境状况公报和中国近岸海域环境质量公报,直排海污染源污染物排海监测状况均纳入公布的环境信息,具体有全国直排海污染源污染物排海信息、四大海区受纳污染物信息、沿海各省直排海污染源排放情况。

(2)海洋部门对陆源入海排污口与邻近海域环境质量状况监测。

同时,海洋行政主管部门也对陆源入海排污口邻近海域环境质量状况进行监测。2005 年起,各级海洋行政主管部门负责组织实施入海排污口排污状况监测,国家海洋局定期发布全国海洋环境信息,各级海洋行政主管部门发布当地海洋环境信息,包括陆源入海排污口排污达标率、污染物排放总量和邻近海域环境质量状况。

根据国家海洋信息公报,2014 年,在所监测的 156 个陆源入海排污口中,有 78 个入海排污口向邻近海域超标排放污水,超标排污口占监测总数的 50%,入海排污口超标比率最高的类型为市政排污,占 58.3%。国家海洋环境监测中心选取了辽宁、河北、浙江、福建、广西、海南 6 省(自治区)进行入海排污口超标比率的监测。超标排污口比率范围为 21.1%~93.3%,其中,广西最高,被监测的排污口 15 个,超标 14 个。

2.1.3 存在的问题

(1)入海排污口监管权责不清。

与海洋环境保护有关的部门众多,如环境保护部门、海洋渔业部门、港口管理部门、海事管理部门及军队环保部门,入海排污口的监管主要涉及海洋和环保行政主管部门,而环境保护部门未能完全对入海排污口依法行使监督管理的职能。

在入海排污口的审批方面,部分地区海洋行政主管部门通过海洋工程建设项目对入海排污口进行环境监督管理,存在环保系统和海洋系统各自审批的情况,不利于入海污染源的统筹监控和管理。如中国石化上海石油化工股份有限公司入海排污口(2~5 号,用海面积为 9.349 7 公顷,用海类型为排污倾倒用海-污水达标排放用海)由上海市海洋局核准;广东惠州大亚湾石化区第二条污水排海管线工程由广东省海洋渔业局核准;华能丹东电厂冷却水入海排污口由重点入海排污口变更为一般入海排污口,由辽宁省海洋与渔业厅核准;福州市入海排污口设置审批由市海洋渔业局审批。在环保部门审批或备案时,各地也由不同的部门负责,如烟台市由环评科审批,海口市由污染防治和总量控制处审批,海南省由污染控制处(现为生态处)备案,浙江省由建设项目管理处审批。

在入海排污口监测方面,由各级海洋行政主管部门负责组织实施陆源入海排污口监测,包括陆源入海排污口排污达标率及绩效考核、污染物排放总量和邻近海域环境质量状况,国家海洋局定期发布全国海洋环境信息,各级海洋行政主管部门发布当地海洋环境信息。环保部下属的舟山、北海等海洋生态环境监测站也进行同样内容的监测和发布相关的信息公报,沿海市级环保系统也发布辖区内各类入海排污口基本信息及达标排放信息,但总体来讲环境保护行政主管部门和海洋行政主管部门在陆源污染情况、入海排污口及近海江河排污口设置、主要入海河流监测断面监测数据、海洋生态环境监测数据等方面,仍未实现信息共享。

因此,需要理顺这些部门的职能分工,使其相互协作、紧密配合,既要避免互相推诿、出现管理空当,又要避免重复管理、信息孤岛、各自为政,确保监管效率。

(2)入海排污口底数不清。

对入海排污口进行普查,目的是摸清入海排污口的数量、地理位置、类型、排污方式、排污规律、排污量、产污主体等基本情况。基于普查结果,进一步加强对陆源入海排污口的分类细化监管。

在入海排污口的普查方面,部分地方环保和海洋系统均开展相应的工作。如根据广东省海洋与渔业局下达的入海排污口普查任务要求,广东汕头海洋与渔业局开展入海排污口普查工作,市局资环科及环境监测站技术人员联合对该市入海排污口进行现场调查,通过向在附近生产、生活的群众咨询,现场排查,查阅历史资料等方式,对该市入海排污口的现状和污水排放方式进行了详细调查、核实。汕头市环保局也按广东省环保厅的统一部署要求,开展了入海排污口的调查统计。但目前环保系统和海洋系统均未完全掌握全国入海排污口状况,现有的环保管理体系仅部分建设项目入海排污口纳入管理。

因此,急需开展对入海排污口的摸底调查工作,掌握全国所有入海排污口状况,为近岸海域环境质量精细化管理提供基础支撑。

(3)审批要求不统一。

除海南省需要设置排污口论证报告(含专家审查意见),其他省份需提交建设项目环境影响报告书,福州市则需提交海洋环境影响报告书。广西、海南、浙江、江苏有省级审批或备案统一规定,地市级审批按省级要求制定地方审批要求。江苏省将入海排污口设置审批含于建设项目环评审批中,不再单独列出审批。浙江省环保厅在审批入海排污口设置申请时要求提交入海排污口环境影响评价文件和科学论证意见,对入海排污口环评和论证却没有明确具体内容和要求,比较笼统,可能是对入海排污口的类型(岸边、离岸)没有区分。海南省生态环境保护厅在对已由市级环保部门审批过的入海排污口备案时要求提供设置排污口论证报告(含专家审查意见),没有对设置排污口论证报告的内容和要求做出具体规定。

因此,须按《中华人民共和国海洋环境保护法》第三十条和有关下放行政审批、简化审批管理要求,将排污口管理含于工程主体中,按海岸、海洋工程分类,分部门、分级审批建设项目环境影响报告书。

(4)技术报告无规范的技术指引。

目前,建设项目环境影响评价缺少对入海排污口设置开展专门的论证评估,也缺少入海排污口设置的相关标准、技术规范,即使部分涉海的建设项目环境影响评价开展了排污口比选或设置的环境可行性论证,其工作深度仍难以满足要求。例如,工业园区集中污水处理设施及其排污口论证在园区环评中一并解决,但限于评价内容和工作重点等限制,工作深度不足,对混合区范围及主要污染物最大允许排放量、排污口位置的环境可行性等方面的考虑较少。同时现有的污染源监督管理办法虽然对入海排污口设置的位置提出了限制性要求,但对排污口最大允许排污量、排污混合区设置等没有相关要求,对混合区的设定比较随意或者依照现行污水海洋处置规范,与实际相差太大,导致环评预测结论科学性不足。结果是审批了的排污口许多设置不合理,如设在扩散条件差的海域,或距离敏感点较近。

目前,国家海洋局已颁布《海洋工程环境影响评价评技术导则》(2014 年修订)、海域使用论证、海洋调查和监测规范等各类涉海技术文件,农业部颁布了《建设项目对海洋生物资源影响评价技术规程》,指导和规范海洋环境影响评价、海域使用论证以及海洋资源和环境评价等,但对海洋混合区的划定及污染累积影响尚欠缺规范。

因此,迫切需要制定规范的排污口优化选址与混合区管控导则等提供技术支撑。

2.2　入河排污口管理对入海排污口管理的借鉴与思考

2.2.1　入河排污口审批水行政部门和环保部门职责划定

《中华人民共和国水法》(2016 年修订)第三十四条第二款规定:在江河、湖泊新建、改建或扩大排污口的,应当经过有管辖权的水行政主管部门或流域管理机构同意,由环境保护行政主管部门负责对该建设项目的环境影响报告书进行审批。《河道管理范围内建设项目管理的有关规定》(水利部、国家计委水政〔1992〕)第三条规定:河道管理范围内的建设项目,必须按照河道管理权限,经河道主管机关审查同意后,方可按照基本建设程序履行审批手续。河道主管机关为有管辖权的各级水行政主管部门或流域管理机构,因此入河排污口设置申请的审批由水行政主管部门负责。

2004 年水利部依据《中华人民共和国水法》《中华人民共和国防洪法》及《中华人民共和国河道管理条例》等发布了《入河排污口监督管理办法》(水利部第 47 号令,2015 年修订),规定入河排污口的设置应当符合水功能区划、水资源保护规划和防洪规划的要求,明确由水行政主管部门负责入河排污口设置和使用的监督管理工作。

《中华人民共和国水污染防治法》(2017 年修订)第十七条:新建、改建、扩建直接或者间接向水体排放污染物的建设项目和其他水上设施,应当依法进行环境影响评价。

建设单位在江河、湖泊新建、改建、扩建排污口的,应当取得水行政主管部门或者流域管理机构同意;涉及通航、渔业水域的,环境保护主管部门在审批环境影响评价文件时,应当征求交通、渔业主管部门的意见。

第二十条 国家实行排污许可制度。

直接或者间接向水体排放工业废水和医疗污水以及其他按照规定应当取得排污许可证方可排放的废水、污水的企业事业单位,应当取得排污许可证;城镇污水集中处理设施的运营单位,也应当取得排污许可证。排污许可的具体办法和实施步骤由国务院规定。

禁止企业事业单位无排污许可证或者违反排污许可证的规定向水体排放前款规定的废水、污水。

第二十一条 直接或者间接向水体排放污染物的企业事业单位和个体工商户,应当按照国务院环境保护主管部门的规定,向县级以上地方人民政府环境保护主管部门申报登记拥有的水污染物排放设施、处理设施和在正常作业条件下排放水污染物的种类、数量和浓度,并提供防治水污染方面的有关技术资料。

第七十五条第三款 未经水行政主管部门或者流域管理机构同意,在江河、湖泊新建、改建、扩建排污口的,由县级以上人民政府水行政主管部门或者流域管理机构依据职权,依照前款规定采取措施、给予处罚。

第二十二条 向水体排放污染物的企业事业单位和个体工商户,应当按照法律、行政法规和国务院环境保护主管部门的规定设置排污口;在江河、湖泊设置排污口的,还应当遵守国务院水行政主管部门的规定。

由此可见,国家有关法律已明确规定:向水体排放污染物的排放单位必须按照法律法规和环境保护部的规定设置排污口、履行排污申报、申请排污许可、执行环境影响评价制度,但如排污口设置在江河、湖泊(即设置入河排污口)必须经水行政主管部门审批。

2.2.2 入河排污口审批技术要求

编制入河排污口设置论证报告是入河排污口审批的重要条件之一,也是各级水行政主管部门审批入河排污口设置的重要依据。为规范建设项目入河排污口设置论证工作的内容和要求,保证入河排污口设置论证报告的编制质量,指导各地开展入河排污口设置论证工作,水利部办公厅在《关于加强入河排污口监督管理工作的通知》(水资源〔2005〕79号)中以附件的形式发布了《入河排污口设置论证基本要求》(试行)。该要求明确入河排污口设置论证应根据水功能区划、水功能区纳污能力和水利部门提出的限制排污总量意见,综合考虑相关因素进行论证。论证报告的内容包括:① 入河排污口所在水域水质、接纳污水与取水现状;② 入河排污口位置、排放方式;③ 入河污水所含主要污染物种类及其排放浓度和总量;④ 水域水质保护要求;⑤ 入河排污口设置对有利害关系的第三者的影响;⑥ 水质保护措施及效果分析;⑦ 论证结论。

另外,按《入河排污口监督管理办法》(2015 年修订)第八条、第十三条,设置入河排污口依法应当办理河道管理范围内建设项目审查手续的,排污单位提交的河道管理范围内工程建设申请中应当包含入河排污口设置的有关内容,不再单独提交入河排污口设置申请书;有管辖权的县级以上地方人民政府水行政主管部门或者流域管理机构在对该工程建设申请和工程建设对防洪的影响评价进行审查的同时,还应当对入河排污口设置及其论证的内容进行审查,并就入河排污口设置对防洪和水资源保护的影响一并出具审查意见。设置入河排污口需要同时办理取水许可和入河排污口设置申请的,排污单位提交的建设项目水资源论证报告中应当包含入河排污口设置论证报告的有关内容,不再单独提交入河排污口设置论证报告,取水许可和入河排污口设置申请一并出具审查意见。由此可见,仅当纯粹的设置入河排污口(即既无须办理河道管理范围内建设项目审查手续又无须办理取水许可手续)才需单独提交入河排污口设置申请并提交入河排污口设置论证报告供审查。而且根据第七条,设置入河排污口对水功能区影响明显轻微的,经有管辖权的县级以上地方人民政府水行政主管部门或者流域管理机构同意,可以不编制入河排污口设置论证报告,只提交设置入河排污口对水功能区影响的简要分析材料。这些规定从程序上体现了实事求是,避免重复审批、过度审批。

针对入河排污口设置论证缺乏统一的技术规范,水利部发布了《建设项目水资源论证导则》(GB/T 35580—2017)。目前,针对入河排污口设置与管理存在的问题,尚需开展入河排污口设置综合规划及入河排污口关键技术研究工作,如入河排污口信息化管理和监控技术研究,入河排污口设置单位和关联单位之间的关系及责任识别与区分方法研究等[1]。

2.2.3　入河排污口设置审批和建设项目环保审批基本程序和技术要求之间的关系

环保部门在审批入河排污口从属的建设项目环评报告书时,首先需要获得水利部门对入河排污口的行政许可,即在入河排污口设置论证合理可行的基础上,审查建设项目是否具备环境可行性,如环境可行,则从环保审批的角度同意项目建设,并在项目竣工环保验收后发放排污许可证。

环保部门在审查项目的环境影响报告书时重点关注建设项目的清洁生产水平、污染控制(达标排放、总量控制)与风险防范措施,对周围环境(水、气、声、生态等)的影响。对水环境的影响预测,《建设项目环境影响评价技术导则　水环境》给出了持久性污染物和非持久性污染物在河流、湖库中的各种扩散预测模型,可用于入河排污口设置论证报告中有关污水排放对水功能区水质的影响预测。

入河排污口设置审批和建设项目环保审批基本程序见图 2.2-1。

从入河排污口设置审批和建设项目环保审批基本程序图中可以看出:水行政主管部门负责入河排污口设置审批,环保行政主管部门负责建设项目的排污许可审批,既分工明确,各司其职,又有效互通,有机衔接,对建设项目的审批科学、合理、高效。这种审批权限的划分符合《中华人民共和国水法》(2016 年修订)及《中华人民共和国水污染防治法》(2017 年修订)。

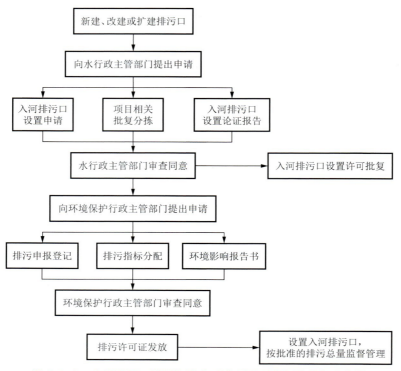

图 2.2-1 入河排污口设置审批和建设项目环保审批基本程序图

2.2.4 借鉴与思考

因河道自然流量有限,向河道排污对河流的影响不仅包括对河水水质影响,还包括对流量的影响:污水量小,仅对水质有一定的影响;污水量大,不仅严重影响下游水质,而且造成下游流量显著增大,影响防洪,可能危及两岸及下游群众生命财产安全。由此可见,在河道内设置排污口,一方面可能影响防洪安全,影响人民生命财产安全和经济建设的顺利进行,另一方面通过排污口向江河排放污水有可能损坏水资源,造成下游污染,引起水事纠纷,因此必须依法对入河排污口进行监督管理,以保护水资源、改善水环境、促进水资源可持续利用。入河排污口的监督管理是水资源保护的一项重要制度,与水功能区的监督管理制度、水域纳污能力和限制排污总量意见的提出、取水许可(建设项目水资源论证)制度、河道管理范围内建设项目的审批管理制度,构成完善的水资源保护制度体系。因此,由水行政主管部门负责入河排污口设置审批,而环保行政主管部门负责陆上排污单位污染控制,符合各自的职能定位与分工。

污水排海无论岸边还是离岸排放,由于污水排放量相对于海洋巨大的水体来说,可以忽略,不存在类似河流流量增大带来的洪灾问题,但排放的污染物质会对排污口及邻近海域的水质、生态乃至沉积物等产生长期累积影响,须重点关注,并同河流一样加强陆上污染控制与管理。另外,离岸排放需在海底铺设管道,会影响同一海域不同用海者的利益,故需要海洋部门重点关注。污水排海对海洋的影响及海域使用(如离岸排放)需进行深入分析论证,需要排污口选址优化、水质扩散混合区划定技术导则,及生态累积风险评估方法提供科学的技术支撑。

因此,借鉴入河排污口管理的经验,在划分入海排污口审批权限时应按照环保法、海洋环保法等法律法规中对环保行政主管部门、海洋行政主管部门职责的分工。在制定审批要求时要考虑已有的环保审批,海洋环境及海域使用核准、审批的规范,做到既科学,又避免过度或重复。

2.3 入海排污口审批监管研究

所谓入海排污口,是指将陆源污染物排放到海洋的具体入海排放口,不是排污管线的下海处,而是排出的污水与海水初始混合处,即污水实际排放到海水中的最终出口位置——排污口门。入海排污口位置的选择和确定,不仅关系到陆源污染物排放入海设施的建设、成本,还直接关系到对海洋环境的影响。

在入海的河口区设置排污口,需要对其性质进行界定,即是入河排污口还是入海排污口,因为两类排污口的管理不同。如排污口设在划分为近岸海域环境功能区或在咸潮上溯的入海河口水域(即咸界以下的水域),则此类排污口可视为入海排污口,否则为入河排污口,按水利部入河排污口监督管理办法管理。

为保证入海排污口管理科学化、常态化,建议制定《入海排污口审批监管规程和管理办法》。

2.3.1 对《中华人民共和国海洋环境保护法》中设置入海排污口的规定的解读

(1)入海排污口位置的选择。入海排污口位置是否合理,直接关系到对海洋环境影响的程度。因此,选择入海排污口位置应当根据海洋功能区划、海水动力条件和"有关规定",经科学论证后,报设区的市级以上人民政府环境保护行政主管部门备案。"海洋功能区划",是指依据海洋自然属性和社会属性,以及自然资源和环境特定条件,界定海洋利用的主导功能和使用范畴。"海水动力条件",是指海水涨、落潮,海流运动和海水交换对污染物输运及其自净能力。"有关规定",是指防治陆源污染的规定、防治海岸工程建设项目污染的规定和排放标准等。

(2)设置入海排污口的批准部门是环境保护行政主管部门。由于设置入海排污口涉及海域使用、养殖业和船舶航行安全,所以环境保护行政主管部门在批准设置入海排污口之前,必须征求海洋、海事、渔业行政主管部门和军队环境保护部门的意见。

《中华人民共和国海洋环境保护法》基于离岸深海排放视为排海工程,投资大、实施例子少,而岸边排放常见,且服务于陆上项目,因此交由环保系统审批排污口,含在建设项目环评报告中,排污口的审批由环评处(环评科)负责,监督则由污染防治与总量控制处(科)负责。后国内陆续有离岸深海排放的排海工程,视为海洋工程,占用海域,需取得海域使用权且经分析论证对海洋环境影响有限,故需进行海域使用论证和海洋环评,由海洋系统核准后报环保系统备案。

(3)不得新建排污口的区域。在海洋自然保护区、重要渔业水域、海滨风景名胜区和其他需要特别保护的区域,不得新建排污口。"其他需要特别保护的区域",是指除海洋自然保护区、重要渔业水域和海滨风景名胜区以外,具有环境保护上的特殊价值,而划出一定范围,加以特别保护的区域。

（4）排污口深海设置的要求。在有条件的地区,应当将排污口深海设置,实行离岸排放。设置陆源污染物深海离岸排放口,应当根据海洋功能区划、海水动力条件和海底工程设施的有关情况确定。"海底工程设施",是指位于海床底土上的构筑物和敷设物,如人工渔礁、电缆和管道等。考虑到深海（离岸）排污口设置的特殊要求,具体审批办法将由国务院另行做出规定。

2.3.2 入海排污口设置审批

根据《中华人民共和国环境保护法》《中华人民共和国海洋环境保护法》《防治海洋工程建设项目污染损害海洋环境管理条例》《中华人民共和国海域使用管理办法》《中华人民共和国防治海岸工程建设项目污染损害海洋环境管理条例》《中华人民共和国防治陆源污染物污染损害海洋环境管理条例》等国家法律法规及各沿海地区环境保护条例,设置入海排污口需行政许可。

2.3.2.1 制定审批监管规程的原则

为使入海排污口的审批监管工作规范、科学、高效,需要明确审批部门、审批要求、审批条件、审批程序等具体事宜。

由于与海洋环境保护有关的部门众多,如环境保护部门、海洋渔业部门、港口管理部门、海事管理部门及军队环保部门,因此需要理顺这些部门的职能分工,使其相互协作、紧密配合,既要避免互相推诿、出现管理空当,又要避免政出多门、重复管理,确保审批的效率。而且,入海排污口设置审批是一项需要提供技术支持的行政决策,需要制定统一的技术导则,如混合区管控技术导则、排污口选址优化技术导则、生态风险评估技术导则等,指导规范排污口设置,确保审批的科学性和规范性。因此,制定审批监管规程的原则是:从服务海洋环境保护管理需要及符合实际情况出发,理顺各涉海职能部门间的关系,做到分工合理;加强入海排污口设置分析论证的技术指导,做到决策科学。

2.3.2.2 入海排污口的分类审批

（1）入海排污口的两种类型。

按排污口设置的位置不同,污水排海通常有两种方式:岸边和离岸排放。同样的污水排放量和污染物排放量,岸边排放投资小,对海洋环境的影响相对较大;离岸排放对海洋环境影响相对较小,但投资大。污水排放口设置既要考虑海洋保护需要,又要兼顾投资维护成本。设置岸边排放口的陆上建设项目常常污水排放量不大,而且排污管线投资有限。大型企业或工业区工业废水,或某一沿海地区城镇生活污水,由于废水量大,如岸边排放则对海洋环境影响较大,必须离岸深海排放。随着各地基础设施的完善和经济实力的提升,建设大型污水排海工程,污水集中处理离岸排放,科学利用海洋纳污能力,解决大量工业生产和城镇生活污水出路,已成为大势所趋。典型的排海工程-离岸排放如图 2.3-1 所示。

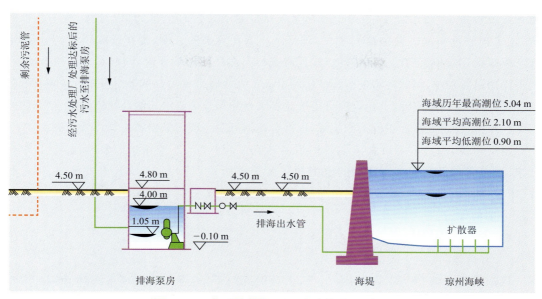

图 2.3-1　典型的排海工程（离岸排放）示意图

（2）两种类型入海排污口的差异。

排水量小的排污口一般设置在岸边，投资小，是建设项目的主体工程附属的排水设施。由于建设项目和排污管线位于海岸线向陆一侧，按《中华人民共和国防治海岸工程建设项目污染损害海洋环境管理条例》（2018 年修订），为海岸工程，由环保部门负责其环境保护工作的监督管理，编制建设项目环评报告书。

污水离岸排放，海上放流管、扩散器及应急管的投资较大，有些甚至超过建设项目投资，可视为一个与陆上建设项目相配套的管线工程，按照《中华人民共和国防治海洋工程建设项目污染损害海洋环境管理条例》，由于工程的主体位于海岸线向海一侧，属于海洋工程，由海洋主管部门负责其环境保护工作的监督管理。排海工程建设应执行海洋工程环境影响评价制度，编制海洋环境影响报告书，由海洋部门核准。同时排海工程建设放流管、应急管需用海，按《中华人民共和国海域使用管理办法》，需编制海域使用论证报告，由海洋部门审批；而且按《铺设海底电缆管道管理规定》和《铺设海底电缆管道管理规定实施办法》，还必须就铺设海底污水管道编制路由调查、勘察报告和管道铺设工程对海洋资源和环境的影响报告书，由海洋部门审批。

由于设置岸边排放口的陆上建设项目常常污水排放量不大，而且投资规模有限，故岸边排污口是建设项目的主体工程附属的排水设施，其审批可包含在建设项目环评审批中，没有必要将入海排污口设置单列审批。环评报告书中应有排污口设置论证专题，从近岸海域环境功能区划、海洋保护规划等方面重点分析排污口选址的合法合理性，采用一定的模型预测污水达标排放对海洋水质及生态的影响，即编制污水排放对海洋环境影响评价专题，在征求海洋、渔业、海事部门意见后，由环保部门审批。这种相关部门预审与环保部门审批相结合的管理模式可避免过度审批。

而离岸排污口为陆上建设项目配套的海底管线工程，这种利用海洋处置污水的大型排污工程投资大,技术复杂,有岸上排污泵与排放管、海底放流管以及应急管、海中扩散器等,污水排放量和水污染物排放量大,对海洋环境和资源的长期、潜在影响较大,应作为海洋工程审批。此种类型的入海排污口设置需进行海洋环境影响评价,同时管线占用海域,涉及不同用海者利益,因此还需进行海域使用论证。因此离岸排污口审批由海洋行政主管部门负责,报环保部门备案,陆上建设项目仍按建设项目环保管理要求编制环境影响报告书,由环保部门审批,符合海洋保护的工作实际,也符合防治海洋工程污染损害海洋环境条例。

由此可见,岸边排污口和离岸排污口两者在工程性质、环境保护监督管理部门、审批要求、涉及海域及影响海洋环境的范围和程度等方面差别较大,因此其审批部门、审批程序、审批条件也应不同,需分类制定审批规程,以符合国家简政放权要求和海洋环境保护职能分工的规定。

(3)岸边排放口审批。

① 审批部门。

岸边设置入海排污口,属海岸工程,由环保部门审批,审批前需征求海洋、渔业、海事及军队部门意见。

② 审批文件的技术要求。

岸边污水排放口设置的审批含在其主体工程的环评审批中,因此需编制建设项目环评报告,并设置海洋环境影响评价专题,即污水排放对近岸海域的环境影响评价,包括排污口选址的合理性论证(是否与近岸海域环境功能区划相符等),海水水质影响预测评价(海洋环境可行性)。在审批建设项目环评文件时,需明确排污口的位置、排放方式、排放水质、排放水量等要求,并作为项目竣工环保验收的主要内容。

③ 入海排污口设置申请。

设置入海排污口的单位(下称排污单位),应提交入海排污口申请。

根据审批文件的技术要求,设置岸边排放口的排污单位在向环保部门提交建设项目环评审批申请中已包含入海排污口设置内容,不再单独提交入海排污口设置申请;排污单位应同时向环境保护行政主管部门和海洋行政主管部门报送建设项目环境影响报告书(表)(含海洋环境影响评价专题报告)。

设置公用岸边排污口的单位需按上述规定提交入海排污口设置申请,使用公用排污管线的各排污单位则无须再提交入海排污口设置申请,但需向环保行政主管部门、海洋行政主管部门及负责设置公用排污口的单位提供排放废水种类、水质、水量、主要污染物排放量、排放方式等资料。

④ 审批条件。

符合海洋功能区划、近岸海域环境功能区划,对海洋环境的影响可以接受,海洋环评专题报告和建设项目环评报告通过专家评审,海洋、渔业、海事及军队部门同意。

(4)离岸排放口审批。

① 审批部门。

具备污水深海排放条件(海洋环保的必要性和工程经济的可行性)的污水海洋处置工程属于海洋工程,由海洋主管部门负责其环境保护工作的监督管理。排海工程建设应执行海洋工程环境影响评价制度,编制海洋环评报告书,由海洋部门核准。同时排海工程建设放流管、应急管需用海,按《中华人民共和国海域使用管理办法》,需编制海域使用论证报告,由海洋部门审批。入海排污口的设置论证就是对其使用海域的合法合理性等进行论证和对其产生的海洋环境影响进行评价,入海排污口的设置论证审批就是对其利用海洋排污进行审批。因此,编制排海工程海洋环评报告书和海域使用论证报告经海洋部门核准后报环保部门备案即可,不必再单独编制入海排污口设置论证报告及履行后续审批手续。这样可避免重复审批。

② 审批文件的技术要求。

编制海域使用论证报告和海洋环境影响报告。海洋环境影响报告书中的技术内容应包括以下部分:

A. 排海工程内容:管线路由(放流管、应急管)及扩散器形式,排水量,水质。

B. 选址的合理性:海洋功能区划的相符性,水动力条件,受纳海域敏感性(水质现状及规划功能、敏感或重要海域)等多方案比选。

C. 海洋环境的影响:混合区设定,水质影响程度和范围预测,管线施工和污水排放造成海洋生物资源损失及补偿费用估算。

D. 海洋环境风险:由于地质下沉管线扭曲,或海底管线开挖施工导致排污管线破裂,污水泄漏排放对海洋环境的影响,如埋设在某一水产资源保护区缓冲区的管线破裂。

E. 生态恢复与补偿措施。

F. 海洋环境风险应急预案。

海洋环评报告需要说明排污口排放的废水种类、水质、水量及特征污染物,在宏观分析排污口设置与海洋功能区划、近岸海域环境功能区划、产业政策等相符性基础上,结合海洋水动力条件、海洋生态系统特征等进行多方案比选,深入论证污水排放对受纳海域环境(水质、沉积物、生物质量、海洋生物资源等)的影响。

可根据需要编制深海排污口选划与水环境影响评价专题、排海工程对海洋生态影响评价专题。在模拟预测水质等环境要素影响时,核心环节在于混合区范围的设定是否科学。混合区的划定与受纳海域的海洋生态敏感性(生态服务与功能价值重要性、生态脆弱性等),排放污水的种类及污染负荷(污水性质,主要是特征污染物的毒性等)密切相关,应合理设定混合区的大小,确保预测的海洋环境影响结果合理科学可行。

混合区确定的思路如下:

A. 以陆定海。

尾水执行国家、地方或行业标准,排放总量符合区域总量控制分配指标,按排放区域水动力条件,运用水质预测模型理论计算(数学模型)结合罗丹明实验(物理实验)确定混合区:以入海排污口为中心,污染初始混合超过水质功能标准区域—刚符合水质功能标准区域的包络线范围。

B. 以海定陆。

按海洋功能区属性及环境容量估算决定陆上排污总量及排放标准。按混合区划定规范科学确定排污海域的混合区大小,用数学模型计算允许排放量,实施基于容量的总量控制。

③ 离岸排污口设置申请。

设置离岸排污口的排污单位,应当在向环境保护行政主管部门报送陆上建设项目环境影响报告书(表)之前,获得设区的市级以上地方人民政府海洋行政主管部门对入海排污口设置行政许可,即对排海工程的海洋环境影响报告书核准意见。排污单位在向海洋行政主管部门提交的海域使用论证和海洋工程环境影响报告书核准申请中包含入海排污口设置内容,不再单独提交入海排污口设置申请。

同样,设置公用离岸排污口的单位需按上述规定提交入海排污口设置申请,使用公用排污管线的各排污单位则无须再提交入海排污口设置申请,但需向环保行政主管部门、海洋行政主管部门及负责设置公用排污口的单位提供排放废水种类、水质、水量、主要污染物排放量、排放方式等资料。

④ 审批条件。

符合海洋功能区划、《污水海洋处置工程污染控制标准》,路由勘察报告、海底管道铺设、海域使用论证报告和海洋环境影响报告书通过专家评审和听证。

设置离岸入海排污口审批程序流程建议见图 2.3-2,设置岸边入海排污口审批程序流程建议见图 2.3-3。

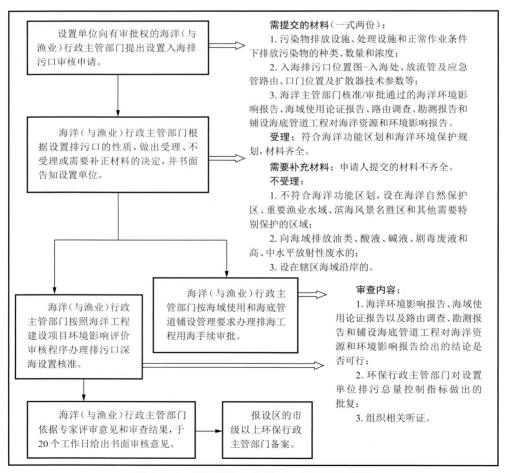

图 2.3-2　设置离岸入海排污口审批程序建议

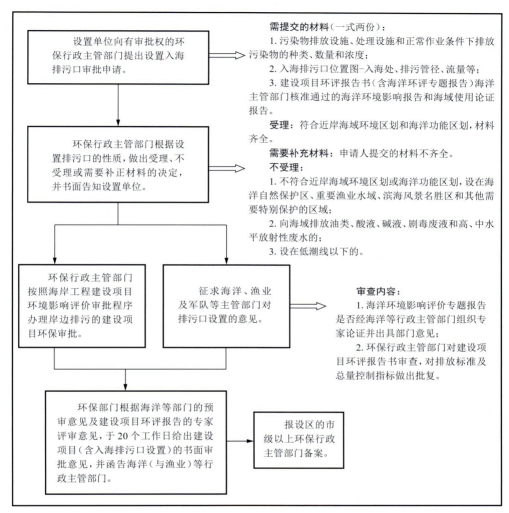

図 2.3-3　设置岸边入海排污口审批程序建议

2.3.3　入海排污口监管

（1）竣工验收。

依据《建设项目竣工环境保护验收暂行办法》（国环规环评[2017]4 号），开展入海排污口验收。

（2）日常考核。

岸边排放口和离岸排放口污水监测，由环保部门在陆上污水处理设施尾水排放处设在线监测和人工采样比对监测；入海排污口及邻近海域环境监测由海洋部门组织实施。

2.4 小 结

（1）目前，我国存在入海排污口监管权责不清、入海排污口底数不清、入海排污口审批要求不统一等问题。

（2）有关入海排污口设置的法律法规条例均无一例外规定了禁区：海洋自然保护区、重要渔业水域、海滨风景名胜区和其他需要特别保护的区域，不得新建排污口。均要求设置入海排污口必须满足的基本条件：符合海洋功能区划、海洋环境保护规划和国家有关环境保护标准，不得影响海洋功能区的环境质量或者损害相邻海域的功能。

（3）负责海洋环境保护的部门众多，如环境保护部门、海洋渔业部门、港口管理部门、海事管理部门及军队环保部门，因此需要理顺这些部门的职能分工，使其相互协作、紧密配合，既要避免互相推诿、出现管理空当，又要避免政出多部门重复管理，确保审批的效率。

（4）入海直排口以岸边为主，存在问题较多，必须加以规范化整治。全国 11 个沿海省、自治区、直辖市中天津、山东、江苏、浙江、福建、广东、广西和海南在省和（或）市级有入海排污口设置审批行政许可规范，但审批形式各异，技术报告的内容和深度要求差异较大，迫切需要制定规范的排污口优化选址与混合区管控导则等提供技术支撑，将排污口管理含于工程主体中，按海岸、海洋工程分类，分部门、分级审批建设项目环境影响报告书。

（5）借鉴入河排污口管理的经验，在划分入海排污口审批权限时应按照《中华人民共和国环境保护法》《中华人民共和国海洋环境保护法》等法律法规中对环保行政主管部门、海洋行政主管部门职责的分工。在制定审批要求时要考虑已有的环保审批、海洋环境及海域使用核准、审批的规范，做到既科学，又避免过度或重复。

（6）为保证入海排污口管理科学化、常态化，建议制定《入海排污口审批监管规程和管理办法》。

参考文献

[1] 王孟,叶闽,杨芳. 对长江流域入河排污口设置论证的思考[J]. 人民长江,2011,42（2）:21-23.

第3章

入海排污口选址和排放方案比选技术研究

　　在本章的研究中，经对入海排污口选址设置相关的文献查阅和整理、与地方管理部门的交流以及专家咨询等，确立了从水域纳污适宜性和入海排污口建设适宜性两方面进行排污口选址影响要素的分析。其影响要素主要有：与海洋功能区划及海洋环境保护法是否相符，用以反应水体对污染物进行稀释扩散能力大小的混合区，对海域内典型重金属潜在危害进行评价的生态系统风险指数，入海排污口的设置对周边海域生态系统结构功能所造成的生态损害，在进行排污口工程建设时需考虑的尽可能降低排污管线铺设费用，海岸的稳定性，降低人为因素造成的风险，污水排放对排污口、扩散区和周围海域水环境质量的影响范围和影响程度。在此基础上，考虑差异性、主导性、综合性、代表性、可操作性等特点，构建了排污口选址适宜性评价指标体系与指标分级标准。该指标体系包含纳污水体水质现状浓度占标率、余流、平均水深、生态风险评价指数、生态损失投资比、海岸线变化率、排污管道有无穿越航道和海底电缆、管道铺设相对长度比、排污口距最近海洋生态环境敏感区距离等9个指标。

　　基于对多目标决策方法、空间分析方法和运筹学选址问题模型与应用三部分内容开展的文献调研与归纳总结，结合入海排污口选址方案比选的特点，选择在多要素影响的选址问题中常用的适宜性加权评价法及灰色决策法作为适宜性评价方法开展方案的比选。入海排污口选址方法依据以下两种情景进行选择：当研究区域有条件基于GIS采用网格叠加空间分析法进行图层叠置时，或者希望基于网格叠加空间分析的原理对备选方案进行排序时，入海排污口选址可以采用基于AHP的较为简单的适宜性加权评价方法；当研究区域不适宜采用网格叠加空间分析法时，或者不希望以评价指标体系中的适宜性分级作为依据进行评价时，入海排污口选址采用灰色决策法中的灰色关联度法。在适宜性评价中，根据当地社会经济发展水平以及生态环境脆弱程度，确定了三种指标权重（生态环境敏感型、生态环境一般型、生态环境优良型）供选择。

　　入海排污口选址与排放方案比选程序如下：参照《中华人民共和国海洋环境保护法》《全国海洋功能区划（2011～2020）》《近岸海域环境功能区管理办法》，将明确限制设置排污口的区域排除，根据污水产生位置和排放方式划定预选排污海区；对于岸边排放的情况,将预选排污海区中的沿岸海域划分为若干网格,形成若干备选方案;对于离岸排放的情况,将预选排污海区划分为若干网格,形成若干备选方案;根据所在地区社会经济发展水平与生态环境脆弱性程度,在指标体系的三种情景权重中选择适宜的权重值,确定各评价指标权重;根据需要,选择适宜性加权评价法或灰色决策法,对各个备选方案进行评价与排序,确定最适宜的污水排污口位置。

选择数据较完整的罗源湾、湄洲湾、石狮、珠江口四个地点为研究案例,将所构建的排污口选址适宜性评价指标体系和入海排污口选址与方案比选方法进行了案例的应用,确定了各案例中最佳排污口的设置位置。通过案例计算可以发现,在这4个案例中,无论选取哪种适宜性评价方法进行方案的比选,都不会对最终方案的产生造成影响。这说明,指标的分级标准对这4个案例的指标数据计算在最佳排污口的确定上未产生明显的影响,但是,这并不能说明其在其他方案筛选中也不会对最终的结果产生影响。因此,在实际的应用中,还是需要根据实际的情况来选择适宜的评价方法进行最优方案的比选。

3.1 入海排污口选址评价指标体系构建

3.1.1 影响要素分析

经对入海排污口选址设置相关文献的查阅和整理,与地方管理部门的交流,以及专家咨询,可以发现,影响排污口选址的主要因素包括水域的纳污适宜性和入海排污口建设两方面内容。

3.1.1.1 水域纳污适宜性研究

影响水域纳污适宜性的最主要因素是海洋的环境容量。在环境容量方面,通常以海洋环境容量或者与其相关的流速、水深、水力交换能力等个别指标为考虑要素之一,并与生态环境要素、海洋功能区划等其他限制要素综合考虑,进行排污口的确定[1-3]。此外,还有很多研究以涵盖了环境容量和资源承载力概念的海域承载力为研究对象,主要涉及海洋生态环境承载力评价指标体系的研究[4]、海岸带可持续发展评价指标体系的研究[5]、海岸带开发活动和环境效应指标体系的研究和海域承载力评价指标体系的研究[6-8]等,并有很多研究者将这些评价指标体系应用于不同的海域,选择适合其地域特色的指标。

排污混合区的大小是影响水域纳污适宜性的第二个主要因素。排污混合区是指污水排放口附近不满足受纳水体功能所要求的水质标准的空间区域,即环境管理中认可的污水排放附近的允许超标区,一旦该区域范围确定下来,一个排放口的污染物最大允许排放量也就是确定的。一方面,污染混合区的形状和大小取决于排污口位置、排污流量、排污浓度、平均流速、平均水深、横向扩散系数、水环境功能区标准、背景浓度等因素[9-11]。另一方面,污染混合区又受总量控制目标、功能区敏感目标和综合管理目标等条件的制约[12-14]。污染混合区随着排污负荷增加而逐渐增大,排污负荷与污染混合区长度基本呈正比;污染混合区宽度在弯曲河段与排污负荷也呈正比,顺直河段流速多变,污染混合区宽度与排污负荷有相同的增长趋势。因此,利用混合区面积大小表征区域的水环境状态和排污口附近水域对污染物的扩散降解能力,对指导新的岸边排污口的设计、排污负荷的控制有重要意义。

由于我国的近岸海域存在耗氧有机物污染和由氮磷污染物引起的水体富营养化等问题,还存在陆源排放产生的具有生物累积性、持久性和毒性的化学物质污染问题,因此,入海排污口的设置还需避免使含有有机物或重金属的污水排入沿海海域中对海洋产生不可逆转的危害[15,16]。在引起近岸海域生态系统退化的问题中,突发性生态风险和累积性生态风险都需要加以考虑。

因此,从水域纳污适宜性考虑,影响入海排污口选址的要素主要包括:

(1) 与海洋功能区划及海洋环境保护法是否相符;

(2) 用以反映水体对污染物进行稀释扩散能力大小的混合区;

(3) 对海域内典型重金属潜在危害进行评价的生态系统风险指数;

(4) 入海排污口的设置对周边海域生态系统结构功能所造成的生态损害。

3.1.1.2　排污口工程建设研究

在进行入海排污口的设置时,当污水的排放方式为离岸排放时,除了需要考虑水域的纳污适宜性之外,排污口的工程建设可行性也是需要考虑的因素之一。

对于污水的离岸排放问题,通常认为对开敞海域最佳离岸排污口的选划,除了考虑污水排放对海洋生态环境、敏感目标的影响之外,还要考虑海区的地形、水文条件,以及排海设施的建设成本、运行维护安全。因此,在工程可行性要素中,选取海床稳定性、工程造价、工程风险作为工程可行性要素的 3 个评价指标。

污水排海后,有可能会对海洋中的环境敏感区带来一定的影响,例如海域中的水生动植物原有的生长规律会受到一定的影响,当污染物浓度严重超出敏感区内水生动植物的生存条件时,则会对其水生态环境产生破坏性的影响[17]。因此,对于污水排海项目,应预测和分析对排污口、扩散区和周围海域水环境质量的影响范围和影响程度[18]。因此,在进行排污口选址时,应当充分考虑满足海洋水质和生态环境的要求,对排污口、混合区和周围海域的水质浓度进行预测,明确影响程度。

因此,从工程可行性、适宜性考虑,入海排污口的选址应符合以下几个条件:

(1) 距离适中,尽可能降低排污管线铺设费用;

(2) 海岸稳定,泥沙冲淤强度较弱,适宜进行排污口建设;

(3) 尽量远离航道、锚地、海底电缆,避免人为因素造成的风险;

(4) 污水排放对排污口、扩散区和周围海域水环境质量的影响范围和影响程度较小。

3.1.2　评价指标体系构建

3.1.2.1　构建原则

(1) 与海洋功能区划相一致原则。

强调水生态系统功能的维持与优先发展,加强水生态系统服务功能的培育,为经济发展与居民生活环境改善提供水生态环境支持。重点是通过合理科学地界定排污口位置,优先实现水域产卵场、育肥场及陆域滨海湿地、旅游景区等生态敏感区域的保护,使排污口的设置与当地的海洋生态环境区划相一致。

（2）合理利用水环境容量原则。

水环境容量是排污口选址布局的关键因素,根据研究海域主要水体水环境容量空间分布的动态特征,实现科学合理的布局,合理利用水环境容量,既可实现对水质、水生生态敏感区域的有效保护,又可充分利用海洋稀释与自净能力。

（3）降低生态风险确保生态安全原则。

从环境风险管理的角度出发,考虑入海排污口的超标排放对生态环境所造成的潜在威胁,将生态风险减少到最低限度,维护生态环境的稳定,保障和提高生态环境的安全度。

（4）技术经济可行原则。

充分论证排污口工程建设的技术可行性,降低工程建设的风险,并且,排污口的位置在满足以上环境影响要素条件的同时,应合理确定管道铺设距离,减少由于管道建设而带来的花费,在达到海洋环境保护的同时,实现经济效益的最优。

3.1.2.2　指标体系及解释

基于前述对入海排污口选址影响要素的充分分析,依据指标体系构建原则,在纳污海域满足《全国海洋功能区划（2011～2020 年）》、各地方《近岸海域环境功能区划》、《近岸海域环境功能区管理办法》和《中华人民共和国海洋环境保护法》的前提下,从水域纳污适宜性和排污口建设适宜性两方面选取了共 9 个指标作为排污口选址的评价因子,构建了入海排污口选址适宜性评价指标体系,见表 3.1-1。

表 3.1-1　入海排污口选址适宜性评价指标体系

目标层	准则层	要素层	指标层
入海排污口 选址适宜性	水域纳污 适宜性	水环境质量现状	纳污水体水质现状浓度占标率（特征污染物）
		水体自净能力	余流
			平均水深
		生态风险	生态风险评价指数
		海洋生态价值	生态损失投资比/%
	排污口建设 适宜性	工程风险	海岸线变化率
			排污管道有无穿越航道和海底电缆
		工程造价	海域管道铺设相对长度比
		工程环境影响	排污口距最近海洋生态环境敏感区距离

（1）非预选纳污海域确定依据。

如上文所述,评价指标用以对《全国海洋功能区划（2011～2020 年）》、各地方《近岸海域环境功能区划》、《近岸海域环境功能区管理办法》和《中华人民共和国海洋环境保护法》中允许设置污水排放口的区域进行选址适宜性评价,因此,首先对海域中不允许进行排污口设置的区域进行排除,相关依据如下:

①《全国海洋功能区划(2011～2020 年)》。

依据全国海洋功能分区,划分了农渔业、港口航运、工业与城镇用海、矿产与能源、旅游休闲娱乐、海洋保护、特殊利用、保留等八类海洋功能区,确定了渤海、黄海、东海、南海及台湾以东海域的主要功能和开发保护方向,这是我国海洋空间开发、控制和综合管理的整体性、基础性、约束性文件,是编制地方各级海洋功能区划及各级各类涉海政策、规划,开展海域管理、海洋环境保护等海洋管理工作的重要依据。根据该区划,工业与城镇用海区、特殊利用区,在污水达标排放的前提下,允许设置排污口。

其中,工业与城镇用海区指适于发展临海工业与滨海城镇的海域,包括工业用海区和城镇用海区。对于工业用海区,应落实环境保护措施,严格实行污水达标排放,避免工业生产造成海洋环境污染,新建核电站、石化等危险化学品项目应远离人口密集的城镇。城镇用海区应保障社会公益项目用海,维护公众亲海需求,加强自然岸线和海岸景观的保护,营造宜居的海岸生态环境。工业与城镇用海区执行不劣于三类海水水质标准。

特殊利用区,是指供其他特殊用途排他使用的海域。包括用于海底管线铺设、路桥建设、污水达标排放、倾倒等的特殊利用区。对于污水达标排放和倾倒用海,要加强监测、监视和检查,防止对周边功能区环境质量产生影响。

②《近岸海域环境功能区管理办法》。

近岸海域环境功能区,是指为适应近岸海域环境保护工作的需要,依据近岸海域的自然属性和社会属性以及海洋自然资源开发利用现状,结合行政区国民经济、社会发展计划与规划,按照规定的程序,对近岸海域按照不同的使用功能和保护目标而划定的海洋区域。

近岸海域环境功能区分为四类:

一类近岸海域环境功能区包括海洋渔业水域、海上自然保护区、珍稀濒危海洋生物保护区等;

二类近岸海域环境功能区包括水产养殖区、海水浴场、人体直接接触海水的海上运动或娱乐区、与人类食用直接有关的工业用水区等;

三类近岸海域环境功能区包括一般工业用水区、海滨风景旅游区等;

四类近岸海域环境功能区包括海洋港口水域、海洋开发作业区等。

各类近岸海域环境功能区执行相应类别的海水水质标准:

一类近岸海域环境功能区应当执行一类海水水质标准;

二类近岸海域环境功能区应当执行不低于二类的海水水质标准;

三类近岸海域环境功能区应当执行不低于三类的海水水质标准;

四类近岸海域环境功能区应当执行不低于四类的海水水质标准。

在《近岸海域环境功能区管理办法》的有关规定中,与排污口选址相关的规定有:

A. 对入海河流河口、陆源直排口和污水排海工程排放口附近的近岸海域,可确定为混合区;

B. 在一类、二类近岸海域环境功能区内,禁止兴建污染环境、破坏景观的海岸工程建设项目;

C. 禁止在红树林自然保护区和珊瑚礁自然保护区内设置新的排污口；

D. 向近岸海域环境功能区排放陆源污染物，必须遵守海洋环境保护有关法律、法规的规定和有关污染物排放标准。

③《中华人民共和国海洋环境保护法》。

《中华人民共和国海洋环境保护法》中与排污口选址相关的规定有：

A. 向海域排放陆源污染物，必须严格执行国家或者地方规定的标准和有关规定。

B. 入海排污口位置的选择，应当根据海洋功能区划、海水动力条件和有关规定，经科学论证后，报设区的市级以上人民政府环境保护行政主管部门备案。

环境保护行政主管部门应当在完成备案后十五个工作日内将入海排污口设置情况通报海洋、海事、渔业行政主管部门和军队环境保护部门。

在海洋自然保护区、重要渔业水域、海滨风景名胜区和其他需要特别保护的区域，不得新建排污口。

在有条件的地区，应当将排污口深海设置，实行离岸排放。设置陆源污染物深海离岸排放排污口，应当根据海洋功能区划、海水动力条件和海底工程设施的有关情况确定，具体办法由国务院规定。

（2）评价指标详细说明。

① 纳污水体水质现状浓度占标率。

预选排污口位置的水体污染物现状浓度值占该污染物目标浓度的比率，分别以当地特征污染物为对象进行计算。当该比值大于1，说明该预选排污口位置的水环境质量现状不适宜再接纳污水的排入；当该比值小于1，说明该预选区排污口位置的水环境质量现状较好，适宜接纳污水排入。

② 水体自净能力（混合区）。

污水排海工程是积极利用水环境容量来降低污水对海洋环境的影响，因此在河口地区及近海水域，由于其水体辽阔宽广、潮流作用明显、纳污能力强，适宜进行污水排海工程的建设。而如何计算潮汐流动中排污口附近污染物的扩散范围和浓度分布，确定污染物浓度超过地面水或海水水质标准规定的范围，即环境管理中的混合区，则是排海工程设计中一个至今尚未较好解决的关键问题。

污水自扩散器连续排出，各个瞬时造成附近水域污染物浓度超过该水域水质目标限值的平面范围的叠加（亦称包络）称为混合区。允许混合区即针对一个排污口，结合纳污水域的环境敏感性而确定的允许排污口周边超标的空间区域，即在任何瞬时由排放引起的超标区必须在这个允许的区域之内。确定了该区域范围，就确定了排放口的污染物最大允许排放量。

混合区的大小和排放的污水的水质、水量、海洋水质背景值、海水稀释扩散能力等密切相关，需要通过数值模拟进行计算，确定其大小。

在本研究中，考虑到实际操作的便宜性，选取与水体自净能力相关的余流和水深作为评价指标。余流指从实际海流总矢量中除去纯潮流后所剩下的部分。海上实测的水流，包括周期性潮流和余流两部分，其流速矢端的迹线远较单纯的周期性旋转潮流和往复潮流复杂。通过潮流的调和分析,可将周期性的全日周潮流、半日周潮流,从海流总矢量中分离出来,余下的部分即为余流。余流一般包括漂流(风海流)、密度流、径流等。另一个指标水深则指预选海区的平均水深。这两个指标是反映水体自净能力大小的主要指标,当余流和水深较大时,有利于水体的自净。

③ 生态风险。

生态风险评价是评估由于一种或多种外界因素导致可能发生或正在发生的不利生态影响的过程。其目的是帮助环境管理部门了解和预测外界生态影响因素和生态后果之间的关系,有利于环境决策的制定。生态风险评价被认为能够用来预测未来的生态不利影响或评估因过去某种因素导致生态变化的可能性。

Hakanson 指数法:

生态风险指数(Risk index,RI)是由瑞典科学家 Hankanson 根据重金属的性质和环境行为特点提出的,是一种定量地计算土壤或沉积物中重金属生态危害的方法。其计算方法如下:

$$RI = \sum_{i=1}^{m} E_{ri} \tag{3.1-1}$$

$$E_{ri} = T_{ri} C_{fi} \tag{3.1-2}$$

$$C_d = \sum_{1}^{m} C_{fi} \tag{3.1-3}$$

$$C_{fi} = \frac{C_i}{C_{ni}} \tag{3.1-4}$$

式中,C_d——重金属污染程度;

E_{ri}——重金属的潜在生态危害指数;

T_{ri}——重金属毒性响应系数;

C_{fi}——单重金属污染系数;

C_i——重金属元素 i 的测量值;

C_{ni}——工业化前沉积物中重金属 i 的最高值。

根据 Hankanson 对该指数的分级,当 RI < 150 时,风险指数较低,150～300 为中等,300～600 为高值,RI > 600 时认为其风险指数较高。

商值法:

生态风险表征方法之一的商值法应用较为简单,当前大多数定量或半定量的生态风险评价均是根据商值法来进行的,适用于单个化合物的毒理效应评估。因此,本指标体系中,以商值法的生态风险指数 HQ 作为评价指标。其定义为:当暴露评价得出暴露点浓度,生态效应评价使暴露-反应关系集中到单个评价终点(如半致死浓度)时,暴露评价和生态效应评价的比值。比值大于 1 说明有风险,比值越大风险越大;比值小于 1 则安全。基本方程见下式:

$$HQ = \frac{C_e}{C_b} \tag{3.1-5}$$

式中,HQ——生态风险危害商;

C_e——暴露浓度；

C_b——毒理学基准浓度。

④ 生态损失投资比。

入海排污口设置在不同海域环境中时，其对周边海域生态系统的结构与功能、生物多样性与生物资源、各种生态服务造成不同程度的损害。入海排污口对周边海域生态系统的损害，首要条件是辨清污染物排放的急性/累计毒性及其与生态系统生产者、消费者组成网络各节点的关系，确定评价重点。在排污口的选址问题中，海洋生态损害价值评估重点主要为海洋水质损害和非急性污染生态损害两部分。生态损失投资比是指由于污水排入水体后导致受纳海域环境容量下降、渔业生物损失和水生生态系统服务功能损害的年损失与该排污口污水处理年运行费用之比。

A. 海洋水质损害。

海洋水质损害即海洋环境容量的损失。海洋环境容量的损失量计算，应采取数值模拟或其他成熟方法，计算因污染物排入或海域水体交换、生化降解等自净能力变化等导致的海洋环境容量的损失，并采用调查或最近监测的实测数据予以验证。对于直接向海域排放污染物质生态损害事件的，计算污染物入海增加的海域环境污染负荷量；当受污染海域面积小于 3 km² 时，可根据现场监测的污染带分布情况，按照下式进行计算：

$$Q_i = 10^{-6} V (C_s - C_i)(1 + KT) \tag{3.1-6}$$

式中，Q_i——第 i 类污染物环境容量损失量/t；

V——受影响海域的水体体积/m³；

K——受影响海域的水交换率/d^{-1}；

C_s——损害事件发生后受影响海域第 i 类污染物的浓度/(mg/L)；

C_i——受影响海域第 i 类污染物的背景浓度/(mg/L)；

T——自损害发生起至调查监测时期限/d。

环境容量损失的价值计算，可以采用当地政府公布的水污染物排放指标有偿使用的计费标准或排污交易市场交易价格计算：

$$P_{Qi} = Q_i E_i \tag{3.1-7}$$

式中，P_{Qi}——第 i 类污染物环境容量损失的价值/元；

E_i——第 i 类污染物排放指标有偿使用的计费标准/(元/吨)。

对于污染导致的生态损害事件，按照污水处理厂处理同类污染物的成本计算；所选择用于成本类比的污水处理厂的处理工艺，应能满足《城镇污水处理厂污染物排放标准》(GB 18918—2002)的出水水质控制要求；排污海域处于海洋保护区或其他禁排、限排区的，至少应满足一级标准的 A 标准的基本要求。

B. 非急性污染生态损害评估。

正常情况下，排污口排放的污染物质对海域生态不至于造成急性污染事件，但在排污口排放的各类污染物长期累积下，水质逐渐恶化，从而对水生生态和渔业生物造成损失。非急性污染物长期排放导致的生态(尤其是渔业)损失尚未建立完整而实用的估算方法，开发建立一套适用于近岸海域排污口污染物排放导致生态损害的评估模型很有必要。在实际工作中,对渔业损失的定量估算显得尤为迫切。

从鱼类种群动力学原理出发,在种群数量变动与自然死亡率和捕捞死亡率的关系中引入水体污染致种群死亡的概念,即种群数量变动不仅与自然死亡率和捕捞死亡率相关,而且还与污染死亡率相关。通过种群数量与渔获量的关系,推导出水污染致种群死亡的理论模式。在此基础上,引用"粗集理论"的推理观点和决策方法,通过鱼类毒性试验结果与渔业水质标准或海水水质标准相比较,提出污染物混合浓度分类划分的半定性半定量的方法,使理论模式简化为实际可操作的计算公式。

◆ 非急性污染导致渔业损失的定量评估理论模型

海洋生物资源损害价值主要为排海工程对渔业生态经济效益的影响。鱼卵、仔鱼、幼体动物等生命力非常脆弱,对排放废水带来的危害回避能力差,成年生物体生命力极强,能够较快回避高风险废水,死亡率相对较小,不计算在污染死亡率内。因此,只需考虑研究海域中鱼卵、仔鱼、幼体生物的生物资源损害价值。

国内外只对污水排海对渔业资源的影响进行定性分析,研究污水中特征污染物对特定生物资源的损害程度,但至今仍无科学完整的标准或方法对渔业的经济损失定量估算。本研究中参考《建设项目对海洋生物资源影响评价技术规程》中对混合区范围内的海洋生物资源损害评估的方法,将其改写成适用于计算排海工程对海洋生物资源损害价值评估的方法。计算方法如下:

a. 生物资源损失量计算

$$M_i = W_i T \tag{3.1-8}$$

$$W_i = \sum_{i=1}^{n} (D_i S K_i) \tag{3.1-9}$$

式中,M_i——第 i 种生物资源损失总量/(尾、个或千克);

　　　T——排海工程排放污染物的持续周期数,以 15 天为一个周期,幼体动物资源损害补偿年限按 1 年计,鱼卵和仔稚鱼资源损害补偿年限按半年计;

　　　W_i——第 i 种生物资源一个周期内的平均损失量/(尾、个或千克);

　　　D_i——预选海区内第 i 种生物资源平均密度/(尾每平方千米、个每平方千米或千克每平方千米);

　　　S——污染面积/km²;

　　　K_i——第 i 种生物资源受到污染后的死亡率/%。

b. 生物资源损害价值计算

鱼卵、仔稚鱼:

$$P_i = M_i R_i E_i \tag{3.1-10}$$

式中,P_i——鱼卵和仔稚鱼的经济价值损失金额/元;

　　　M_i——鱼卵和仔稚鱼受污染后的损失总量/(个或尾);

　　　R_i——鱼卵和仔稚鱼生长到商品鱼苗的成活率,鱼卵为 1%,仔稚鱼为 5%;

　　　E_i——当地鱼苗的平均市场价格/(元/尾),依据对市场价格调查,常见鱼类的鱼苗价格为 1 元/尾。

生物幼体：

$$P_i = M_i G_i E_i \qquad (3.1-11)$$

式中，P_i——第 i 类生物幼体的经济价值损失金额/元；

  M_i——第 i 类生物幼体受污染后的损失总量/尾；

  G_i——第 i 类生物幼体成长到最小体型的成体时的体重，虾类为 0.01 kg，鱼、蟹类为 0.1 kg；

  E——第 i 类生物成体平均商品价格/（元/千克），调查得知，成熟鱼类为 1 万元/吨，成熟虾类为 1 万元/吨，成熟蟹类为 0.3 万元/吨。

◆ 生态系统服务价值评估

海洋生态系统服务功能是指人类可以从庞大的海洋生态系统及其生物资源享受到的生活所需的服务。在我国，海洋生态系统服务价值由 14 类不同功能分支组成 4 个功能组，其中会被排污工程影响的功能有气体调节、废弃物处理、食品生产、营养物质循环等等。排海工程污水排放对海洋生态系统营养物质循环、物种多样性维持功能的影响，不像填海造地工程占用了海域面积，绝对地改变了海域的海洋生态系统服务功能，只是有一定的影响，可以忽略不计，食品生产在渔业资源价值评估中有所体现，所以也暂不考虑。只需考虑其中的气体调节功能和废弃物处理。

a. 气体调节

污水排海工程破坏了原有海域的生态环境，浮游植物组成发生变化，海洋的气体调节功能主要是由于浮游植物的光合作用和呼吸作用组成的。气体调节功能反映的是海域中浮游植物污染物的损害程度，因此要对海洋的气体调节功能进行评估计算。气体调节功能价值损失主要分为海水固定的价值损失和释放的价值损失。

根据光合作用的反应方程式：

$$6CO_2 + 12H_2O \rightarrow C_6H_{12}O_6 + 6H_2O + 6O_2$$

推算出形成 1 g 干物质需要 1.62 g CO_2，排放 1.2 g O_2。

即：

$$P_1 = (1.62C_1 + 1.20C_2)XS \qquad (3.1-12)$$

式中，P_1——气体调节功能损失价值/元；

  X——初级生产力；

  C_1——固定 CO_2 的成本/元；

  C_2——释放 O_2 的成本/元。

通过查阅参考文献得知固定 CO_2 的成本为 1 170 元/吨，释放 O_2 的成本为 370 元/吨。

b. 废弃物处理

海洋废弃物处理功能是指沿海地区产生的有毒有害污水排入海洋中，经过海洋的自净能力迁移或降解为无害物质，从而达到净化的目的。其价值难以直接估量，一般是将其转化为污水处理厂处理污染物所需要的花费来代替废弃物处理功能价值，又称为海洋环境容量价值。

$$P_2 = \sum_{i=1}^{n} C_i X_i \tag{3.1-13}$$

式中，X_i——第 i 类污染物的年污染负荷/(吨/年)；

　　　C_i——污水处理厂处理第 i 类污染物的平均成本/(元/吨)。

废弃物处理主要考虑 COD 的环境容量价值，根据污水处理厂去除 COD 的平均成本作为参考标准，一般为 4 300 元/吨。

　　c. 生态损失投资比

$$P = P_{Qi} + P_i + P_1 + P_2 \tag{3.1-14}$$

$$R = \frac{P}{F} \tag{3.1-15}$$

式中，R——生态损失投资比；

　　　P——年生态损失值/元；

　　　F——排污口年运行费用/元。

　　⑤ 海岸线变化率。

海岸线变化率是一种用于分析海岸变化过程和预测未来海岸变化趋势的常用方法，体现的是海岸泥沙冲淤或侵蚀情况，可以作为确定海岸稳定性的一项指标。预选位置的泥沙冲淤情况对排污管线有着重要的影响，泥沙冲淤强度越大，海床稳定性越低，排污管线越易发生坍塌断裂。反之，泥沙冲淤越小，海床稳定性越高，排污管线越稳定，不易被冲击。海岸线变化率的计算通常是利用历史岸线位置随时间的变化计算岸线变化速率，统计分析法是其中一种常用的方法。本研究中，选取统计分析法中最简单的端点速率法来计算，即两个历史岸线位置移动的距离除以其时间差。

海岸线变化率的端点计算法：

$$r = \frac{D_2 - D_1}{T_2 - T_1} \tag{3.1-16}$$

式中，D_1 和 D_2 分别为时间 T_1 和 T_2 的岸线位置数据，即参与计算的历史岸线中时间跨度最大的两个岸线位置数据。

　　⑥ 排污管道有无穿越航道和海底电缆。

从工程风险的角度，排污口建设应尽量远离航道、锚地、海底电缆，避免人为因素造成的风险。船舶运输等海上开发活动会间接影响海底排污管道的铺设，并有可能导致管道破裂造成严重污染事故，排污口的建设也会反过来影响船舶的安全出行。因此，为防止不必要的风险发生，将排水管道是否穿越航道和海底电缆作为工程可行性评价指标之一。

　　⑦ 管道铺设相对长度比。

管道铺设长度，这里主要是指距离岸边的管道铺设距离，即水下管道铺设距离。排污口的建设主要由入海排污口和排放管道组成，从工程造价角度出发，排污口尽量不要远离污水产生点，以此减少管道的铺设长度，进而减少工程造价。由于对管道铺设长度这一概念难以进行适宜性分级，因此，本研究中提出管道铺设相对长度比的概念，即指污水收集节点到备选排污口点的距离与污水收集节点到所有备选排污口点的距离的平均值之比，从备选方案相对适宜性的角度进行排序。

⑧ 排污口距最近海洋生态环境敏感区距离。

在排污口建设中,无论岸边排放还是离岸排放均需要考虑到对海域生态环境敏感区的影响。通常,海洋生态环境敏感区主要包括自然保护区、海洋特别保护区、风景旅游区、水产种质资源区、水产养殖区、洄游通道等。虽然污水排污口并不允许设置在此类敏感区内,但是排入海水中的污染物也存在着对排污口附近及周边的敏感区产生影响的可能。因此,在设置排污口时,需要将排污口位置尽量远离这些生态环境敏感区。本研究中,选取排污口距海洋生态环境敏感区距离进行评价,该指标指排污口位置到距其最近的海洋保护区、海上风景区、产卵场、苗种繁衍场、索饵场、洄游通道、海水养殖区、滨海湿地、珍稀濒危海洋生物保护区、典型海洋生态系统(如珊瑚礁、红树林、河口)等生态环境敏感区边界的距离。

3.1.3 评价指标适宜性分级

根据上述评价指标的详细说明,参照相应的适宜性分级办法,对上述 9 个指标的适宜性按照适宜、较适宜与一般适宜三个级别进行分级,分级标准见表 3.1-2 所示。

其中,海岸线变化率参照国家海洋局 908 专项办公室所制定的《海洋灾害调查技术规程》中的分级标准确定,其他指标由于无明确标准可以作为参照,因此通过多次专家咨询的方式确定。

表 3.1-2 排污口选址适宜性指标分级标准

序号	指标	评分准则			备注
		适宜(3分)	较适宜(2分)	一般适宜(1分)	
1	纳污水体水质现状浓度占标率(特征污染物)	$(0,0.4]$	$(0.4,0.7]$	$(0.7,1]$	
2	余流/(m/s)	$>\overline{v}$	$\overline{v}$	$<\overline{v}$	$\overline{v}$ 是所有备选海区余流流速的均值
3	平均水深/m	$>\overline{h}$	$\overline{h}$	$<\overline{h}$	$\overline{h}$ 是指所有备选海区平均水深的均值
4	生态风险评价指数	$(0,0.4]$	$(0.4,0.7]$	$(0.7,1]$	
5	生态损失投资比	<0.1	$[0.1,0.2]$	>0.2	
6	海岸线变化率/(m/a)	$-0.5<r<+5$	$r\geqslant+0.5$ 或 $-1<r\leqslant-0.5$	$r\leqslant-1$	沙质海岸
		$-1<r<+1$	$r\geqslant+1$ 或 $-5<r\leqslant-1$	$r\leqslant-5$	淤泥质海岸
7	排污管道有无穿越航道和海底电缆	不穿越	穿越电缆,无航道	穿越航道,但不设置在航道内	
8	管道铺设相对长度比	<1	1	>1	
9	排污口距最近海洋生态环境敏感区距离/m	$>1\,000$	$500\sim1\,000$	<500	

3.1.4　评价指标权重确定

3.1.4.1　指标权重赋值方法——层次分析法

在进行排污口选址适宜性分析时,采用层次分析法确定单因子权重,其主要步骤如下:

(1) 建立层次结构模型。

将排污口优化作为层次分析的总目标层,将影响排污口选址适宜性的各因素按照不同的层次结构划分为一级子目标层、二级子目标层等,最后一层为经筛选确定的各项详细具体指标。

(2) 构造判断矩阵。

层次结构模型确定了上、下层(A 层与 B 层)元素间的隶属关系,这样就可依据同一层次的各项指标或因子的相对重要性程度,针对上一层的准则构造判断矩阵,重要性判断结果的量化通常采用 1~9 标度进行(表 3.1-3)。根据标度表,采用专家评分法可得到判断矩阵。

表 3.1-3　判断矩阵标度及其含义

标度	含义
1	表示两个因素相比,具有同样重要性
3	表示两个因素相比,一个因素比另一个因素稍微重要
5	表示两个因素相比,一个因素比另一个因素明显重要
7	表示两个因素相比,一个因素比另一个因素强烈重要
9	表示两个因素相比,一个因素比另一个因素极端重要
2、4、6、8	上述两相邻判断的中值
倒数	因素 i 与 j 比较得判断 b_{ij},则 j 与 i 比较得判断 $b_{ji} = 1/b_{ij}$

(3) 重要性排序。

求判断矩阵的最大特征根所对应的特征向量 $\boldsymbol{W}$:

$$\boldsymbol{W} = (w_1, w_2, w_3, w_4, w_5)^{\mathrm{T}} \tag{3.1-17}$$

即为所求的各具体指标的权重。其中

$$\boldsymbol{W}_i = \sqrt[n]{\prod_{j=1}^{n} a_{ij}} \Bigg/ \sum_{i=1}^{n} \sqrt[n]{\prod_{j=1}^{n} a_{ij}} \tag{3.1-18}$$

(4) 一致性检验。

计算判断矩阵的最大特征根 $\lambda_{\max}$:

$$\lambda_{\max} = \frac{1}{n} \sum_{i=1}^{n} \frac{(\boldsymbol{AW})_i}{\boldsymbol{W}_i} \tag{3.1-19}$$

其中,$(\boldsymbol{AW})_i$ 为向量 $\boldsymbol{AW}$ 的第 i 个元素。则判断矩阵的一致性检验指标如下:

$$CR = CI/RI \tag{3.1-20}$$

$$CI = \frac{1}{n-1}(\lambda_{max} - n) \tag{3.1-21}$$

其中:CR 为一致性比例;CI 为一致性指标;RI 为判断矩阵的随机一致性指标,取值如表 3.1-4 所示。

表 3.1-4　判断矩阵的随机一致性指标

阶数 n	1 或 2	3	4	5	6	7	8	9
RI	0	0.58	0.90	1.12	1.24	1.32	1.41	1.45

当 CR 小于或等于 0.1 时,认为矩阵具有满意的一致性,说明确定的各指标的权重是合理的,否则需对矩阵进行调整,直至具有满意的一致性为止。

3.1.4.2　分情景确定指标权重

在工程项目的建设中,如何避免项目给环境带来影响的同时又不造成工程造价的提高,是对各影响要素的权重进行设置时需要考虑的首要问题。通常,若需要尽可能避免排污口对海洋环境产生的影响,则应该选择尽可能远的海区作为最适宜的排放口位置;若经济条件限制,则需要尽可能降低工程投资,应该选择尽可能近的位置以减少管道铺设及后期维护的费用。但不论哪种情况,都应以不损害生态环境为前提。本研究中,根据生态环境的脆弱程度,依次设置了三种情景的权重值,分别为:生态环境敏感型、生态环境一般型、生态环境优良型。在各情景中,对生态环境类指标和工程投资类指标的权重给予了不同的重要性进行计算。

情景 1　生态环境敏感型:指标权重如表 3.1-5 所示。

表 3.1-5　生态环境敏感型评价指标权重

目标层	准则层	指标层	权重
入海排污口选址适宜性	水域纳污适宜性	纳污水体水质现状浓度占标率(特征污染物)	0.212 3
		余流	0.156 0
		平均水深	0.154 5
		生态风险评价指数	0.064 0
		生态损失投资比	0.107 4
	排污口建设适宜性	海岸线变化率	0.061 4
		排污管道有无穿越航道和海底电缆	0.036 7
		海域管道铺设相对长度比	0.022 9
		排污口距海洋生态环境敏感区距离	0.184 8

情景 2　生态环境一般型:指标权重如表 3.1-6 所示。

表 3.1-6　　生态环境一般型评价指标权重

目标层	准则层	指标层	权重
入海排污口选址适宜性	水域纳污适宜性	纳污水体水质现状浓度占标率(特征污染物)	0.148 8
		余流	0.156 0
		平均水深	0.154 5
		生态风险评价指数	0.064 0
		生态损失投资比	0.107 4
	排污口建设适宜性	海岸线变化率	0.039 4
		排污管道有无穿越航道和海底电缆	0.021 8
		海域管道铺设相对长度比	0.123 3
		排污口距海洋生态环境敏感区距离	0.184 8

情景 3　生态环境优良型:指标权重如表 3.1-7 所示。

表 3.1-7　　生态环境优良型评价指标权重

目标层	准则层	指标层	权重
入海排污口选址适宜性	水域纳污适宜性	纳污水体水质现状浓度占标率(特征污染物)	0.223 2
		余流	0.116 9
		平均水深	0.116 0
		生态风险评价指数	0.048 0
		生态损失投资比	0.080 5
	排污口建设适宜性	海岸线变化率	0.059 1
		排污管道有无穿越航道和海底电缆	0.032 8
		海域管道铺设相对长度比	0.184 9
		排污口距海洋生态环境敏感区距离	0.138 6

3.2　入海排污口选址适宜性评价方法与流程

3.2.1　评价方法选择

入海排污口的选址由于受到多种因素影响,使得其选址适宜性评价过程复杂程度较高。在实际的选址问题管理中,常将此种问题划为多属性决策问题范畴。对于多属性决策来说,在遇到各种不同的情况时,决策者需要基于一套标准或属性对许多备选方案、行为或者候选者进行选择,在这种情况下,比较备选方案是问题的关键。为了避免备选方案发生冲突,决策者必须考虑不精确或者模糊的参数,这是这类决策问题的准则。通过对定性方法、定量及定性相结合的多属性决策方法的研究,本研究中推荐使用常用的加权适宜性分析法(空间多准则决策)和灰色决策法两种方法进行入海排污口选址的评价。

对于加权适宜性分析法来说,其过程为:找到与适宜性相关的因子(经验及参考别人的,或专家来定,即德尔菲法),进行分级,将其对适宜性的影响用分级的方式区别出,再对因子赋以权重(经验或层次分析法),对每一个因子进行评价计算,最后进行叠加分析得到结果。与加权适宜性分析法不同,灰色决策法则不仅能对指标进行定性估量,还能够将指标同时数值量化,通过求得预选排污口方案与理想排污口方案之间的关联系数,计算得到关联度,比较方案优劣。而且,使用该方法,无需对评价指标进行适宜性分级,避免了因分级对结果带来的影响。因此,本报告中,选择在多要素影响的选址问题中常用的加权适宜性分析法及灰色关联法作为其评价方法。并根据实际情况,对两种方法的选择进行了说明:

当研究区域有条件基于地理信息系统(GIS)采用网格叠加空间分析法进行图层叠置时,或者希望基于网格叠加空间分析的原理对备选方案进行排序时,入海排污口选址可以采用基于层次分析法(AHP)的较为简单的加权适宜性评价方法,对具有不同权重的输入层(或备选方案)按数学运算进行组合,进行排污口选址适宜性综合分析,确定最适宜的排污口位置。当研究区域不适宜采用网格叠加空间分析法时,或者不希望以评价指标体系中的适宜性分级作为依据进行评价时,入海排污口选址采用灰色决策法,利用各方案与理想方案之间的关联度大小,在备选方案中得到相对适宜的方案排序,确定入海排污口最佳排污位置。

3.2.2 加权适宜性分析法

采用网格叠加空间分析法中的图层权重叠置模型,对具有不同权重的输入层按数学运算进行组合,进行排污口选址适宜性综合分析,加权适宜性分析大致可分为以下几个步骤。

(1)确定研究对象与单元。

根据研究目标要求确定要分析的对象与研究单元,研究单元通常采用划分网格的形式确定,每个网格作为一个基本的评价单元。

(2)选取评价因子及分级。

考虑差异性、主导性、综合性、代表性,选取能全面反映研究对象状况,并具有当地特色,与评价目标密切相关的因素,作为评价因子。并在广泛调研的基础上,参考相关规定,采用适当的准则,对各栅格因子的值进行分级,分为适宜、基本适宜与不适宜三个级别。

(3)单因子适宜性分析。

确定各个研究单元中各单因子适宜性分布,用公式表示如下:

$$V_k = (a_{ij}^k)_{mn} = \begin{pmatrix} a_{11}^k & a_{12}^k & \cdots & a_{1n}^k \\ a_{21}^k & a_{22}^k & \cdots & a_{2n}^k \\ \vdots & \vdots & & \vdots \\ a_{m1}^k & a_{m2}^k & \cdots & a_{mn}^k \end{pmatrix} \tag{3.2-1}$$

式中，V_k——排污口适宜性分析中第 k 个要素的适宜性分布；

a_{ij}^k——排污口适宜性分析中第 ij 个网格中 k 要素的适宜性强度，即评分分值。

（4）分析权重确定。

这里采用层次分析法确定各单因子的权重，得到单因子的权重向量 W^k。

（5）排污口适宜性综合分析。

通过综合加权计算得到研究区域内每个网格的适宜性强度。

$$V = (a_{ij})_{mn} = \sum_{k=1}^{n} \begin{bmatrix} a_{11}^k & a_{12}^k & \cdots & a_{1n}^k \\ a_{21}^k & a_{22}^k & \cdots & a_{2n}^k \\ \vdots & \vdots & & \vdots \\ a_{m1}^k & a_{m2}^k & \cdots & a_{mn}^k \end{bmatrix} \times W^k = (b_{ij})_{mn} = \begin{bmatrix} b_{11} & b_{12} & \cdots & b_{1n} \\ b_{21} & b_{22} & \cdots & b_{2n} \\ \vdots & \vdots & & \vdots \\ b_{m1} & b_{m2} & \cdots & b_{mn} \end{bmatrix}$$

$$(3.2-2)$$

式中，V——适宜性强弱分布；

b_{ij}——区域中第 ij 个网格的适宜性强度。

（6）评价结论。

根据综合加权评价结果，根据区域适宜性强度大小，确定入海排污口最适宜的排污位置。

3.2.3　灰色决策法

（1）决策矩阵构建。

备选排污海区方案集合为评价指标集合，相对理想选址方案 x_0 对指标 v_j 的属性值为 x_{0j}。方案集 X 对指标集 V 的决策矩阵 $A = (x_{ij})_{(n+1)m}$ $(i = 0,1,2,\cdots,n; j = 1,2,\cdots,m)$ 计算公式如下：

$$A = (x_{ij})_{(n+1)m} = \begin{bmatrix} x_{01} & x_{02} & \cdots & x_{0m} \\ x_{11} & x_{12} & \cdots & x_{1m} \\ \vdots & \vdots & & \vdots \\ x_{n1} & x_{n2} & \cdots & x_{nm} \end{bmatrix} \qquad (3.2-3)$$

式中，当评价指标 vj 为效益型指标时，$x_{0j} = \max\{x_{1j}, x_{2j}, \cdots, x_{nj}\}$；

当评价指标 vj 为成本型指标时，$x_{0j} = \min\{x_{1j}, x_{2j}, \cdots, x_{nj}\}$；

当评价指标 vj 为适中值型指标时，$x_{0j} = \text{mean}(x_{1j}) = \dfrac{1}{n} \sum_{i=1}^{n} x_{ij}$。

（2）决策矩阵初始化。

$$令 \ x'_{ij} = \begin{cases} \dfrac{x_{ij}}{x_{0j}}, & i \in I_1, j = 1,2,\cdots,m; \\[2mm] \dfrac{x_{0j}}{x_{ij}}, & i \in I_2, j = 1,2,\cdots,m; \\[2mm] \dfrac{\min\{x_{ij}, x_{0j}\}}{\max\{x_{ij}, x_{0j}\}}, & i \in I_3, j = 1,2,\cdots,m. \end{cases}$$

则初始化矩阵 $\boldsymbol{A}' = (x'_{ij})_{(n+1)m}$ 如下：

$$\boldsymbol{A}' = (x'_{ij})_{(n+1)m} = \begin{bmatrix} x'_{01} & x'_{02} & \cdots & x'_{0m} \\ x'_{11} & x'_{12} & \cdots & x'_{1m} \\ \vdots & \vdots & & \vdots \\ x'_{n1} & x'_{n2} & \cdots & x'_{nm} \end{bmatrix} \tag{3.2-4}$$

式中，I_1、I_2、I_3——效益型、成本型和适中值型的下标集合；

$v'_{0j} = 1(j = 1,2,\cdots,m)$，$v'_0 = (v'_{01},v'_{02},\cdots,v'_{0m}) = (1,1,\cdots,1)$—— 理想方案。

（3）建立灰色关联度矩阵。

由 $n \times m$ 个灰色关联系数 $r_{ij}(i=1,2,\cdots,n; j=1,2,\cdots,m)$ 构成多目标灰色关联矩阵，公式如下：

$$\boldsymbol{R} = (r_{ij})_{nm} = \begin{bmatrix} r_{11} & x_{12} & \cdots & x_{1m} \\ r_{21} & r_{22} & \cdots & r_{2m} \\ \vdots & \vdots & & \vdots \\ r_{n1} & r_{n2} & \cdots & r_{nm} \end{bmatrix} \tag{3.2-5}$$

$$r_{ij} = \frac{\rho \max_{1 \leqslant i \leqslant n} \max_{1 \leqslant j \leqslant m} |x'_{ij} - 1|}{|x'_{ij} - 1| + \rho \max_{1 \leqslant i \leqslant n} \max_{1 \leqslant j \leqslant m} |x'_{ij} - 1|} \tag{3.2-6}$$

式中，ρ——分辨率系数，$\rho \in (0,1)$，通常取 $\rho = 0.5$。

（4）计算关联度。

关联系数反映两个被比较序列在某一时刻的紧密（靠近）程度，将关联系数加权集中得到加权关联度，表示各方案与理想方案之间的关联度，即相似程度。

$$r_i = \sum_{j=1}^{m} \omega_j r_{ij} \quad (i = 1,2,\cdots,n) \tag{3.2-7}$$

式中，ω_j——指标 v_j 的权重，由层次分析方法获得；

r_i——子序列 x'_i 与母序列 x'_0 各个时刻的所有关联系数 r_{ij} 的加权平均值。

（5）评价结论。

根据各选址方案与理想方案之间的关联度计算结果，依关联度大小，得到相应的方案排序，确定入海排污口最佳排污位置。

3.2.4　先定性后定量的比选模式

目前排海工程排污口选划研究中，先定性后定量是最为常用的一种方法。定性选取指根据海域功能区划分、水动力条件、水质要求等情况对排污口的位置进行初步确定；定量选取则是在初步确定方案的基础上，对影响排污口选址的各要素进行比选分析，从而确定排污口的最佳方案。

本研究中，正如在指标体系构建中所言，首先对《全国海洋功能区划（2011～2020年）》、地方《近岸海域环境功能区划》、《近岸海域环境功能区管理办法》和《中华人民共和国海洋环境保护法》中不允许设置污水排放口的区域进行排除，然后在剩余的区域中通过适宜性评价给出评价结果进行方案排序，遵循的模式也是先定性后定量的方法。

3.2.5　排放方式的选择

污水排海按照离岸排放和岸边排放两种方式排放。

情景 1　离岸排放

按照《中华人民共和国海洋环境保护法》,在有条件的地区,应当将排污口深海设置,实行离岸排放。设置陆源污染物深海离岸排放排污口,应当根据海洋功能区划、海水动力条件和海底工程设施的有关情况确定,具体办法由国务院规定。海底排污管道扩散器的选型和设计须服从《中华人民共和国海洋环境保护法》的规定,并应满足《污水海洋处置工程污染控制标准》(GB 18486—2001)和《海水水质标准》(GB 3097—1997)的要求,扩散器在全年任何时候水深至少达 7 m,其起点离低潮线至少 200 m。

情景 2　岸边排放

以非离岸排放的方式在岸边进行排放的称为岸边排放,排污管线应低于当地海域低潮线。

无论何种排放方式,入海排污口的建设须按照《关于开展排放口规范化整治工作的通知》(环发〔1999〕24 号),设置规范的、便于测量流量、流速的测流段,列入重点整治的污水排放口应安装流量计。排污口立标须按照国家标准《环境保护图形标志》(GB 15562.1—1995、GB 15562.2—1995)的规定,设置与之相适应的环境保护图形标志牌。

3.2.6　排污口选址与方案比选步骤

参照《中华人民共和国海洋环境保护法》《全国海洋功能区划(2011~2020 年)》《近岸海域环境功能区管理办法》,将明确限制设置排污口的区域排除,根据污水产生位置和排放方式划定预选排污海区;对于岸边排放的情况,将预选排污海区中的沿岸海域划分为若干网格,形成若干备选方案;对于离岸排放的情况,将预选排污海区划分为若干网格,形成若干备选方案;根据所在地区社会经济发展水平与生态环境脆弱性程度,在指标体系的三种情景权重中选择适宜的权重值,确定各评价指标权重;根据需要,选择适宜性加权评价法或灰色决策法,对各个备选方案进行评价与排序,确定最适宜的污水排污口位置。

步骤 1　定性确定备选区域:参照《中华人民共和国海洋环境保护法》《全国海洋功能区划(2011~2020 年)》《近岸海域环境功能区管理办法》,将明确限制设置排污口的区域排除,根据污水产生位置和排放方式划定预选排污海区。

步骤 2　确定排放方式:根据污水排放量、污染物浓度以及污染物种类,确定是岸边排放还是离岸排放。

步骤 3　将备选区域划分为若干备选位置方案:对于岸边排放的情况,将预选排污海区中的沿岸海域划分为若干网格,形成若干备选方案;对于离岸排放的情况,将预选排污海区划分为若干网格,形成若干备选方案。

步骤 4　选择适宜性评价方法,定量确定最适宜的排污位置:在评价中,根据所在地区实际情况,在指标体系的三种情景权重中选择适合的权重值,确定各单因子权重,选择加权适宜性评价法或者灰色分析法,对各个备选方案进行评价与排序。

比选流程如图 3.2-1 所示。

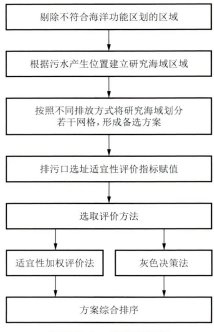

图 3.2-1　比选流程图

3.3　入海排污口选址与方案比选案例研究

3.3.1　排污口选址与方案比选案例 I——罗源湾

3.3.1.1　研究区域概况

（1）地理位置。

罗源湾（图 3.3-1）位于福建省东部的沿海区，与罗源县和连江县相交，地理位置范围为东经119°48′00″E～119°49′25″E，26°30′40″N～26°31′40″N，交通便利。

（2）地形地貌。

罗源湾内部比较大，而口门处比较狭窄，因而形成半封闭状态，湾内有海港还有半岛包络，从地势上来说，西北比东南方位较高，海岸处有生态湿地，属于高丘陵地段，而半岛则不同，多为低山和丘陵。山上海拔在 200～600 m，地形坡度在 20°～25°之间，特殊的能达到 30°以上。

（3）海洋动力。

潮流进入到罗源湾内，分别形成三条路径，其中中间一条路径为主路径，且水流动力比较足，流速较快。罗源湾内的平均余流速度还达不到 0.1 m/s，口门附近的余流场强度最大，大约 0.15 m/s，越往湾内，余流场的强度逐渐减弱。整个罗源湾内的情况是潮流较强，余流较小。

图 3.3-1　罗源湾

（4）海洋环境现状。

据 2012 和 2013 两年度四月份的相关调查显示,海洋沉积物中诸如汞、铅等重金属以及石油类等各种特征类型指标的分析结果基本上都满足《海洋沉积物质量》(GB 18668—2002),这一结果证实它的危害性不大。同时对海域中的生物资源进行调查,结果显示,罗源湾内的生物种类并不多,生物多样性指数的平均值在 2～3 之间。

3.3.1.2　备选排污区域划分

由于在《福建省海洋环境保护规划(2011～2020)》中进行了面向环境保护的海洋功能区的详细划定,因此,本案例中的选址参照《福建省海洋环境保护规划(2011～2020)》中所选海域的环境保护功能区。

根据《福建省近岸海域环境功能区划》(2011～2020 年)中罗源湾近岸海域环境功能区划,罗源湾北部为四类区,执行三类海水水质标准;罗源湾南部为四类区,执行三类海水水质标准;罗源湾中西部为三类区,执行二类海水水质标准。

由于排污口的设置首先要符合《福建省海洋环境保护规划》《福建省近岸海域环境功能区划》及《中华人民共和国海洋环境保护法》的相关规定。因此,按照上述原则选择备选排污区,首先避开生态保护长廊及养殖、航运区进行选择,由于罗源湾经济尚未带动起来,目前,罗源湾内未按照海洋功能区划要求设置排海设施,但是已有相应的规划,因此,在本案例的备选排污区仅考虑湾内适宜区域。

各备选区域经纬度见表 3.3-1。

表 3.3-1　罗源湾预选排污口分区经纬度

分区序号	中心点经度/°	中心点纬度/°
1	119.618 792	26.464 588
2	119.599 820	26.445 698
3	119.618 936	26.451 973
4	119.597 879	26.438 258

61

续表

分区序号	中心点经度/°	中心点纬度/°
5	119.622 026	26.444 857
6	119.640 854	26.455 208
7	119.640 280	26.467 887
8	119.648 185	26.477 718
9	119.654 509	26.464 135
10	119.663 995	26.473 320
11	119.672 044	26.453 267
12	119.687 710	26.462 065
13	119.677 362	26.434 376
14	119.695 471	26.444 986
15	119.707 545	26.455 855
16	119.679 518	26.399 561
17	119.697 771	26.410 822
18	119.713 869	26.422 988
19	119.727 523	26.441 752
20	119.679 518	26.367 713
21	119.695 615	26.379 366
22	119.722 780	26.403 185
23	119.738 878	26.421 046
24	119.755 119	26.441 363
25	119.704 095	26.351 397
26	119.723 355	26.373 637
27	119.739 596	26.393 056
28	119.757 993	26.411 307
29	119.771 073	26.431 496
30	119.723 355	26.325 721
31	119.724 648	26.342 300
32	119.744 770	26.368 587
33	119.764 174	26.387 489
34	119.783 290	26.408 330
35	119.792 632	26.395 904
36	119.815 198	26.420 367
37	119.817 111	26.428 036

将罗源湾海域划分为 37 个网格,根据《福建省海洋环境保护规划(2011～2020)》《福建省近岸海域环境功能区划》及《中华人民共和国海洋环境保护法》的相关规定,选择适宜的备选排污区,去除掉属于生态保护长廊及养殖、航运区的网格,最终确定 4、5、8、29、30、35 六个备选区域。

3.3.1.3　入海排污口选址与方案比选

(1)基于适宜性加权评价法的排污口选址分析。

首先对各个备选方案相对应的指标因子进行评分,对各指标中需要计算的指标值进行计算。

① 纳污水体水质现状浓度占标率。

区域 4、5 为海水水质三类区,执行二类海水水质标准,其余为海水水质四类区,执行三类海水水质标准(表 3.3-2)。

表 3.3-2　纳污水体水质现状浓度占标率

指标	4	5	8	29	30	35
纳污水体水质现状浓度占标率	0.10	0.10	0.08	0.30	0.11	0.11

② 水体自净能力。

采用 2012 年 4 月对罗源湾海域水环境质量调查研究的报告,具体数值见表 3.3-3。

表 3.3-3　水体自净能力指标数据

指标	4	5	8	29	30	35
余流/(m/s)	0.4	0.3	0.3	0.4	0.3	0.45
平均水深/m	5	5	5	5	5	5

③ 生态风险评价指数。

由于使用 HQ 进行生态风险评价相关数据不全,因此在该案例中以生态风险评价指数 RI 替代。RI 的分级按照 Hankanson 所提出的分级方法,当 RI<150 时,风险指数较低,150～300 为中等,300～600 为高值,RI>600 时认为其风险指数高。

根据 2012 年 4 月和 2013 年 4 月对罗源湾海域沉积物的调查,主要调查的重金属结果及各备选区域生态风险指数值如表 3.3-4 所示。

表 3.3-4　各备选区海洋沉积物及生态风险指数

重金属沉积物	4	5	8	29	30	35
铜(×10^{-6})	27.2	10.7	9.8	10.7	14.2	11.9
镉(×10^{-6})	0.18	0.35	0.32	0.29	0.38	0.22
铅(×10^{-6})	44.4	21.5	22.3	19.7	21.8	26.9

重金属沉积物	4	5	8	29	30	35
锌（$\times 10^{-6}$）	105	61.7	65.2	48.3	47.3	51.6
砷（$\times 10^{-6}$）	9.49	6.9	8.2	4.9	5.8	6.3
汞（$\times 10^{-6}$）	0.008	0.039	0.022	0.025	0.047	0.076
RI	33.13	38.69	35.10	30.99	41.50	37.57

④ 生态损失投资比。

此处生态损害价值以 COD 作为代表污染物，计算其对鱼卵和仔稚鱼损害价值和废弃物处理功能价值所代表的生态系统服务价值损害，从而得出生态损害率，即为生态损害价值占生态系统服务总价值的比率。已知 2014 年，罗源湾生态系统服务的总价值约为340 000 万元。

根据鱼卵和仔稚鱼的生态损害以及废弃物处理功能价值计算方法，废弃物处理主要考虑 COD 的环境容量价值，根据污水处理厂去除 COD 的平均成本作为参考标准，一般为4 300 元/吨，各备选区生态损失及生态损失率结果见表 3.3-5。

表 3.3-5　各备选区生态损失及生态损失率

备选区	4	5	8	29	30	35
鱼卵和仔稚鱼/(ind/m³)	2	5	10	7	6	4
污染负荷/(t/d)	213.23	213.23	213.23	213.23	213.23	213.23
生物资源损害价值/万元	1.68	4.2	8.4	5.88	5.04	3.36
废弃物处理价值/万元	33 467	33 467	33 467	33 467	33 467	33 467
生态损害率	0.098 437	0.098 445	0.098 457	0.098 450	0.098 447	0.098 442

⑤ 工程风险。

工程风险包括海岸线变化率和排污管道有无穿越航道和海底电缆两个指标。罗源湾属于淤泥质海岸，根据报告显示，其海岸线变化率为 14 m/a，4、5、8 备选区域均无穿越航道和海底电缆，29、30、35 靠近航道。指标数值见表 3.3-6。

表 3.3-6　各备选区工程风险值

指标	4	5	8	29	30	35
海岸线变化率	14	14	14	14	14	14
排污管道有无穿越航道和海底电缆	3	3	3	2	2	2

⑥ 管道敷设相对长度比。

规划污水处理厂位于松山区，排水量为 5 万立方米/天，到 6 个备选区域排污管道敷设长度如表 3.3-7 所示,经测算平均距离为 9.25 km。

表 3.3-7　排污管道敷设相对长度比

指标	4	5	8	29	30	35
管道敷设长度/km	1.8	1.6	4.4	14.5	15.8	17.7
管道敷设相对长度比	0.20	0.18	0.48	1.57	1.71	1.90

⑦ 距最近环境敏感区的距离。

罗源湾内北部有迹头养殖区,西部有养殖渔业区,但备选区域距离养殖区均大于 1 500 m。

⑧ 结果。

参照评价指标评分准则可得各备选区域具体指标所获分值如表 3.3-8 所示。

表 3.3-8　排污口各备选区评价指标得分

序号	指标	分值					
		4	5	8	29	30	35
1	纳污水体水质现状浓度占标率	3	3	3	3	3	3
2	余流	3	1	1	3	1	3
3	平均水深	2	2	2	2	2	2
4	生态风险评价指数	3	3	3	3	3	3
5	生态损害率	3	3	3	3	3	3
6	海岸线变化率	2	2	2	2	2	2
7	排污管道路有无航道及海底电缆	3	3	3	2	2	2
8	管道敷设相对长度比	3	3	3	1	1	1
9	距最近环境敏感区的距离	3	3	3	3	3	3

指标权重取值 $W = (0.148\ 8, 0.156\ 0, 0.154\ 5, 0.064\ 0, 0.107\ 4, 0.039\ 4, 0.021\ 8,$ $0.123\ 3, 0.184\ 8)^{\mathrm{T}}$,则排污口选址适宜性综合评价得分:

$$V = \begin{pmatrix} 3 & 3 & 2 & 3 & 3 & 2 & 3 & 3 & 3 \\ 3 & 1 & 2 & 3 & 3 & 2 & 3 & 3 & 3 \\ 3 & 1 & 2 & 3 & 3 & 2 & 3 & 3 & 3 \\ 3 & 3 & 2 & 3 & 3 & 2 & 2 & 1 & 3 \\ 3 & 1 & 2 & 3 & 3 & 2 & 2 & 1 & 3 \\ 3 & 3 & 2 & 3 & 3 & 2 & 2 & 1 & 3 \end{pmatrix} \times \begin{pmatrix} 0.148\ 8 \\ 0.156\ 0 \\ 0.154\ 5 \\ 0.064\ 0 \\ 0.107\ 4 \\ 0.039\ 4 \\ 0.021\ 8 \\ 0.123\ 3 \\ 0.184\ 8 \end{pmatrix} = \begin{pmatrix} 2.919\ 8 \\ 2.642\ 6 \\ 2.642\ 6 \\ 2.288\ 1 \\ 2.010\ 9 \\ 2.288\ 1 \end{pmatrix}$$

由结果可知,在 6 个备选排污口位置中,其适宜性强度大小排序为 4＞5＝8＞29＝35＞30。由此可知,排污区域 4 为最佳排污口位置,可进行排污口的设置。

(2) 基于灰色决策法的排污口选址分析。

采用灰色决策法对罗源湾入海排污口预选排污海区进行综合评价,按照与理想方案的接近程度对各备选区进行方案优选。

首先对备选方案集建立决策矩阵。在罗源湾案例中,备选区域共有 4、5、8、29、30、35 六个区域,则设备选方案集 $X = \{x_1, x_2, \cdots, x_7\}$,9 个指标构成的评价指标集合 $V = \{v_1, v_2, \cdots, v_9\}$,各指标的详细数据如表 3.3-9 所示。其中,一些无法用数字表示的指标按照适宜性加权评价法评分标准进行赋分。

表 3.3-9　罗源湾排污口各备选区域数据

序号	指标	4	5	8	29	30	35
1	纳污水体水质现状浓度占标率	0.10	0.10	0.08	0.30	0.11	0.11
2	余流/(m/s)	0.4	0.3	0.3	0.4	0.3	0.45
3	平均水深/m	5	5	5	5	5	5
4	生态风险评价指数	33.13	39.03	41.5	37.84	35.1	38.69
5	生态损害率	0.098 4	0.098 4	0.098 5	0.098 5	0.098 4	0.098 4
6	海岸线变化率/(m/a)	14	14	14	14	14	14
7	排污管道路有无穿越航道及海底电缆	3	3	3	2	2	2
8	管道敷设相对长度比	0.2	0.18	0.48	1.57	1.71	1.9
9	距最近环境敏感区的距离/km	3.1	3.4	3.7	3.3	3.2	2.1

由各备选区域各指标值设置理想方案:
$$x_o = (0.08, 0.45, 5, 33.13, 0.098\ 4, 14, 3, 0.18, 3.7)$$

构建决策矩阵 A:

$$A = \begin{bmatrix} 0.08 & 0.45 & 5 & 33.13 & 0.098\ 4 & 14 & 3 & 0.18 & 3.7 \\ 0.1 & 0.4 & 5 & 33.13 & 0.098\ 4 & 14 & 3 & 0.2 & 3.1 \\ 0.1 & 0.3 & 5 & 39.03 & 0.098\ 4 & 14 & 3 & 0.18 & 3.4 \\ 0.08 & 0.3 & 5 & 41.5 & 0.098\ 5 & 14 & 3 & 0.48 & 3.7 \\ 0.3 & 0.4 & 5 & 37.84 & 0.098\ 5 & 14 & 2 & 1.57 & 3.2 \\ 0.11 & 0.3 & 5 & 35.1 & 0.098\ 4 & 14 & 2 & 1.71 & 3.2 \\ 0.11 & 0.45 & 5 & 38.69 & 0.098\ 4 & 14 & 2 & 1.9 & 2.1 \end{bmatrix}$$

对 A 进行规范化处理,形成初始矩阵 A':

$$\boldsymbol{A'} = \begin{pmatrix} 1.000\ 0 & 1.000\ 0 & 1.000\ 0 & 1.000\ 0 & 1.000\ 0 & 1.000\ 0 & 1.000\ 0 & 1.000\ 0 & 1.000\ 0 \\ 0.800\ 0 & 0.888\ 9 & 1.000\ 0 & 1.000\ 0 & 1.000\ 0 & 1.000\ 0 & 1.000\ 0 & 0.900\ 0 & 0.837\ 8 \\ 0.800\ 0 & 0.666\ 7 & 1.000\ 0 & 0.848\ 8 & 1.000\ 0 & 1.000\ 0 & 1.000\ 0 & 1.000\ 0 & 0.918\ 9 \\ 1.000\ 0 & 0.666\ 7 & 1.000\ 0 & 0.798\ 3 & 0.999\ 0 & 1.000\ 0 & 1.000\ 0 & 0.375\ 0 & 1.000\ 0 \\ 0.266\ 7 & 0.888\ 9 & 1.000\ 0 & 0.875\ 5 & 0.999\ 0 & 1.000\ 0 & 0.666\ 7 & 0.114\ 6 & 0.864\ 9 \\ 0.727\ 3 & 0.666\ 7 & 1.000\ 0 & 0.943\ 9 & 1.000\ 0 & 1.000\ 0 & 0.666\ 7 & 0.105\ 3 & 0.864\ 9 \\ 0.727\ 3 & 1.000\ 0 & 1.000\ 0 & 0.856\ 3 & 1.000\ 0 & 1.000\ 0 & 0.666\ 7 & 0.094\ 7 & 0.567\ 6 \end{pmatrix}$$

根据下式计算各指标关联度系数：

$$\xi_i(j) = \frac{\min\limits_{i}\min\limits_{j}|x'_{0j} - x'_{ij}| + \rho \max\limits_{i}\max\limits_{j}|x'_{0j} - x'_{ij}|}{|x'_{0j} - x'_{ij}| + \rho \max\limits_{i}\max\limits_{j}|x'_{0j} - x'_{ij}|} \tag{3.3-1}$$

构成灰色关联矩阵：

$$\boldsymbol{E} = (\xi_{ij})_{nm}$$

$$= \begin{pmatrix} 0.694\ 6 & 0.803\ 7 & 1.000\ 0 & 1.000\ 0 & 1.000\ 0 & 1.000\ 0 & 1.000\ 0 & 0.819\ 8 & 0.737\ 2 \\ 0.694\ 6 & 0.577\ 1 & 1.000\ 0 & 0.750\ 5 & 1.000\ 0 & 1.000\ 0 & 1.000\ 0 & 1.000\ 0 & 0.848\ 7 \\ 1.000\ 0 & 0.577\ 1 & 1.000\ 0 & 0.692\ 8 & 0.997\ 8 & 1.000\ 0 & 1.000\ 0 & 0.421\ 2 & 1.000\ 0 \\ 0.382\ 8 & 0.803\ 7 & 1.000\ 0 & 0.785\ 1 & 0.997\ 8 & 1.000\ 0 & 0.577\ 1 & 0.339\ 4 & 0.770\ 9 \\ 0.625\ 1 & 0.577\ 1 & 1.000\ 0 & 0.890\ 1 & 1.000\ 0 & 1.000\ 0 & 0.577\ 1 & 0.337\ 0 & 0.770\ 9 \\ 0.625\ 1 & 1.000\ 0 & 1.000\ 0 & 0.759\ 9 & 1.000\ 0 & 1.000\ 0 & 0.577\ 1 & 0.334\ 4 & 0.512\ 6 \end{pmatrix}$$

由 $\boldsymbol{R} = \boldsymbol{EW}$ 计算加权关联度，加权关联度结果如下：

$$\boldsymbol{R} = \begin{pmatrix} 0.694\ 6 & 0.803\ 7 & 1.000\ 0 & 1.000\ 0 & 1.000\ 0 & 1.000\ 0 & 1.000\ 0 & 0.819\ 8 & 0.737\ 2 \\ 0.694\ 6 & 0.577\ 1 & 1.000\ 0 & 0.750\ 5 & 1.000\ 0 & 1.000\ 0 & 1.000\ 0 & 1.000\ 0 & 0.848\ 7 \\ 1.000\ 0 & 0.577\ 1 & 1.000\ 0 & 0.692\ 8 & 0.997\ 8 & 1.000\ 0 & 1.000\ 0 & 0.421\ 2 & 1.000\ 0 \\ 0.382\ 8 & 0.803\ 7 & 1.000\ 0 & 0.785\ 1 & 0.997\ 8 & 1.000\ 0 & 0.577\ 1 & 0.339\ 4 & 0.770\ 9 \\ 0.625\ 1 & 0.577\ 1 & 1.000\ 0 & 0.890\ 1 & 1.000\ 0 & 1.000\ 0 & 0.577\ 1 & 0.337\ 0 & 0.770\ 9 \\ 0.625\ 1 & 1.000\ 0 & 1.000\ 0 & 0.759\ 9 & 1.000\ 0 & 1.000\ 0 & 0.577\ 1 & 0.334\ 4 & 0.512\ 6 \end{pmatrix}$$

$$\times \begin{pmatrix} 0.148\ 8 \\ 0.156\ 0 \\ 0.154\ 5 \\ 0.064\ 0 \\ 0.107\ 4 \\ 0.039\ 4 \\ 0.021\ 8 \\ 0.123\ 3 \\ 0.184\ 8 \end{pmatrix} = \begin{pmatrix} 0.853\ 1 \\ 0.844\ 6 \\ 0.842\ 8 \\ 0.730\ 5 \\ 0.737\ 9 \\ 0.747\ 5 \end{pmatrix}$$

由上述结果可知，各备选区的加权关联度排序为 4＞5＞8＞35＞30＞29，可知 4 区域与最优解最接近,因此4为各备选方案中的最优解。

对比两种方法所得最佳排污口位置结果,可以看出在该案例研究中,用生态适宜性评价法与灰色决策法算所得的最佳方案结果相一致。这说明,评价指标的分级在该案例的实际评价指标数据中,对最终最佳方案的确定影响不显著,无论选取哪种适宜性评价方法进行方案的比选,都不会对最终方案的产生造成影响。

3.3.2 排污口选址与方案比选案例 II——湄洲湾

3.3.2.1 研究区域概况

(1)地理位置。

湄洲湾(图3.3-2)在我国福建省境内,湾口朝东南方向敞开。所规划的区域包括两部分,其中包括港口及临港工业区和旅游区。湄洲湾岸线总长289 km,其中泉州市辖区海岸线162 km,莆田市辖区海岸线127 km,湾内面积516 km²。

图 3.3-2 湄洲湾

本案例选取湄洲湾泉惠石化工业园区附近海域为研究对象,位于湄洲湾南部。泉惠石化工业区规划面积33.8 km²(含滞洪区面积2.5 km²),包含惠安县辋川镇、东桥镇、净峰镇的部分区域及整个外走马埭围垦区,其中规划期内面积28.6 km²(含滞洪区面积2.5 km²),远景发展预留面积5.2 km²。

(2)地形地貌。

湄州湾周边陆地地貌与大部分海湾及半岛地貌相似,多数为构造侵蚀低山、构造侵蚀丘陵、侵蚀剥蚀台地、洪冲积平原、冲海积平原、海积平原和风成砂地。湄洲湾地处戴云山隆起带和台湾海峡沉降带之间的过渡带内,北东向、北西向和东西向的地质构造控制着该地区的侵入岩、火山岩和变质岩的分布,影响着岸线的走向、海湾的基本轮廓以及岛屿的分布。本地区地质构造以断裂为主,纵横交错的断裂带将湄洲湾以及其附近地区切割成许多大小不等的断块,构成了湄洲湾多岛屿,多岩礁和海、地正负交错的现代地形基本轮廓。故湄洲湾岸线曲折、岬角相间,是典型的基岩港湾海岸。

(3) 海洋动力。

湄洲湾是一个深入内陆的狭长形海湾,南北向纵深 30 余千米,东西向水域宽度平均超过 15 km,湾内水域散布着许许多多大、小岛屿。湾口宽约 10 km,面向台湾海峡,附近湄洲岛、大竹等岛屿形成天然屏障,若依湄洲湾地形条件来划分,大竹岛至青兰山半岛一线以北为湾内,其波浪主要为湾内小风区形成的风浪和经口门绕射进来的小振幅风涌混合浪,而在大竹岛至青兰山半岛一线以南至剑屿的水域为湾口段,其 S—SE 向没有岛屿遮挡,主要受外海大浪的影响。

湄洲湾湾内潮流强度较大,潮流的流动方式属于回旋往复型,流向变化较小。潮流表层流速大于底层流速,涨落潮最大流速绝大部分出现在高潮后 2~3 h,多在表层和中层。工程海域水清、沙少,含沙量不高,大、小潮期间,平面和垂线含沙量均较低且差别较小,含沙量方面大潮比小潮微多,涨、落、全潮间存在的差异不是很大。

根据自然规律,潮流通常情况下都是从海湾以外涌进来,然后又从海湾的里面向外侧消退。遇到急涨潮的时候,潮流急速的涌进东吴-峰尾一带,到达秀屿地带水流会被一分为二,一部分向东北方向的海湾流去,而剩下的部分则会到西北一带的湾顶区域。潮流在急速退潮的时候与这种情形恰好相反。根据当地的相关记录情况显示,湄洲湾涨落潮的平均时长并不一样,它们在时长上相差长达 22 分钟,其统计的平均数值分别为 6 小时 23 分和 6 小时 1 分。

(4) 海洋环境质量现状。

2011 年秋季和 2013 年春季调查结果显示,部分海域的活性磷酸盐超标,超标率 20%,无机氮超标率为 73.8%,其中最大的超标倍数高达 1.33,除此之外的指标都满足海水水质标准中二类标准的相关要求。两季监测结果显示,海域内各重金属浓度均较低,评价海域海水水质总体良好。

3.3.2.2　备选排污区域划分

本案例主要是选取泉惠石化工业园区附近海域为研究对象,为泉惠石化工业园区内规划的污水处理厂选择合适的排污海域建立排污口。根据《湄洲湾石化基地发展规划修编(2011~2020)》可确定泉惠石化工业区污水处理厂位于工业区南部,控制规模为 12 万立方米/天,一期规模 2 万立方米/天。

根据《福建省海洋环境保护规划(2011~2020)》中湄洲湾附近海洋功能区划,湄洲湾内除了生态廊道保护利用区,其他基本均为港口与工业开发监督区。

将泉惠石化工业园区附近研究海域划分为 19 网格,如表 3.3-10 所示。根据《福建省海洋环境保护规划(2011~2020)》进行筛选,最终 6、9、12、13、14、15、16、17、18、19 十个网格作为备选排污区域。

表 3.3-10　湄洲湾预选排污口分区中心经纬度列表

分区序号	中心点经度/°	中心点纬度/°
1	118.897 108	25.095 195
2	118.934 478	25.104 095
3	118.925 854	25.072 680
4	118.924 417	25.085 770
5	118.939 016	25.088 153
6	118.946 838	25.058 802
7	118.959 774	25.074 774
8	118.984 783	25.084 985
9	118.982 771	25.037 852
10	118.997 431	25.061 421
11	119.014 678	25.074 774
12	119.018 703	25.025 280
13	119.034 513	25.042 828
14	118.999 731	24.992 534
15	119.027 614	25.000 132
16	119.042 849	25.012 707
17	119.015 253	24.973 407
18	119.028 764	24.979 696
19	119.050 323	24.989 652

3.3.2.3　入海排污口选址与方案比选

（1）基于适宜性加权评价法的排污口选址分析。

对备选排污口海域进行初步筛选。首先确定排污口各指标的数值，此处对不能用数据来表示的指标进行赋值，按照适宜性加权评价法的评分标准赋分值。

① 纳污水体水质现状浓度占标率。

10 个备选区均为四类区，执行三类海水水质标准（表 3.3-11）。

表 3.3-11　纳污水体水质现状浓度占标率

指标	6	9	12	13	14	15	16	17	18	19
纳污水体水质现状浓度占标率	0.19	0.21	0.23	0.19	0.13	0.11	0.16	0.21	0.23	0.28

② 水体自净能力。

采用 2012 年 4 月对湄洲湾海域水环境质量调查研究的报告，具体数值见表 3.3-12。

70

表 3.3-12　水体自净能力指标数据

指标	6	9	12	13	14	15	16	17	18	19
余流/(m/s)	0.5	0.5	0.5	0.6	0.5	0.6	0.6	0.5	0.7	0.7
平均水深/m	5	5	10	12	6	8	8	6	12	12

③ 生态风险评价指数。

由于使用 HQ 进行生态风险评价相关数据不全,因此在该案例中以生态风险评价指数 RI 替代。RI 的分级按照 Hankanson 所提出的分级方法,当 RI<150 时,风险指数较低,150～300 为中等,300～600 为高值,RI>600 时认为其风险指数高。

根据 2010 年 4 月对湄洲湾海域沉积物的调查,主要调查的重金属结果及各备选区域生态风险指数值如表 3.3-13 所示。

表 3.3-13　各备选区海洋沉积物及生态风险指数

备选区	6	9	12	13	14	15	16	17	18	19
铜($\times 10^{-6}$)	22.7	16.8	10	20.1	16	21.9	24.9	20.9	16.7	17.9
镉($\times 10^{-6}$)	0.068 1	0.058 3	0.074 9	0.073 9	0.053 4	0.060 9	0.071 9	0.061 6	0.054 5	0.056 5
铅($\times 10^{-6}$)	24.5	19.9	5.37	18.9	15.6	18.9	21.6	23.1	12.1	16.4
锌($\times 10^{-6}$)	4.1	4.7	3.5	4.3	4.1	4.7	4.9	5	4.5	4.7
砷($\times 10^{-6}$)	7.4	6.6	4	5.9	4.2	6.5	7.3	7.7	5.3	5.4
汞($\times 10^{-6}$)	0.062	0.091	0.048	0.058	0.063	0.066	0.077	0.062	0.05	0.058
RI	116.95	160.34	86.75	108.35	112.64	121.06	140.91	116.20	92.06	106.11

④ 生态损害价值。

计算其对鱼卵和仔稚鱼损害价值和废弃物处理功能价值所代表的生态系统服务价值损害,从而得出生态损害率,其中废弃物处理功能价值以 COD 污染物为代表。

2010 年 4 月 22～25 日(春季),中科院南海水产研究所及海洋三所在评价海域进行鱼卵仔稚鱼调查,调查站位共 12 个。本次调查共采集鱼卵 391 粒,共鉴定出 5 种鱼卵仔鱼种类,分别隶属于 3 目 5 科 5 属。结果显示,2010 年 4 月份调查站位鱼卵密度范围是每 100 m³ 1.10 粒～100.01 粒,站位平均密度为每 100 m³ 35.84 粒。仔稚鱼的数量也较少,种类比较单一。2010 年 4 月份调查站位仔稚鱼密度范围是每 100 m³ 0.00～5.50 尾,站位平均密度为每 100 m³ 1.32 尾,已知 2014 年,生态系统服务的总价值约为 250 000 万元。生态损害率等数据见表 3.3-14,此处生态损害价值以 COD 作为代表污染物。

⑤ 海岸线变化率。

湄洲湾惠安沿岸海岸属于砂质海岸,属于蚀退类型,蚀退速率较慢,据统计,近 20 年平均蚀退速率为 -2.5 m/a。

表 3.3-14　生态损害率及基础数据

备选区	6	9	12	13	14	15	16	17	18	19
鱼卵密度 (每 100 m³ 的粒数)	20.58	19.13	85.35	93.01	29.56	32.72	36.18	42.38	50.49	48.29
仔稚鱼密度 (每 100 m³ 的尾数)	0.78	0.85	3.98	4.55	1.45	2.07	2.32	1.09	1.3	1.18
污染负荷 /(t/a)	2 954	2 954	2 954	2 954	2 954	2 954	2 954	2 954	2 954	2 954
生物资源损害 价值/万元	0.51	0.48	2.17	2.39	0.76	0.89	0.99	0.99	1.18	1.12
废弃物处理 价值/万元	1 270	1 270	1 270	1 270	1 270	1 270	1 270	1 270	1 270	1 270
生态价值 损害率	0.005 1	0.005 1	0.005 1	0.005 1	0.005 1	0.005 1	0.005 1	0.005 1	0.005 1	0.005 1

⑥ 排污管道有无穿越航道和海底电缆。

备选区域均无穿越航道和海底电缆,因此赋分 3 分。

⑦ 管道敷设相对长度比。

经测量,规划污水处理厂到各备选区域排污管道敷设长度及相对长度比如表 3.3-15 所示,平均管道敷设长度为 10.49 km。

表 3.3-15　管道敷设相对长度比

备选区	6	9	12	13	14	15	16	17	18	19
管道敷设长度 /km	4.5	6.5	9.9	11.6	9.4	11.4	12.9	12	12.7	14.0
管道敷设相对 长度比	0.43	0.62	0.94	1.11	0.90	1.09	1.23	1.14	1.21	1.33

⑧ 距最近环境敏感区的距离。

备选区域距离生态保护廊道具体数值见表 3.3-16。

⑨ 结果。

根据入海排污口选址分级,给各排污口进行评分,见表 3.3-17。

表 3.3-16　各备选区距最近敏感区距离

备选区	6	9	12	13	14	15	16	17	18	19
距最近环境敏感 区的距离/km	1	2.6	3.4	2.4	7.9	5.1	2.4	6.8	4.2	1.7

表 3.3-17 排污口各备选区评价指标得分

序号	指标	6	9	12	13	14	15	16	17	18	19
1	纳污水体水质现状浓度占标率	3	3	3	3	3	3	3	3	3	3
2	余流/(m/s)	1	1	1	3	1	3	3	1	3	3
3	平均水深/m	1	1	3	3	1	1	1	1	3	3
4	生态风险评价指数	3	2	3	3	1	1	3	1	3	1
5	生态损害率	3	3	3	3	3	3	3	3	3	3
6	海岸线变化率/(m/a)	1	1	1	1	1	1	1	1	1	1
7	管道敷设相对长度比	3	1	3	3	1	1	3	1	3	3
8	排污管道路有无穿越航道及海底电缆	3	3	3	3	3	3	3	3	3	3
9	距最近环境敏感区的距离/km	1	1	2	1	3	2	1	3	2	1

由于湄洲湾沿岸为石化工业园区,经济较发达,带来的污染也会相应加重,此处计算采用经济发达地区的指标权重,各排污口备选区的适宜性强度如下:

$$
V = \begin{pmatrix} 1 & 1 & 3 & 3 & 1 & 3 & 3 \\ 1 & 1 & 2 & 3 & 1 & 3 & 1 \\ 1 & 3 & 3 & 3 & 1 & 3 & 2 \\ 3 & 3 & 3 & 3 & 1 & 1 & 1 \\ 1 & 1 & 3 & 3 & 1 & 3 & 3 \\ 3 & 1 & 3 & 3 & 1 & 1 & 2 \\ 3 & 1 & 3 & 3 & 1 & 1 & 1 \\ 1 & 1 & 3 & 3 & 1 & 1 & 3 \\ 3 & 3 & 3 & 3 & 1 & 1 & 2 \\ 3 & 3 & 3 & 3 & 1 & 1 & 1 \end{pmatrix} \times \begin{pmatrix} 0.148\,8 \\ 0.156\,0 \\ 0.154\,5 \\ 0.064\,0 \\ 0.107\,4 \\ 0.039\,4 \\ 0.021\,8 \\ 0.123\,3 \\ 0.184\,8 \end{pmatrix} = \begin{pmatrix} 1.930\,6 \\ 1.866\,6 \\ 2.424\,4 \\ 2.508\,0 \\ 2.300\,2 \\ 2.383\,8 \\ 2.199\,0 \\ 2.256\,6 \\ 2.692\,8 \\ 2.508\,0 \end{pmatrix}
$$

由上述结果可知,各备选区的适宜性强度分别为 18>13=19>12>15>14>17>16>6>9,因而备选区 18 为最适宜区域,可选作排污口设置的最佳位置。

(2)基于灰色决策法的排污口选址分析。

采用灰色决策法对湄洲湾入海排污口预选排污海区进行综合评价,按照与理想方案的接近程度对各备选区进行方案优选。

首先对备选方案集建立决策矩阵。在湄洲湾案例中,备选区域十个区域,则设备选方案集 $X = \{x_1, x_2, \cdots, x_{10}\}$,9个指标构成的评价指标集合 $V = \{v_1, v_2, \cdots, v_9\}$。根据上节所述各指标的详细数据,各备选区指标数据如表 3.3-18 所示。其中,一些无法用数字表示的指标按照适宜性加权评价法评分标准进行赋分。

表 3.3-18　湄洲湾排污口各备选区数据

序号	指标	6	9	12	13	14	15	16	17	18	19
1	纳污水体水质现状浓度占标率	0.19	0.21	0.23	0.19	0.13	0.11	0.16	0.21	0.23	0.28
2	余流/(m/s)	0.5	0.5	0.5	0.6	0.5	0.6	0.6	0.5	0.7	0.7
3	平均水深/m	5	5	10	12	6	8	8	6	12	12
4	生态风险评价指数	116.95	160.34	86.75	108.35	112.64	121.06	140.91	116.20	92.06	106.11
5	生态损害率	0.005 1	0.005 1	0.005 1	0.005 1	0.005 1	0.005 1	0.005 1	0.005 1	0.005 1	0.005 1
6	海岸线变化率/(m/a)	−2.5	−2.5	−2.5	−2.5	−2.5	−2.5	−2.5	−2.5	−2.5	−2.5
7	管道敷设相对长度比	0.43	0.62	0.94	1.11	0.90	1.09	1.23	1.14	1.21	1.33
8	排污管道路有无穿越航道及海底电缆	3	3	3	3	3	3	3	3	3	3
9	距最近环境敏感区的距离/km	1	2.6	3.4	2.4	7.9	5.1	2.4	6.8	4.2	1.7

由各备选区域各指标值设置理想方案：

$$X_0 = (0.11, 0.7, 12, 86.75, 0.005\ 1, -2.5, 0.43, 3, 7.9)$$

构建决策矩阵 A：

$$A = \begin{pmatrix}
0.11 & 0.7 & 12 & 86.75 & 0.005\ 1 & -2.5 & 0.43 & 3 & 7.9 \\
0.19 & 0.5 & 5 & 116.95 & 0.005\ 1 & -2.5 & 0.43 & 3 & 1 \\
0.21 & 0.5 & 5 & 160.34 & 0.005\ 1 & -2.5 & 0.62 & 3 & 2.6 \\
0.23 & 0.5 & 10 & 86.75 & 0.005\ 1 & -2.5 & 0.94 & 3 & 3.4 \\
0.19 & 0.6 & 12 & 108.35 & 0.005\ 1 & -2.5 & 1.11 & 3 & 2.4 \\
0.13 & 0.5 & 6 & 112.64 & 0.005\ 1 & -2.5 & 0.9 & 3 & 7.9 \\
0.11 & 0.6 & 8 & 121.06 & 0.005\ 1 & -2.5 & 1.09 & 3 & 5.1 \\
0.16 & 0.6 & 8 & 140.91 & 0.005\ 1 & -2.5 & 1.23 & 3 & 2.4 \\
0.21 & 0.5 & 6 & 116.2 & 0.005\ 1 & -2.5 & 1.14 & 3 & 6.8 \\
0.23 & 0.7 & 12 & 92.06 & 0.005\ 1 & -2.5 & 1.21 & 3 & 4.2 \\
0.28 & 0.7 & 12 & 106.11 & 0.005\ 1 & -2.5 & 1.33 & 3 & 1.7
\end{pmatrix}$$

对 A 进行规范化处理,形成初始矩阵 A'：

$$
A' = \begin{pmatrix}
1.000\,0 & 1.000\,0 & 1.000\,0 & 1.000\,0 & 1.000\,0 & 1.000\,0 & 1.000\,0 & 1.000\,0 & 1.000\,0 \\
0.578\,9 & 0.714\,3 & 0.416\,7 & 0.741\,8 & 1.000\,0 & 1.000\,0 & 1.000\,0 & 1.000\,0 & 0.126\,6 \\
0.523\,8 & 0.714\,3 & 0.416\,7 & 0.541\,0 & 1.000\,0 & 1.000\,0 & 0.693\,5 & 1.000\,0 & 0.329\,1 \\
0.478\,3 & 0.714\,3 & 0.833\,3 & 1.000\,0 & 1.000\,0 & 1.000\,0 & 0.457\,4 & 1.000\,0 & 0.430\,4 \\
0.578\,9 & 0.857\,1 & 1.000\,0 & 0.800\,6 & 1.000\,0 & 1.000\,0 & 0.387\,4 & 1.000\,0 & 0.303\,8 \\
0.846\,2 & 0.714\,3 & 0.500\,0 & 0.770\,2 & 1.000\,0 & 1.000\,0 & 0.477\,8 & 1.000\,0 & 1.000\,0 \\
1.000\,0 & 0.857\,1 & 0.666\,7 & 0.716\,6 & 1.000\,0 & 1.000\,0 & 0.394\,5 & 1.000\,0 & 0.645\,6 \\
0.687\,5 & 0.857\,1 & 0.666\,7 & 0.615\,6 & 1.000\,0 & 1.000\,0 & 0.349\,6 & 1.000\,0 & 0.303\,8 \\
0.523\,8 & 0.714\,3 & 0.500\,0 & 0.746\,6 & 1.000\,0 & 1.000\,0 & 0.377\,2 & 1.000\,0 & 0.860\,8 \\
0.478\,3 & 1.000\,0 & 1.000\,0 & 0.942\,3 & 1.000\,0 & 1.000\,0 & 0.355\,4 & 1.000\,0 & 0.531\,6 \\
0.392\,9 & 1.000\,0 & 1.000\,0 & 0.817\,5 & 1.000\,0 & 1.000\,0 & 0.323\,3 & 1.000\,0 & 0.215\,2
\end{pmatrix}
$$

根据公式(3.3-1)计算各指标关联度系数,构成灰色关联矩阵:

$$
E = (\xi_{ij})_{nm}
$$

$$
= \begin{pmatrix}
0.509\,1 & 0.604\,5 & 0.428\,1 & 0.628\,4 & 1.000\,0 & 1.000\,0 & 1.000\,0 & 1.000\,0 & 0.333\,3 \\
0.478\,4 & 0.604\,5 & 0.428\,1 & 0.487\,6 & 1.000\,0 & 1.000\,0 & 0.587\,6 & 1.000\,0 & 0.394\,3 \\
0.455\,6 & 0.604\,5 & 0.723\,8 & 1.000\,0 & 1.000\,0 & 1.000\,0 & 0.446\,0 & 1.000\,0 & 0.434\,0 \\
0.509\,1 & 0.753\,5 & 1.000\,0 & 0.686\,6 & 1.000\,0 & 1.000\,0 & 0.416\,2 & 1.000\,0 & 0.385\,5 \\
0.739\,5 & 0.604\,5 & 0.466\,2 & 0.655\,2 & 1.000\,0 & 1.000\,0 & 0.455\,4 & 1.000\,0 & 1.000\,0 \\
1.000\,0 & 0.753\,5 & 0.567\,1 & 0.606\,4 & 1.000\,0 & 1.000\,0 & 0.419\,0 & 1.000\,0 & 0.552\,0 \\
0.582\,9 & 0.753\,5 & 0.567\,1 & 0.531\,9 & 1.000\,0 & 1.000\,0 & 0.401\,7 & 1.000\,0 & 0.385\,5 \\
0.478\,4 & 0.604\,5 & 0.466\,2 & 0.632\,8 & 1.000\,0 & 1.000\,0 & 0.412\,2 & 1.000\,0 & 0.758\,2 \\
0.455\,6 & 1.000\,0 & 1.000\,0 & 0.883\,3 & 1.000\,0 & 1.000\,0 & 0.403\,9 & 1.000\,0 & 0.482\,5 \\
0.418\,4 & 1.000\,0 & 1.000\,0 & 0.705\,3 & 1.000\,0 & 1.000\,0 & 0.392\,2 & 1.000\,0 & 0.357\,5
\end{pmatrix}
$$

由 $R = EW$ 计算加权关联度,其指标权重为:

$$
W = (0.148\,8, 0.156\,0, 0.154\,5, 0.064\,0, 0.107\,4, 0.039\,4, 0.021\,8, 0.123\,3, 0.184\,8)^{\mathrm{T}}
$$

则加权关联度结果如下:

$$
R = \begin{pmatrix}
0.509\,1 & 0.604\,5 & 0.428\,1 & 0.628\,4 & 1.000\,0 & 1.000\,0 & 1.000\,0 & 1.000\,0 & 0.333\,3 \\
0.478\,4 & 0.604\,5 & 0.428\,1 & 0.487\,6 & 1.000\,0 & 1.000\,0 & 0.587\,6 & 1.000\,0 & 0.394\,3 \\
0.455\,6 & 0.604\,5 & 0.723\,8 & 1.000\,0 & 1.000\,0 & 1.000\,0 & 0.446\,0 & 1.000\,0 & 0.434\,0 \\
0.509\,1 & 0.753\,5 & 1.000\,0 & 0.686\,6 & 1.000\,0 & 1.000\,0 & 0.416\,2 & 1.000\,0 & 0.385\,5 \\
0.739\,5 & 0.604\,5 & 0.466\,2 & 0.655\,2 & 1.000\,0 & 1.000\,0 & 0.455\,4 & 1.000\,0 & 1.000\,0 \\
1.000\,0 & 0.753\,5 & 0.567\,1 & 0.606\,4 & 1.000\,0 & 1.000\,0 & 0.419\,0 & 1.000\,0 & 0.552\,0 \\
0.582\,9 & 0.753\,5 & 0.567\,1 & 0.531\,9 & 1.000\,0 & 1.000\,0 & 0.401\,7 & 1.000\,0 & 0.385\,5 \\
0.478\,4 & 0.604\,5 & 0.466\,2 & 0.632\,8 & 1.000\,0 & 1.000\,0 & 0.412\,2 & 1.000\,0 & 0.758\,2 \\
0.455\,6 & 1.000\,0 & 1.000\,0 & 0.883\,3 & 1.000\,0 & 1.000\,0 & 0.403\,9 & 1.000\,0 & 0.482\,5 \\
0.418\,4 & 1.000\,0 & 1.000\,0 & 0.705\,3 & 1.000\,0 & 1.000\,0 & 0.392\,2 & 1.000\,0 & 0.357\,5
\end{pmatrix}
$$

$$\times \begin{pmatrix} 0.148\ 8 \\ 0.156\ 0 \\ 0.154\ 5 \\ 0.064\ 0 \\ 0.107\ 4 \\ 0.039\ 4 \\ 0.021\ 8 \\ 0.123\ 3 \\ 0.184\ 8 \end{pmatrix} = \begin{pmatrix} 0.629\ 9 \\ 0.618\ 6 \\ 0.697\ 9 \\ 0.742\ 2 \\ 0.783\ 1 \\ 0.774\ 0 \\ 0.676\ 0 \\ 0.697\ 2 \\ 0.802\ 9 \\ 0.762\ 6 \end{pmatrix}$$

由上述结果可知,各备选区的加权关联度排序为 18＞14＞15＞19＞13＞12＞17＞16＞6＞9,可知 18 区域与最优解最接近,因此 18 为各备选方案中的最优解。

同罗源湾的案例计算结果一样,用生态适宜性评价法与灰色决策法算所得的最佳方案结果相一致,在该案例中,无论选取哪种适宜性评价方法进行方案的比选,都不会对最终方案的产生造成影响。

3.3.3 排污口选址与方案比选案例 III——石狮市东部海域

3.3.3.1 研究区域概况

(1)地理位置。

石狮市(图 3.3-3)为中国福建省下辖县级市,由泉州地级市代管,于 1987 年 12 月自晋江市析置。石狮市位于环泉州湾核心区南端,市域三面环海,北临泉州湾,南临深沪湾,东与宝岛台湾隔海相望,西与晋江市接壤。

图 3.3-3　石狮市

（2）地形地貌。

研究海域地处石狮市东部,基岩构成为燕山早期混合花岗岩,由冲洪积层、海积层组成第四系覆盖层。场地内岩土层可分为 7 个大层,8 个亚层,主要为粉砂、淤泥质黏土、粉质黏土、残积砾质黏性土、全风化花岗岩、散体状强风化花岗岩等等。石狮市泉州湾海域海岸附近沉积物为中细砂为主,泥沙主要来源于沿岸低丘基岩、水下礁石侵蚀物质。岸坡较平缓,岸线基本稳定。

（3）海洋动力。

石狮市泉州海域潮流性质属于正规半日潮流,呈往复流特征。根据石狮市水文测验报告 2005～2010 年的资料统计:海区历年最高潮位为 4.35 m,最低潮位为 −3.10 m;平均高潮位为 2.50 m,平均低潮位为 −1.80 m;平均海平面为 0.33 m。

根据石狮市 2014 年的水文资料得到:涨潮时,流速最大的测点流速平均为 39 cm/s,流向 249°,出现在表层,流速最小的测点流速平均为 24 cm/s,流向 319°,出现在 0.6H 层;落潮时,流速最大的测点流速平均为 32 cm/s,流向 97°,出现在表层,流速最小的测点流速平均为 15 cm/s,流向 146°,出现在表层。总体来说,涨潮时潮流呈西南方向,落潮时方向相反,涨潮流速明显比落潮流速大,且基本上表层到底层流速逐渐变小。

（4）海洋环境质量现状。

为了解预选排污口附近海域的水质质量现状,参考福建海洋研究所于 2014 年 5 月对泉州湾石狮海域开展的海洋水质调查监测成果,从中择选出预选排污口所在海区的水质调查现状数据。

3.3.3.2 备选排污区域划分

据资料调查得知,石狮市经济开发区污水处理厂及一些企业部分尾水进行深度处理达到相应中水回用标准后进行回用,其余尾水通过尾水排放管道排海。近期尾水排放量为 8.0 万吨/天,因此,假设建设排海规模为 8.0 万吨/天,见表 3.3-19,其中代表污染物 COD 排放浓度为 100 mg/L,氨氮排放浓度为 15 mg/L,石油类排放浓度为 5 mg/L。

表 3.3-19　2014 年 5 月海域水质监测结果

预选排污口	盐度	温度 /℃	铜 /(μg/L)	锌 /(μg/L)	砷 /(μg/L)	镉 /(μg/L)	铅 /(μg/L)	汞 /(μg/L)
1	32.95	22.64	2.54	25.10	1.82	0.10	0.36	0.17
2	31.92	24.20	3.17	40.05	2.14	0.07	0.42	0.16
3	32.47	23.47	1.99	10.34	1.79	0.04	0.30	0.20
4	33.08	24.30	2.37	14.7	2.0	0.1	0.37	0.15
5	32.72	23.87	3.06	26.5	1.91	0.07	0.39	0.21
6	33.04	24.73	3.76	62.8	2.22	0.07	0.53	0.14
7	32.83	22.88	2.07	11.40	2.34	0.09	0.38	0.57
8	32.25	23.36	3.33	73.4	1.91	0.1	0.43	0.18

预选排污口	盐度	温度/℃	铜/(μg/L)	锌/(μg/L)	砷/(μg/L)	镉/(μg/L)	铅/(μg/L)	汞/(μg/L)
9	32.09	21.82	1.78	11.8	2.23	0.06	0.3	0.1
10	33.34	23.07	2.16	8.68	1.70	0.07	0.25	0.43
11	33.36	22.72	2.47	9.31	1.9	0.07	0.26	0.1
12	33.31	23.41	1.84	8.04	1.5	0.07	0.24	0.09

根据排污口比选原则,同时基于岸段位置和水深条件,使得排污口预选方案覆盖整个研究海域。因此,在研究海域中初步设置了 12 个预选排污口方案,预选排污口地理位置见表 3.3-20。

表 3.3-20　石狮市东部海域预选排污口分区中心经纬度列表

分区序号	中心点经度/°	中心点纬度/°
1	118.803 994	24.769 428
2	118.820 667	24.770 215
3	118.838 776	24.764 178
4	118.798 532	24.757 353
5	118.815 205	24.755 778
6	118.833 890	24.751 053
7	118.783 010	24.740 289
8	118.797 957	24.731 363
9	118.819 517	24.722 698
10	118.754 264	24.721 122
11	118.778 985	24.714 033
12	118.804 856	24.705 367

根据福建省近岸海域环境功能区划,判断预选排污海区是否与环境功能区划具有一致性。研究海域中所有排污口所在海区属于石狮市东部海域工业与城镇开发监督区,近期和远期均执行第三类海水水质标准,均符合《中华人民共和国海洋环境保护法》规定。因此,对 12 个预选排污口进行优选,确定出最优方案。

3.3.3.3　入海排污口选址与方案比选

(1)基于适宜性加权评价法的排污口选址分析。

首先对各个备选方案相对应的指标因子进行评分,对各指标中需要计算的指标值进行计算。

① 纳污水体水质现状浓度占标率。

所有预选排污口所在海区均执行并满足第三类海水水质标准（表 3.3-21）。

表 3.3-21　纳污水体水质现状浓度占标率

预选排污口	1	2	3	4	5	6	7	8	9	10	11	12
纳污水体水质现状浓度占标率	0.305	0.187	0.182	0.177	0.182	0.187	0.265	0.265	0.145	0.248	0.182	0.203

② 水体自净能力。

参考 2014 年 5 月泉州湾海域水环境质量调查报告，具体数值见表 3.3-22。

表 3.3-22　水体自净能力指标数据

预选排污口	1	2	3	4	5	6	7	8	9	10	11	12
余流/(m/s)	0.34	0.42	0.43	0.24	0.19	0.22	0.40	0.53	0.32	0.22	0.64	0.34
水深/m	0.1	0.2	0.7	0.3	0.8	1	0.3	0.7	0.9	0.5	0.9	1.2

③ 生态风险评价指数。

根据调查海域海水水质的调查结果，计算求得预选排污口所在海区的生态风险评价指数，见表 3.3-23。

表 3.3-23　预选排污口所在海区生态风险指数值

预选排污口	1	2	3	4	5	6	7	8	9	10	11	12
生态风险评价指数	35.2	32.3	36.1	32.0	40	29.6	98.7	37.6	21.6	74.6	22.0	20.0

④ 生态损失投资比。

排污口长期排放污水将对水域生态系统造成不可逆的环境影响。计算求得预选排污口所在海区的生态损失投资比值，见表 3.3-24。

表 3.3-24　生态损失投资比

预选排污口	1	2	3	4	5	6	7	8	9	10	11	12
生态损失投资比	0.15	0.13	0.08	0.09	0.32	0.21	0.55	0.39	0.09	0.25	0.16	0.155

⑤ 海岸线变化率。

预选排污口站位的海岸线变化率见表 3.3-25。

表 3.3-25　预选排污口海岸线变化率指标值

预选排污口	1	2	3	4	5	6	7	8	9	10	11	12
海岸线变化率/(m/a)	1	0.37	0.26	1.04	0.75	0.68	0.97	0.75	0.25	1.23	0.65	0.38

⑥ 排污管道有无穿越航道和海底电缆。

工程风险指标主要为建设排污口时,排水管道路是否穿越航道、航线、海底电缆。据资料可得,预选排污口所在海域不存在港口、航道工程。因此,各预选排污口的工程风险指标值相同,均赋值为 1,见表 3.3-26。

表 3.3-26　预选排污口工程风险指标值

预选排污口	1	2	3	4	5	6	7	8	9	10	11	12
工程风险	1	1	1	1	1	1	1	1	1	1	1	1

⑦ 管道敷设相对长度比。

排污口位置优选还应考虑污水排放设施的建设成本,建设成本主要体现在排污口距离岸边污水排放点的管道敷设长度。选取管道敷设相对长度比,各预选排污口的管道敷设相对长度比见表 3.3-27。

表 3.3-27　预选排污口管道敷设长度

预选排污口	1	2	3	4	5	6	7	8	9	10	11	12
管道敷设相对长度比	0.03	0.05	0.89	0.03	0.07	0.15	0.02	0.08	0.17	0.03	0.1	0.19

⑧ 距最近环境敏感区的距离。

工程环境影响指标的具体影响因素包括距重要海域生态敏感区的距离、距重要陆域生态敏感区的距离。泉州海域的环境敏感区主要有石狮东部海域旅游环境保护区、泉州湾生态廊道保护利用区、泉州湾养殖区等。各预选排污口距最近的各敏感区的距离见表 3.3-28。

⑨ 结果。

综上所述,参照评价指标评分准则可得各备选区域具体指标所获分值如表 3.3-29 所示。

表 3.3-28　预选排污口距环境敏感区距离

预选排污口	1	2	3	4	5	6	7	8	9	10	11	12
距最近生态环境敏感区距离/km	0.63	1.8	2.4	2	3	5.4	0.82	2.6	5	0.8	2.8	4.5

表 3.3-29　排污口各备选区评价指标得分

指标	分值											
	1	2	3	4	5	6	7	8	9	10	11	12
纳污水体水质现状浓度占标率	3	3	3	3	3	3	3	3	3	3	3	3
余流	2	3	3	1	1	1	3	3	2	1	3	2
水深	1	1	3	2	3	3	1	3	1	3	1	3
生态风险评价指数	2	2	2	2	2	1	3	2	1	3	1	1
生态损失投资比	2	2	3	3	1	1	1	1	3	1	2	2
海岸线变化率	2	2	2	2	3	3	2	1	2	3	2	2
排污管道路有无航道、航线、海底电缆	3	3	3	3	3	3	3	3	3	3	3	3
管道敷设相对长度比	3	3	3	3	3	3	3	3	3	3	3	3
距最近环境敏感区的距离	2	3	3	3	3	3	2	3	3	2	3	3

指标权重选择如下：

$$W = (0.148\,8, 0.156\,0, 0.154\,5, 0.064\,0, 0.107\,4, 0.039\,4, 0.021\,8, 0.123\,3, 0.184\,8)$$

则排污口选址适宜性综合评价得分：

$$
V = \begin{bmatrix}
3 & 2 & 1 & 2 & 2 & 2 & 3 & 3 & 2 \\
3 & 3 & 1 & 2 & 2 & 2 & 3 & 3 & 3 \\
3 & 3 & 3 & 2 & 3 & 2 & 3 & 3 & 3 \\
3 & 1 & 1 & 2 & 3 & 2 & 3 & 3 & 3 \\
3 & 1 & 3 & 2 & 1 & 3 & 3 & 3 & 3 \\
3 & 1 & 3 & 1 & 1 & 3 & 2 & 3 & 3 \\
3 & 3 & 1 & 3 & 1 & 2 & 3 & 3 & 2 \\
3 & 3 & 3 & 2 & 1 & 1 & 3 & 3 & 3 \\
3 & 2 & 1 & 3 & 2 & 3 & 3 & 3 & 3 \\
3 & 1 & 1 & 3 & 1 & 3 & 3 & 3 & 2 \\
3 & 3 & 3 & 1 & 2 & 2 & 3 & 3 & 3 \\
3 & 2 & 3 & 1 & 2 & 2 & 3 & 3 & 3
\end{bmatrix}
\times
\begin{bmatrix}
0.148\,8 \\
0.156\,0 \\
0.154\,5 \\
0.064 \\
0.107\,4 \\
0.039\,4 \\
0.021\,8 \\
0.123\,3 \\
0.184\,8
\end{bmatrix}
=
\begin{bmatrix}
2.139\,4 \\
2.480\,2 \\
2.569\,2 \\
2.275\,6 \\
2.409\,2 \\
2.345\,2 \\
2.252\,0 \\
2.642\,4 \\
2.676\,6 \\
1.976\,4 \\
2.725\,2 \\
2.896\,6
\end{bmatrix}
$$

由上述结果可知，各备选区的适宜性强度分别为 12＞11＞9＞8＞3＞2＞5＞6＞4＞7＞1＞10，因而备选区 12 为最适宜区域，可选作排污口设置的最佳位置。

（2）基于灰色决策法的排污口选址分析。

采用灰色决策法对石狮市东部海域入海排污口预选排污海区进行综合评价，按照与理想方案的接近程度对各备选区进行方案优选。

首先对备选方案集建立决策矩阵。在石狮市东部海域案例中,备选区域 12 个区域,则设备选方案集 $X=\{x_1,x_2,\cdots,x_{12}\}$,9 个指标构成的评价指标集合 $V=\{v_1,v_2,\cdots,v_9\}$。根据上节所述各指标的详细数据,各备选区指标数据如表 3.3-30 所示。其中,一些无法用数字表示的指标按照适宜性加权评价法评分标准进行赋分。

表 3.3-30 预选排污口评价指标数值

预选排污口	1	2	3	4	5	6	7	8	9	10	11	12
纳污水体水质现状浓度占标率	0.305	0.187	0.182	0.177	0.182	0.187	0.265	0.265	0.145	0.248	0.182	0.203
余流/(m/s)	0.34	0.42	0.43	0.24	0.19	0.22	0.40	0.53	0.32	0.22	0.64	0.34
水深/m	0.1	0.2	0.7	0.3	0.8	1	0.3	0.7	0.9	0.5	0.9	1.2
生态风险评价指数	35.2	32.3	36.1	32	40	29.6	98.7	37.6	21.6	74.6	22	20
生态损失投资比	0.15	0.13	0.08	0.09	0.32	0.21	0.55	0.39	0.09	0.25	0.16	0.155
海岸线变化率/(m/a)	1	0.37	0.26	1.04	0.75	0.68	0.97	0.75	0.25	1.23	0.65	0.38
排污管道路有无航道、航线、海底电缆	1	1	1	1	1	1	1	1	1	1	1	1
管道敷设相对长度比	0.03	0.05	0.89	0.03	0.07	0.15	0.02	0.08	0.17	0.03	0.1	0.19
距最近环境敏感区的距离/km	0.63	1.8	2.4	2	3	5.4	0.82	2.6	5	0.8	2.8	4.5

① 决策矩阵及其规范化。

由上表得到预选排污口方案的评价指标矩阵为:

$$F=\begin{pmatrix} 0.305 & 0.34 & 0.1 & 35.2 & 0.15 & 1 & 1 & 0.03 & 0.63 \\ 0.187 & 0.42 & 0.2 & 32.3 & 0.13 & 0.37 & 1 & 0.05 & 1.8 \\ 0.182 & 0.43 & 0.7 & 36.1 & 0.08 & 0.26 & 1 & 0.89 & 2.4 \\ 0.177 & 0.24 & 0.3 & 32 & 0.09 & 1.04 & 1 & 0.03 & 2 \\ 0.182 & 0.19 & 0.8 & 40 & 0.32 & 0.75 & 1 & 0.07 & 3 \\ 0.187 & 0.22 & 1 & 29.6 & 0.21 & 0.68 & 1 & 0.15 & 5.4 \\ 0.265 & 0.4 & 0.3 & 98.7 & 0.55 & 0.97 & 1 & 0.02 & 0.82 \\ 0.265 & 0.53 & 0.7 & 37.6 & 0.39 & 0.75 & 1 & 0.08 & 2.6 \\ 0.145 & 0.32 & 0.9 & 21.6 & 0.09 & 0.25 & 1 & 0.17 & 5 \\ 0.248 & 0.22 & 0.5 & 74.6 & 0.25 & 1.23 & 1 & 0.03 & 0.8 \\ 0.182 & 0.64 & 0.9 & 22 & 0.16 & 0.65 & 1 & 0.1 & 2.8 \\ 0.203 & 0.34 & 1.2 & 20 & 0.16 & 0.38 & 1 & 0.19 & 4.5 \end{pmatrix}$$

对应的排污口最优位置方案为：

$$u_0 = (0.145, 0.64, 1.2, 20, 0.08, 0.25, 1, 0.19, 5.4)$$

将矩阵 $\boldsymbol{F}$ 进行规范化处理，得到 $\boldsymbol{F}'$：

$$\boldsymbol{F}' = \begin{bmatrix} 0.48 & 0.53 & 0.08 & 0.57 & 0.53 & 0.25 & 1 & 0.16 & 0.12 \\ 0.78 & 0.66 & 0.17 & 0.62 & 0.62 & 0.68 & 1 & 0.26 & 0.33 \\ 0.8 & 0.67 & 0.58 & 0.55 & 1 & 0.96 & 1 & 4.68 & 0.44 \\ 0.82 & 0.38 & 0.25 & 0.63 & 0.89 & 0.24 & 1 & 0.16 & 0.37 \\ 0.8 & 0.3 & 0.67 & 0.5 & 0.25 & 0.33 & 1 & 0.37 & 0.56 \\ 0.78 & 0.34 & 0.83 & 0.68 & 0.38 & 0.37 & 1 & 0.79 & 1 \\ 0.55 & 0.63 & 0.25 & 0.2 & 0.15 & 0.26 & 1 & 0.11 & 0.15 \\ 0.55 & 0.83 & 0.58 & 0.53 & 0.21 & 0.33 & 1 & 0.42 & 0.48 \\ 1 & 0.5 & 0.75 & 0.93 & 0.89 & 1 & 1 & 0.89 & 0.93 \\ 0.58 & 0.34 & 0.42 & 0.27 & 0.32 & 0.2 & 1 & 0.16 & 0.15 \\ 0.80 & 1 & 0.75 & 0.91 & 0.5 & 0.38 & 1 & 0.53 & 0.52 \\ 0.71 & 0.53 & 1 & 1 & 0.52 & 0.66 & 1 & 1 & 0.83 \end{bmatrix}$$

② 建立灰色关联矩阵。

令 $\xi = 0.5$，得到灰色关联矩阵为：

$$\boldsymbol{\gamma} = \begin{bmatrix} 0.09 & 0.11 & 0.06 & 0.11 & 0.11 & 0.07 & 1 & 0.06 & 0.06 \\ 0.20 & 0.14 & 0.06 & 0.13 & 0.13 & 0.14 & 1 & 0.07 & 0.08 \\ 0.21 & 0.14 & 0.12 & 0.11 & 1 & 0.59 & 1 & 0.02 & 0.09 \\ 0.23 & 0.08 & 0.07 & 0.13 & 0.33 & 0.07 & 1 & 0.06 & 0.08 \\ 0.21 & 0.07 & 0.14 & 0.1 & 0.07 & 0.08 & 1 & 0.08 & 0.11 \\ 0.2 & 0.08 & 0.25 & 0.14 & 0.08 & 0.08 & 1 & 0.21 & 1 \\ 0.11 & 0.13 & 0.07 & 0.06 & 0.06 & 0.07 & 1 & 0.06 & 0.06 \\ 0.11 & 0.24 & 0.12 & 0.11 & 0.06 & 0.08 & 1 & 0.09 & 0.1 \\ 1 & 0.1 & 0.18 & 0.43 & 0.33 & 1 & 1 & 0.34 & 0.43 \\ 0.12 & 0.08 & 0.09 & 0.07 & 0.07 & 0.06 & 1 & 0.06 & 0.06 \\ 0.21 & 1 & 0.18 & 0.38 & 0.1 & 0.08 & 1 & 0.1 & 0.1 \\ 0.16 & 0.11 & 1 & 1 & 0.1 & 0.14 & 1 & 1 & 0.25 \end{bmatrix}$$

指标权重为：

$$\boldsymbol{W} = (0.148\,8, 0.156\,0, 0.154\,5, 0.064\,0, 0.107\,4, 0.039\,4, 0.021\,8, 0.123\,3, 0.184\,8)$$

③ 计算灰色关联度。

由式可得预选方案的加权关联度：

$$\gamma' = \begin{vmatrix} 0.09 & 0.11 & 0.06 & 0.11 & 0.11 & 0.07 & 1 & 0.06 & 0.06 \\ 0.20 & 0.14 & 0.06 & 0.13 & 0.13 & 0.14 & 1 & 0.07 & 0.08 \\ 0.21 & 0.14 & 0.12 & 0.11 & 1 & 0.59 & 1 & 0.02 & 0.09 \\ 0.23 & 0.08 & 0.07 & 0.1 & 0.07 & 0.33 & 1 & 0.06 & 0.08 \\ 0.21 & 0.07 & 0.14 & 0.1 & 0.07 & 0.08 & 1 & 0.08 & 0.11 \\ 0.2 & 0.08 & 0.25 & 0.14 & 0.08 & 0.08 & 1 & 0.21 & 1 \\ 0.11 & 0.13 & 0.07 & 0.06 & 0.06 & 0.07 & 1 & 0.06 & 0.06 \\ 0.11 & 0.24 & 0.12 & 0.11 & 0.06 & 0.08 & 1 & 0.09 & 0.1 \\ 1 & 0.1 & 0.18 & 0.43 & 0.33 & 1 & 1 & 0.34 & 0.43 \\ 0.12 & 0.08 & 0.09 & 0.07 & 0.07 & 0.06 & 1 & 0.06 & 0.06 \\ 0.21 & 1 & 0.18 & 0.38 & 0.1 & 0.08 & 1 & 0.1 & 0.1 \\ 0.16 & 0.11 & 1 & 1 & 0.1 & 0.14 & 1 & 1 & 0.25 \end{vmatrix} \times \begin{vmatrix} 0.148\ 8 \\ 0.156\ 0 \\ 0.154\ 5 \\ 0.064 \\ 0.107\ 4 \\ 0.039\ 4 \\ 0.021\ 8 \\ 0.123\ 3 \\ 0.184\ 8 \end{vmatrix} = \begin{vmatrix} 0.101\ 7 \\ 0.133\ 9 \\ 0.250\ 2 \\ 0.148\ 0 \\ 0.132\ 9 \\ 0.334\ 0 \\ 0.100\ 8 \\ 0.140\ 4 \\ 0.437\ 7 \\ 0.098\ 8 \\ 0.305\ 9 \\ 0.467\ 0 \end{vmatrix}$$

12 个预选排污口的关联度大小分别为 0.101 7、0.133 9、0.250 2、0.148 0、0.132 9、0.334 0、0.100 8、0.140 4、0.437 7、0.098 8、0.305 9、0.467 0。

因此,通过计算得到 12 个预选排污口的适宜性强度。对指标体系中 8 个指标综合考虑,12 号是石狮市近岸海域的最佳排污位置。

同罗源湾的案例计算结果一样,用生态适宜性评价法与灰色决策法计算所得的最佳方案结果相一致,在该案例中,无论选取哪种适宜性评价方法进行方案的比选,都不会对最终方案的产生造成影响。

3.3.4 排污口选址与方案比选案例 IV——珠江口

3.3.4.1 研究区域概况

(1) 地理位置。

珠江三角洲毗邻港澳,与东南亚地区隔海相望,包括广州、深圳、佛山、东莞、中山、珠海、江门、肇庆、惠州共 9 个城市。该地区有全球影响力的先进制造业基地和现代服务业基地,南方地区对外开放的门户,我国参与经济全球化的主体区域,全国科技创新与技术研发基地,全国经济发展的重要引擎,辐射带动华南、华中和西南地区发展的龙头,是我国人口集聚最多、创新能力最强、综合实力最强的三大区域之一,有"南海明珠"之称。

珠江口(图 3.3-4)是三角洲网河和残留河口湾并存的河口。珠江水系的几条干流——西江、北江和东江,以及增江、流溪河和潭江,到了下游相互沟通,呈 8 条放射状排列的分流水道流入南海。入海口门从东向西有虎门、蕉门、洪奇沥、横门、磨刀门、鸡啼门、虎跳门和崖门。从西江羚羊峡、北江芦苞、东江铁岗、流溪河蚌湖和潭江三埠等地以下至三水、石龙、石咀等地为近口段,至各分流水道的口门为河口段,另有伶仃洋和黄茅海两个河口湾。从口门向外至 45 m 等深线附近为口外海滨。

图 3.3-4　珠江口

（2）地形地貌。

珠江口多陆屿和岛屿。晚更新世中期在本区发生海进,形成了范围同今河口区相仿的古珠江河口湾。晚更新世末冰期时海退为陆,中全新世初再度海进,发育了现代珠江河口三角洲。至 17 世纪初,形成了以中部珠江三角洲为主体,以伶仃洋和黄茅海为两翼的格局。珠江三角洲的面积为 8 601 km²,其中松散堆积的面积为 7 651 km²。三角洲区第四系堆积层一般厚 20～30 m,口外最厚超过 100 m。有 160 个陆屿突露于三角洲平原上,200 多个岛屿分布在口外海滨,这些陆屿和岛屿受新华夏构造线控制,多呈北东—南西向展布。

（3）海洋动力。

珠江年平均流量约 1 万立方米/秒,年径流总量 3 457.8 亿立方米。4～9 月的径流量占全年的 80%。多年平均含沙量 0.136 kg/m³(博罗站)～0.306 kg/m³(马口站),年平均悬移质输沙量8 359 万吨,估算年推移质输沙量约 800 万吨。流域来沙中有 15.5%淤积在三角洲河网内,其余都由口门泄出。排沙量以磨刀门和洪奇沥最多。

珠江口是弱潮河口。潮汐属不正规半日潮型,潮流一般为往复流。枯水期潮流界距口门 60 km～160 km,西江达三榕峡,北江至马房,东江至石龙;洪水期潮流界一般在口门附近,唯虎门水道可达广州。河口淡水向外海扩散,存在着两个轴向:其一,垂直于海岸指向东南,夏季因受西南季风的影响向东北漂移,洪水时能扩展到远离香港百余千米之遥,冬春季节则明显地向岸收缩;其二,平行于海岸,终年沿岸指向西南。洪水期,珠江口外海滨表层冲淡水向外海扩散的同时,有外海的深层陆架水沿海底向陆地作补偿运动。河口段由于水网交错、水流分散、洪水波展平、径流与潮流顶托、潮流会潮等,容易发生淤积,但一般有"洪淤枯冲"的规律。

（4）海洋环境质量现状。

珠江口附近海域主要污染物为无机氮、活性磷酸盐和石油类。无机氮含量均超《海水水质标准》第四类水平,活性磷酸盐含量处于《海水水质标准》第四类或劣四类水平,局部海域石油类含量处于《海水水质标准》第三类水平。其他指标处于《海水水质标准》第一类或第二类水平。

2013 年,对珠江口入海污染物监测显示,由珠江八大口门径流携带入海的主要污染物的总量为 93.06 万吨。其中,COD 53.62 万吨,约占总量的 57.62%;氨氮(以氮计)1.50 万吨,约占总量的 1.62%;硝酸盐氮(以氮计)31.89 万吨,约占总量的 34.27%;亚硝酸盐氮(以氮计)2.57 万吨,约占总量的 2.76%;总磷(以磷计)2.01 万吨,约占总量的 2.17%;石油类 1.13 万吨,约占 1.21%;重金属 0.3 万吨和砷 0.045 万吨,共占 0.35%。

近 10 年来珠江口生态监控区生态多数处于不健康状况,浮游植物种类多样性指数和均匀度水平较差,浮游动物个体数量、生物量和多样性指数近年来有下降趋势。珠江口生态系统存在的主要问题是受陆源排污及海上污染双重影响,水质的富营养化状况尚无改善,生物群落状况不乐观,渔业资源衰退,湿地退化现象日趋严重,环境调控和修复的速度严重滞后。珠江口已成为我国船舶溢油的高风险区和赤潮多发区,整个河口生态系统承受的压力仍在增大。

3.3.4.2　备选排污区域划分

将珠江口海域等面积分成 10 个网格,网格中心点为预选排污口位置。预选排污口分区中心经纬度见表 3.3-31。

表 3.3-31　珠江口预选排污口分区中心经纬度列表

分区序号	中心点经度/°	中心点纬度/°
1	113.723 757	22.701 382
2	113.742 154	22.616 003
3	113.673 165	22.464 323
4	113.785 848	22.547 661
5	113.712 259	22.359 544
6	113.843 340	22.376 656
7	113.682 363	22.271 811
8	113.739 855	22.256 826
9	113.822 643	22.263 248
10	114.082 504	22.303 915

根据广东省近岸海域环境功能区划,判断预选排污海区是否与环境功能区划具有一致性。研究海域中所有排污口所在海区属于第三类海洋环境功能区,近期和远期均执行第三类海水水质标准,符合《中华人民共和国海洋环境保护法》规定。因此,本案例对 10 个预选排污口进行优选,选择出最能够满足各指标的方案。

3.3.4.3　入海排污口选址与方案比选

（1）基于适宜性加权评价法的排污口选址分析。

首先对各个备选方案相对应的指标因子进行评分，对各指标中需要计算的指标值进行计算。

① 纳污水体水质现状浓度占标率。

所有预选排污口所在海区均执行并满足第三类海水水质标准，见表 3.3-32。

表 3.3-32　纳污水体水质现状浓度占标率

预选排污口	1	2	3	4	5	6	7	8	9	10
纳污水体水质现状浓度占标率	0.61	0.53	0.42	0.32	0.20	0.29	0.38	0.24	0.13	0.19

② 水体自净能力。

根据对珠江口流速和水深的现场测试与模拟数据，其余流和水深数据见表 3.3-33。

表 3.3-33　水体自净能力指标数据

预选排污口	1	2	3	4	5	6	7	8	9	10
余流/(m/s)	0.001	0.011	0.022	0.006	0.017	0.006	0.027	0.017	0.022	0.027
水深/m	10	6	4	12	2	10	8	10	12

③ 生态风险评价指数。

由于使用 HQ 进行生态风险评价相关数据不全，因此在该案例中以生态风险评价指数 RI 替代。RI 的分级按照 Hankanson 所提出的分级方法，当 RI<150 时，风险指数较低，150～300 为中等，300～600 为高值，RI>600 时认为其风险指数高。据调查海域海水水质的调查结果，计算求得预选排污口所在海区的生态风险评价指数 RI 值，见表 3.3-34。

表 3.3-34　预选排污口所在站位生态风险指数值

预选排污口	1	2	3	4	5	6	7	8	9	10
生态风险评价指数	31	42.1	47.6	67.4	56.3	82.5	40.2	67.4	41.6	74.6

④ 生态损失投资比。

排污口长期排放污水将对海域生态系统造成不可逆的环境影响。计算求得预选排污口所在海区的生态损失投资比值，见表 3.3-35。

表 3.3-35　生态损失投资比

预选排污口	1	2	3	4	5	6	7	8	9	10
生态损失投资比	0.35	0.22	0.12	0.20	0.42	0.51	0.45	0.39	0.25	0.10

⑤ 海岸线变化率。

珠江口属于淤泥质海岸,根据调查报告显示,其海岸线变化率为 141.04 m/a,预选排污口站位的海岸线变化率见表 3.3-36。

表 3.3-36　预选排污口海岸线变化率指标值

预选排污口	1	2	3	4	5	6	7	8	9	10
海岸线变化率/(m/a)	141.1	141.1	141.1	141.1	141.1	141.1	141.1	141.1	141.1	141.1

⑥ 排污管道有无穿越航道和海底电缆。

工程风险指标主要为建设排污口时,排水管道路是否穿越航道、航线、海底电缆。据资料可得,预选排污口所在海域不存在港口、航道工程。因此,各预选排污口的工程风险指标值相同,均赋值为 1,见表 3.3-37。

表 3.3-37　预选排污口工程风险指标值

预选排污口	1	2	3	4	5	6	7	8	9	10
工程风险	1	1	1	1	1	1	1	1	1	1

⑦ 管道敷设相对长度比。

排污口位置优选还应考虑污水排放设施的建设成本,建设成本主要体现在排污口距离岸边污水排放点的管道敷设长度。各预选排污口的管道敷设相对长度比见表 3.3-38。

表 3.3-38　预选排污口管道敷设长度

预选排污口	1	2	3	4	5	6	7	8	9	10
管道敷设相对长度比	0.38	0.53	0.81	0.85	0.86	0.97	0.66	1.98	2.15	0.85

⑧ 距最近环境敏感区的距离。

工程环境影响指标的具体影响因素包括距重要海域生态敏感区的距离、距重要陆域生态敏感区的距离。各预选排污口距最近的各敏感区的距离如表 3.3-39。

表 3.3-39　预选排污口距环境敏感区距离

预选排污口	1	2	3	4	5	6	7	8	9	10
距最近生态环境敏感区距离/km	4.2	2.7	3	6.7	10	11.3	20.8	15.2	5.3	8.4

⑨ 结果。

综上所述,参照评价指标评分准则可得各备选区域具体指标所获分值,如表 3.3-40 所示。

表 3.3-40　排污口各备选区评价指标得分

指标	分值									
	1	2	3	4	5	6	7	8	9	10
纳污水体水质现状浓度占标率	2	2	2	3	3	3	3	3	3	3
余流	1	1	3	1	3	1	3	3	3	3
水深	3	1	1	3	1	1	3	3	3	3
生态风险评价指数	3	3	3	3	3	3	3	3	3	3
生态损失投资比	1	1	2	2	1	1	1	1	1	3
海岸线变化率	2	2	2	2	2	2	2	2	2	2
排污管道路有无航道、航线、海底电缆	3	3	3	3	3	3	3	3	3	3
管道敷设相对长度比	3	3	3	3	3	3	3	1	1	3
距最近环境敏感区的距离	3	3	3	3	3	3	3	3	3	3

指标权重确定为:

$W = (0.148\ 8, 0.156\ 0, 0.154\ 5, 0.064\ 0, 0.107\ 4, 0.039\ 4, 0.021\ 8, 0.123\ 3, 0.184\ 8)$

排污口选址适宜性综合评价得分:

$$
V = \begin{pmatrix}
2 & 1 & 3 & 3 & 1 & 2 & 3 & 3 & 3 \\
2 & 1 & 1 & 3 & 1 & 2 & 3 & 3 & 3 \\
2 & 3 & 1 & 3 & 1 & 2 & 3 & 3 & 3 \\
3 & 1 & 3 & 3 & 2 & 2 & 3 & 3 & 3 \\
3 & 3 & 1 & 3 & 2 & 2 & 3 & 3 & 3 \\
3 & 1 & 1 & 3 & 1 & 2 & 3 & 3 & 3 \\
3 & 3 & 3 & 3 & 1 & 2 & 3 & 3 & 3 \\
3 & 3 & 2 & 3 & 1 & 2 & 3 & 1 & 3 \\
3 & 3 & 3 & 3 & 1 & 2 & 3 & 1 & 3 \\
3 & 3 & 3 & 3 & 3 & 2 & 3 & 3 & 3
\end{pmatrix}
\times
\begin{pmatrix}
0.148\ 8 \\
0.156\ 0 \\
0.154\ 5 \\
0.064 \\
0.107\ 4 \\
0.039\ 4 \\
0.021\ 8 \\
0.123\ 3 \\
0.184\ 8
\end{pmatrix}
=
\begin{pmatrix}
2.29 \\
1.98 \\
2.4 \\
2.54 \\
2.44 \\
2.12 \\
2.75 \\
2.34 \\
2.5 \\
2.96
\end{pmatrix}
$$

由上述结果可知,各备选区的适宜性强度 10＞7＞4＞9＞5＞3＞8＞1＞6＞2,因而备选区 10 为最适宜区域,可选作排污口设置的最佳位置。

(2)基于灰色决策法的排污口选址分析。

据上文中对各单指标的分析,10 个预选排污口对应的 9 个指标具体数值见表 3.3-41。

表 3.3-41　预选排污口评价指标数值

预选排污口	1	2	3	4	5	6	7	8	9	10
纳污水体水质现状浓度占标率	0.61	0.53	0.42	0.32	0.20	0.29	0.38	0.24	0.13	0.19
余流/(m/s)	0.001	0.011	0.022	0.006	0.017	0.006	0.027	0.017	0.022	0.027
水深/m	10	6	4	12	6	2	10	8	10	12
生态风险评价指数	31	42.1	47.6	67.4	56.3	82.5	40.2	67.4	41.6	74.6
生态损失投资比	0.35	0.22	0.12	0.20	0.42	0.51	0.45	0.39	0.25	0.10
海岸线变化率/(m/a)	141.1	141.1	141.1	141.1	141.1	141.1	141.1	141.1	141.1	141.1
排污管道路有无航道、航线、海底电缆	1	1	1	1	1	1	1	1	1	1
管道敷设相对长度比	0.38	0.53	0.81	0.85	0.86	0.97	0.66	1.98	2.15	0.85
距最近环境敏感区的距离/km	4.2	2.7	3	6.7	10	11.3	20.8	15.2	5.3	8.4

① 决策矩阵规范化。

由表 3.3-37 得到预选排污口方案的规范化矩阵为:

$$\boldsymbol{F}'=\begin{pmatrix} 0.21 & 0.03 & 0.83 & 1 & 0.28 & 1 & 1 & 1 & 0.20 \\ 0.24 & 0.40 & 0.5 & 0.73 & 0.45 & 1 & 1 & 0.71 & 0.12 \\ 0.30 & 0.81 & 0.33 & 0.65 & 0.83 & 1 & 1 & 0.46 & 0.14 \\ 0.40 & 0.22 & 1 & 0.45 & 0.5 & 1 & 1 & 0.44 & 0.32 \\ 0.65 & 0.62 & 0.5 & 0.55 & 0.23 & 1 & 1 & 0.44 & 0.48 \\ 0.44 & 0.22 & 0.16 & 0.37 & 0.19 & 1 & 1 & 0.39 & 0.54 \\ 0.34 & 1 & 0.83 & 0.77 & 0.22 & 1 & 1 & 0.57 & 1 \\ 0.54 & 0.62 & 0.66 & 0.45 & 0.25 & 1 & 1 & 0.19 & 0.73 \\ 1 & 0.81 & 0.83 & 0.74 & 0.4 & 1 & 1 & 0.17 & 0.25 \\ 0.68 & 1 & 1 & 0.41 & 1 & 1 & 1 & 0.44 & 0.40 \end{pmatrix}$$

对应的排污口最优位置方案为:

$$u_0=(0.13,0.027,12,31,0.1,141.1,1,0.38,20.8)$$

② 建立灰色关联矩阵。

令 $\xi=0.5$,得到灰色关联矩阵为:

$$\gamma = \begin{pmatrix} 0.38 & 0.33 & 0.74 & 1 & 0.4 & 1 & 1 & 1 & 0.38 \\ 0.39 & 0.45 & 0.49 & 0.65 & 0.47 & 1 & 1 & 0.63 & 0.36 \\ 0.41 & 0.72 & 0.42 & 0.58 & 0.74 & 1 & 1 & 0.47 & 0.36 \\ 0.45 & 0.38 & 1 & 0.47 & 0.49 & 1 & 1 & 0.46 & 0.41 \\ 0.58 & 0.56 & 0.49 & 0.52 & 0.39 & 1 & 1 & 0.46 & 0.48 \\ 0.47 & 0.38 & 0.37 & 0.43 & 0.37 & 1 & 1 & 0.44 & 0.51 \\ 0.42 & 1 & 0.74 & 0.68 & 0.38 & 1 & 1 & 0.53 & 1 \\ 0.51 & 0.56 & 0.59 & 0.47 & 0.39 & 1 & 1 & 0.37 & 0.64 \\ 1 & 0.72 & 0.74 & 0.65 & 0.44 & 1 & 1 & 0.37 & 0.39 \\ 0.6 & 1 & 1 & 0.45 & 1 & 1 & 1 & 0.46 & 0.45 \end{pmatrix}$$

指标权重确定为：

$$W = (0.148\,8, 0.156\,0, 0.154\,5, 0.064\,0, 0.107\,4, 0.039\,4, 0.021\,8, 0.123\,3, 0.184\,8)$$

③ 计算灰色关联度。

由式可得预选方案的加权关联度：

$$\gamma' = \begin{pmatrix} 0.38 & 0.33 & 0.74 & 1 & 0.4 & 1 & 1 & 1 & 0.38 \\ 0.39 & 0.45 & 0.49 & 0.65 & 0.47 & 1 & 1 & 0.63 & 0.36 \\ 0.41 & 0.72 & 0.42 & 0.58 & 0.74 & 1 & 1 & 0.47 & 0.36 \\ 0.45 & 0.38 & 1 & 0.47 & 0.49 & 1 & 1 & 0.46 & 0.41 \\ 0.58 & 0.56 & 0.49 & 0.52 & 0.39 & 1 & 1 & 0.46 & 0.48 \\ 0.47 & 0.38 & 0.37 & 0.43 & 0.37 & 1 & 1 & 0.44 & 0.51 \\ 0.42 & 1 & 0.74 & 0.68 & 0.38 & 1 & 1 & 0.53 & 1 \\ 0.51 & 0.56 & 0.59 & 0.47 & 0.39 & 1 & 1 & 0.37 & 0.64 \\ 1 & 0.72 & 0.74 & 0.65 & 0.44 & 1 & 1 & 0.37 & 0.39 \\ 0.6 & 1 & 1 & 0.45 & 1 & 1 & 1 & 0.46 & 0.45 \end{pmatrix} \times \begin{pmatrix} 0.148\,8 \\ 0.156\,0 \\ 0.154\,5 \\ 0.064 \\ 0.107\,4 \\ 0.039\,4 \\ 0.021\,8 \\ 0.123\,3 \\ 0.184\,8 \end{pmatrix} = \begin{pmatrix} 0.58 \\ 0.5 \\ 0.54 \\ 0.56 \\ 0.53 \\ 0.46 \\ 0.73 \\ 0.55 \\ 0.64 \\ 0.74 \end{pmatrix}$$

因此，通过计算得到 10 个预选排污口的适宜性强度。对指标体系中 9 个指标综合考虑，10 号是珠江口近岸海域的最佳排污位置。

同前述三个案例计算结果一样，用生态适宜性评价法与灰色决策法计算所得的最佳方案结果相一致，说明在该案例中，无论选取哪种适宜性评价方法进行方案的比选，都不会对最终方案的产生造成影响。

3.4　小　结

本章按照水域纳污适宜性和排污口建设适宜性两方面内容构建了 9 项指标的入海排污口选址适宜性评价指标体系，并对评价指标进行了适宜性分级和不同情景下的权重确定；推荐使用加权适宜性分析法（空间多准则决策）和灰色决策法进行入海排污口选址和排放方案比选；在此基础上，确定了入海排污口选址与方案比选的步骤流程；以罗源湾、湄洲湾、石狮市和珠江口为案例进行了案例研究。

参考文献

[1]　王启尧.海域承载力评价与经济临海布局优化研究[M].青岛:中国海洋大学出版社,2011.

[2]　谭映宇.海洋资源、生态和环境承载力研究及其在渤海湾的应用[D].青岛:中国海洋大学,2010.

[3]　刘蕊.海洋资源承载力指标体系的设计与评价[J].广东海洋大学学报,2009,29(5):6-9.

[4]　张旋.天津市水环境承载力的研究[D].天津:南开大学,2010.

[5]　王玉敏,周孝德,冯成洪,等.湖泊水环境承载力研究[J].水土保持学报,2004,18(1):179-184.

[6]　石萍,彭昆仑,谢健,等.滨海工业入海排污口选址研究——以湛江钢铁项目为例[J].海洋湖沼通报,2011,33(2):159-166.

[7]　张守平.金沙江攀枝花江段入河排污口优化布设方法研究[J].吉林水利,2013(9):17-23.

[8]　孙英兰,孙长青,赵可胜.青岛东部开发区排污口优选[J].青岛海洋大学学报,1994,s1:134-141.

[9]　周富春,陈培帅,刘国东.两江汇流口污染混合区变化规律分析[J].水利水运工程学报,2013(3):60-64.

[10]　陈永灿,申满斌,刘昭伟.三峡库区城市排污口附近污染混合区的特性[J].清华大学学报,2004,44(9):1223-1226.

[11]　王征,郭秀锐,程水源.三峡库区典型排污口河段污染物扩散降解特性研究[J].安全与环境学报,2012,12(1):102-106.

[12]　刘昭伟,陈永灿,陈燕,等.三峡库区万州段岸边污染混合区的计算与分析[J].水力发电学报,2002(z1):111-118.

[13]　吴航,王泽良,黄剑.深圳市政污水排海工程排污混合区范围的确定[J].环境监测管理与技术,2002,14(6):37-40.

[14]　江春波,李凯,李苹.长江三峡库区污染混合区的有限元模拟[J].清华大学学报,2004,44(6):808-811.

[15]　Kwon Y T,Lee C W. Ecological risk assessment of sediment in wastewater discharging area by means of metal speciation[J]. Microchemical Journal,2001,70(3):255-264.

[16]　Mendonca A,Losada M Á,Reis M T,et al. Risk assessment in submarine outfall projects:The case of Portugal[J]. Journal of Environmental Management,2013,116(6):186-195.

[17]　汪晨.开敞海域离岸排污口选划[D].南京:南京师范大学,2013.

[18]　陈斯婷,耿安朝.海洋环境影响评价技术研究初探[J].海洋开发与管理,2011,28(9):84-89.

第4章

入海排污口/直排海污染源混合区划定技术

4.1 现有混合区计算方法

污水排海工程是积极利用水环境容量,减少污水处理的基建投资和运行费用的有效措施。特别在河口地区及近海水域,水体辽阔深广,有潮流作用,纳污能力强。国外兴建了许多污水排海工程,我国也已有十多个城市兴建了此类工程。如何计算潮汐流动中排污口附近污染物的扩散范围和浓度分布,确定污染物浓度超过地面水或海水水质标准规定的范围,即环境管理中的混合区,是排污工程设计中一个至今尚未较好解决的关键问题。从"六五"期间我国开始研究污水排海问题到目前为止,深圳、宁波、上海、青岛等滨海城市已有众多的污水海洋处置工程实例。国内学者,如韦鹤平,分别对我国滨海城市如海口、烟台、青岛、上海及嘉兴等污水海洋处置工程进行了研究,取得了不少成果[1-4]。但是我国南北跨度大,各个海区条件各不相同,各地入海排污口规模大小不一,排放点有岸边排放和深海排放,排放方式更是多种多样。因此,制定符合国内的混合区设置方法也要求采用多种不同方法来进行论证。

4.1.1 实际混合区计算方法

混合区分污水排放造成的实际混合区,以及在环境管理上要求将实际混合区始终限定在某个范围内的允许混合区这两个概念。从有利于保护环境和便于管理操作的角度出发,将实际混合区进一步定义为污水排放在水域造成的三维超标区域在平面上的投影面积,相应地,允许混合区也将是排污口所在水域的一个平面面积。

污水排放口附近水域与较远水域的水动力状况差异很大,因而混合区的分析计算中通常分近区和远区。近区是指排放口附近污水出口的起始动量和浮力起主导作用的区域;远区是指起始动量和浮力基本衰减,流动状况基本不受排污射流影响的区域。

所有近区的研究集中表现为射流和环境流体相互作用的研究,而针对射流的研究目前主要有量纲分析法、动量积分法和求解偏微分方程的方法。例如早在 1993 年国内就有学者采用垂向二维 k-epsilon 紊流模型论证了潮汐流动环境下广州市污水排狮子洋的混合区范围[5];张永良等提出了感潮情况下河口和海湾地区混合区的设计水文条件和计算方法,并分析了混合区最大面积、潮平均混合区面积和混合区最小面积的水文条件和计算方法[6]。

远区的研究表现为环境水体的扩散能力研究。国内外研究者用不同方法,从不同角度对这些问题进行了研究,取得了很多成就,推动了污水排放技术的发展,同时也存在一些机理规律尚待探索的领域。

但是也有学者采用解析方法探讨污染混合区的计算,如武周虎等在顺直宽矩形明渠中,以垂向线源等强度排放物质浓度分布的解析解为基础,探讨了污染混合区的计算方法,推导了污染混合区最大长度、最大宽度、面积以及最大允许污染负荷的理论计算公式[7]。

目前国内外已发展出了多套混合区计算方法及应用软件,如 CORMIX、Visual Plumes 和 JETLAG 等。

4.1.2　康奈尔混合区专家系统简介

康奈尔混合区专家系统(Cornell mixing zone expert system,CORMIX)是一种水动力混合区模型与决策支持系统,由美国康奈尔大学土木及环境工程学研究所 Jirka 等人于1996 年开发完成。该软件的早期版本由美国环境保护署(USEPA)正式对外发布,目前由MixZon Inc 公司负责该软件的信息更新、授权使用、销售及技术支持,是 USEPA 和美国核管理委员会(USNRC)认可的用于(液体)连续点源排放的混合区环境影响评价模拟和决策支持系统[8]。

CORMIX 研发者对模型水深、水体分层、水平侧向流速、排污量、液态流出物密度、受纳水体密度及扩散管的设计形态等因素,进行一系列正交实验,确定出液态流出物以不同排放方式排放至不同受纳水体时可能的流动形态,采用长度尺度比例模型针对不同的环境状况及射流状况等因素所产生的不同流动形态(依据长度尺度比值来分类,将计算得到的各种比值与经验常数比较来区分流动形态),分别建立适用于各流动形态的稀释方程,导出不同流动形态稀释度(稀释倍数)的相应数学式,能广泛用于多种环境及射流状况。

CORMIX 系统模型可用于不同水体环境的不同排放方式,具有适应性强、应用范围广、计算过程耗时短的特点。同时,软件也在不断更新,使用户操作更方便,界面更友好。

CORMIX 可根据所输入的排放源项参数、排水构筑物的特征参数与受纳水体水动力条件等资料来分析与预测液态流出物在水环境中的稀释扩散情形,特别着重于排放近区的初始稀释或初始混合,也可用于模拟远距离输送行为。

CORMIX 主要包括 4 个水动力学模拟计算模块和 2 个后处理模块,其名称及对应的主要功能分别如下:

(1) CORMIX1:用于模拟水面以下(淹没式)或水面单孔排放的稀释行为;

(2) CORMIX2:用于模拟水面以下(淹没式)多孔排放的稀释行为;

(3) CORMIX3:用于模拟水面(表层)排放(浮力射流)的稀释行为;

(4) DHYDRO:用于模拟海洋环境下,采用单孔、淹没式多孔或水面排放方式,排放浓盐水或沉积物的稀释行为；

（5）CorJet：后处理模块，用于处理无边界环境条件下淹没式单孔和多孔排放的近区稀释特性相关的数据信息；

（6）FFL：后处理模块，用于分析远区稀释的羽流特性，模块基于累计流量法，将概化处理后的 CORMIX 远区羽流转换成自然水体（河流或河口等）实际流动形态下的羽流分布。

CORMIX 发展至今已有多个版本，目前可获取的最新版本是 CORMIX V8.0。CORMIX V5.0 及以上版本软件系统中的后处理模块（如 CorJet、FFL 等），在实际应用中可以根据需要来调用，用来修正主程序的计算结果。

4.1.3　Visual Plumes 软件简介

Visual Plumes(VP)是基于 Windows 的混合区模型，用以代替基于 DOS 的 PLUMES 程序。像 PLUMES 模型一样，VP 支持初始稀释模型，模拟任意分层流环境下的单口淹没羽流。预测包含稀释度、上升、直径和其他羽流变量。Brooks 模式用以模拟远区中心线稀释度和污染物宽度。新模型还包含了表面射流模型（PDS），多压力源细菌衰减模型(Multi-stressor bacterial decay model，Mancini，1978)，图形输出，时间序列输入，敏感性分析，用户指定单位，以及守恒潮汐背景污染物建立能力[9]。

VP 模型现支持 5 个推介模型：DKHW、NRFIELD/FRFIELD、UM3、PDSW 和 DOS PLUMES。

（1）UM3 模型。

UM3 为 Three-dimensional updated merge model 的缩写，用以模拟单一和多口水下排放。UM3 模型为具有拉格朗日特性的模型，并基于投影面积卷吸（Projected area entrainment，PAE）假定[10,11]。为了使 UM 模型扩展到三维模型，PAE 假定包含了与第三维有关的卷吸项——交叉流项（Cross-current term）。因此，单口羽流排放模拟可以实现真正的三维模拟。

（2）DKHW 模型。

DKHW(Davis Kannberg Hirst model for Windows)与 UM3 相似，也是一个三维羽流模型，应用于单一和多孔水下排放的情况。该方法加入了更为详细的近区理论，因此花费较多计算时间。

DKHW 基于 UDKHG 和 UDKHDEN[12]模型。该模型采用欧拉整合方法解羽流轨迹线动量、尺寸、浓度和温度方程。在该方法中，距离为独立变量，然而在拉格朗日公式中时间为独立变量。

DKHW 可以对流动建立区（Zone of flow establishment，ZFE）和完全发展区提供详细的计算，并考虑了相邻羽流的渐进融合。这种对近区进行非常细致的模拟的能力目前重新引起人们的研究兴趣，原因之一是在实际应用中发现鲑鱼对温度的升高非常敏感，越精细的模拟越能够有效指导实际。

DKHW 目前仅限于正浮力羽流情况。

（3）PDSW 模型。

PDSW（Prych-Davis-Shirazi model for Windows）。PDSWIN 为 PDS 表面流程序[12]的一个版本。PDS 是一个三维羽流模型应用于支流流入水体的情况，比如冷却塔的水流入水体。

PDSWIN 提供大范围出流条件的温度和稀释度模拟。PDS 是一个欧拉整合动量模型，适用于浮力表面流进入动水环境中的情况，并包括了水表面热量交换。假定羽流维持在表面处，由于浮力导致其上升并向四周扩散。初始射流动量导致羽流穿透环境水体，与此同时潮流使羽流朝环境水体流动方向弯曲。射流假定从一个矩形管道流入大型水体中。PDSWIN 计算羽流轨迹，平均和中心线稀释度，羽流宽度和深度，以及中心线温度增量。它也可以对指定等温线下的区域进行计算。

（4）NRFIELD（RSB）。

NRFIELD（RSB）是由 Roberts、Snyder 和 Baumgartner 于 1989 年对分层环境中的多孔扩散器实验研究以及接下来的一系列研究得出的一个多孔扩散器经验模型[13]。NR-FIELD 基于 T 形立管的实验研究，每个立管有两个孔，因此必须至少有 4 个孔才能应用该模型。一个重要的假设是扩散器可以被线源代替。这一假设对小型混合区很重要，通常这些羽流并没有相混合。

（5）FRFIELD。

FRFIELD 模型可估算出海流附近污染物的长期分布。

（6）DOS PLUMES（DP）。

DOS PLUMES 曾称为 PLUMES，为 VP 的前身。

4.1.4　拉格朗日射流模型（JETLAG）

拉格朗日射流模型（Lagrangian jet model，JETLAG）是由香港大学 Joseph H. W. Lee 等建立的一个用于预测浮射羽流混合的三维轨迹模型[14]。该模型并非通过解决欧拉流体动量和质量差分方程，而是模拟由这些方程主导的主要物理过程。未知射流轨迹线被看作是由射流剪切卷吸、涡旋卷吸和浮力作用下导致的"射流单元"质量的增加的结果。该模型通过水平和垂向流体动量、质量守恒、示踪剂和热量守恒等跟踪每个时刻射流单元的平均特性。该模型涡旋卷吸基于 PAE 假定，同时忽略压应力。模型能够很好地预测：① 直射流和羽流的渐进行为；② 静止环境下或者近于静止环境的圆形浮力射流；③ 浮力或环境动量作用下的弯曲射流的模拟等。

4.2　污水排海混合区计算公式推导

4.2.1　污水排海混合区计算公式现状

尽管国内外已有多种计算软件，但是仍然缺乏简单有效的计算公式，我国关于混合区的计算方法目前只在《污水海洋处置工程污染控制标准》里有规定，关于污水海洋处置工程污染物混合区规定如下：

若污水排往开敞海域或面积≥600 km²（以理论深度基准面为准）的海湾及广阔河口，允许混合区范围 $A{\leqslant}3.0$ km²，若污水排往<600 km² 的海湾，混合区面积必须小于按以下两者计算的最小值：

$$A/\text{m}^2 = 2\,400(L + 200) \tag{4.2-1}$$

式中，L——扩散器长度/m。

$$A/\text{m}^2 = A_0/200 \times 10^6 \tag{4.2-2}$$

式中，A_0——计算至湾口位置的海湾面积/m²。

该公式确定了允许混合区面积的上限作为控制标准值，该公式在实际操作中具有非常重要的规范意义，但是关于混合区具体大小的确定并没有明确的计算公式。

另外，目前常用的关于混合区的计算公式还有：

（1）Fetterolf 公式：

$$M = 9.78Q^{\frac{1}{3}} \tag{4.2-3}$$

式中，M——任意方向的混合区长度/m；

　Q——污水排放速率/(m³/d)。

（2）Machenthum 公式：

$$M = 0.991Q^{0.5}, \quad M < 1\,200\ \text{m} \tag{4.2-4}$$

（3）Nitta 公式：

$$\log(y) = 1.226\log(x) + 0.085\,5 \tag{4.2-5}$$

式中，y——100 倍稀释度的混合区面积/m²；

　x——污水排放速率/(m³/d)。

以上公式的共同特点都是以污水排放速率来计算混合区的大小，但是这些计算公式的计算结果往往低估了混合区的范围。

排污口近区稀释扩散特性与远区稀释扩散特性有显著的差别。对于近区的稀释扩散特性，由于包含"主动扩散"和"被动扩散"，影响因素众多，包括扩散器和污水的各种参数，如扩散器排污口直径（出口直径）、扩散器排污口数目、扩散器排孔间距、扩散器所在水深、扩散器排放速率、排放污水盐度、排放温度等，环境条件有环境流速、环境背景浓度、环境盐度和温度等等。而对于远区的稀释扩散特性，更多的是一种"被动扩散"，即受环境因素影响更多一些，主要是环境流速等。

因此，关于混合区的计算公式，遵循科学性和可操作性原则，必须同时考虑环境因素和扩散器因素，基于这种思路，从各种可能影响混合区大小的参数中，通过混合区室内水槽实验，结合数值模拟的方法，筛选出对其有重大影响的参数，从而组建新的混合区计算公式，并进行参数识别实验以拟合公式。

4.2.2　敏感性实验

为了了解 VP 软件排污口近区各参数对其稀释扩散特性的影响，此处对各参数进行敏感性实验。模型主要选用 VP 软件里的 UM3 和 Brooks far-field 模型。

4.2.2.1 排污口参数实验

此处对 VP 软件的排污口参数进行敏感性实验。以了解各个参数对于稀释度的影响。

（1）扩散器排污口直径。

实验案例为位于水下 14.935 m 的多孔扩散器排污口,扩散器长为 36 m,每隔 6 m 有一水平排放口,排污口位于静水不分层区域,案例参数如下所示:

排污口基本输入参数:

排污口直径:0.15 m;

排污口水深:14.935 m;

垂向角度:0°;

水平角度:90°;

排口数:6;

排放口间距:6 m;

排放速率:0.210 3 m³/s;

排放盐度:4.51;

排放温度:30 ℃;

污染物排放量:17 000 col/dL。

环境输入参数:

潮流速度:0.0 m/s;

潮流方向:90°;

环境盐度:29.048 4;

环境温度:30 ℃;

背景浓度:0 mg/L;

污染物衰减速率:0.1/d;

远区潮流速度:0.01 m/s;

远区潮流方向:90°;

远区污染物弥散系数:4.5×10^{-5} m$^{0.67}$/s^2。

其他参数不变情况下,排污口直径分别取 0.15 m、0.3 m、0.6 m,结果如图 4.2-1 所示。可见,此种情况下为浮射流,随直径增加,排放口排放速率减小,其到达水面的稀释度也不断减小。这两者关系明显存在两个区域:一个是敏感区,随着直径减小,稀释度明显增加;另一个为非敏感区,随着直径增加,稀释度减小不明显。但是同时也可以看出,随着排口直径减小,排放口排放速率增加,浮射流到达水面的水平距离也增加,即混合区长度增加了,如图 4.2-2 所示。因此,排放孔直径选择应该综合考虑稀释度和混合区长度。

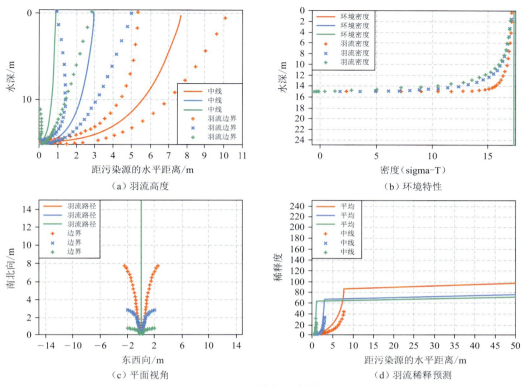

（a）羽流高度   （b）环境特性

（c）平面视角   （d）羽流稀释预测

图 4.2-1　不同直径计算结果

红色:0.15 m;蓝色:0.3 m;绿色:0.6 m

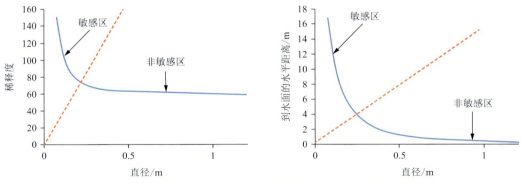

图 4.2-2　稀释度(水面处)及到达水面所需水平距离随直径的变化

（2）扩散器排污口数。

实验方案与前节相同,扩散器排孔数分别取 6 个、12 个、24 个。计算结果如下图 4.2-3 所示。从图中可以看出,此种情况下均为浮射流,随着扩散器排孔数增加,每个排放孔的排放速率也减少,因而浮射流形状渐渐趋近于纯羽流,到达水面的稀释度也随着排孔的增加而增加,从图 4.2-4 可以看出它们基本呈正比关系。随着扩散器排孔数的增加,排孔排放速率减小,浮射流到达水面的水平距离也随之减小,有利于减小混合区的范围。因此,理论上排孔数越多混合区范围越小。

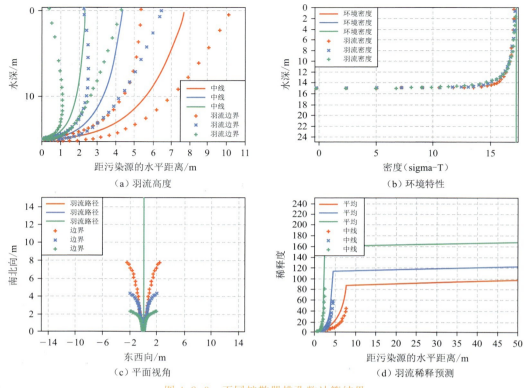

（a）羽流高度 　　　　　　　　　（b）环境特性

（c）平面视角 　　　　　　　　　（d）羽流稀释预测

图 4.2-3　不同扩散器排孔数计算结果

红色：6；蓝色：12；绿色：24

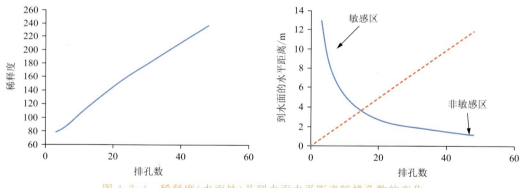

图 4.2-4　稀释度（水面处）及到水面水平距离随排孔数的变化

（3）扩散器排孔间距。

实验方案与前节相同，只是扩散器排孔间距有所变化：6 m、12 m、24 m。计算结果如图 4.2-5 所示。从图中可以看出，此种情况下为浮射流，扩散器排孔间距对于近区浮射流的稀释度来说并不敏感。

（4）扩散器水深。

实验方案与前节相同，此处考虑扩散器位于不同水深情况下的变化：15 m、30 m、60 m。计算结果如图 4.2-6 所示。此种情况下均为浮射流，随着扩散器水深的增加，到达水面的稀释度也随之增加,由图 4.2-7 可以看出,水面稀释度与扩散器水深基本呈正比关系,且浮射流到水面水平距离随扩散器水深变化并不明显。因此,浮射流环境下,为了增加稀释度,理论上是将扩散器埋于水下越深越好。

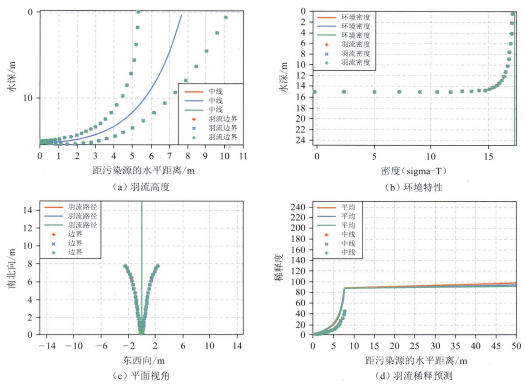

（a）羽流高度　　　　　　　　　　　（b）环境特性

（c）平面视角　　　　　　　　　　　（d）羽流稀释预测

图 4.2-5　不同扩散器排孔间距计算结果

红色:6 m;蓝色:12 m;绿色:24 m

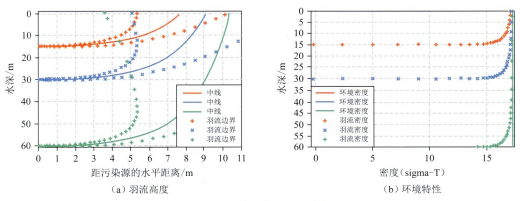

（a）羽流高度　　　　　　　　　　　（b）环境特性

图 4.2-6　不同扩散器水深计算结果

红色:15 m;蓝色:30 m;绿色:60 m

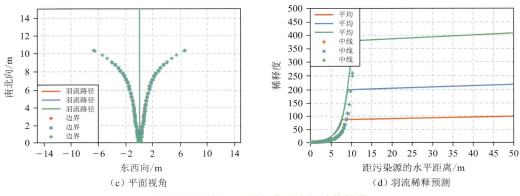

（c）平面视角 （d）羽流稀释预测

图 4.2-6（续） 不同扩散器水深计算结果

红色:15 m;蓝色:30 m;绿色:60 m

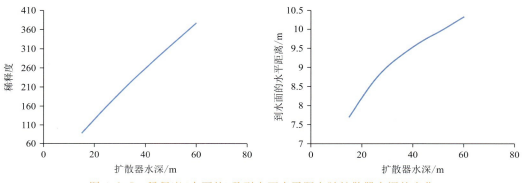

图 4.2-7 稀释度（水面处）及到水面水平距离随扩散器水深的变化

（5）扩散器排放速率。

实验方案与前节相同,此处考虑扩散器总口不同排放速率:0.2 m³/s、0.4 m³/s、0.8 m³/s。计算结果如图 4.2-8 所示。此种情况下均为浮射流,随着总排口排放速率的增加,到达水面的稀释度随之减小,由图 4.2-9 可见,其存在一个敏感区和非敏感区:在敏感区内,随着扩散器总口排放速率的减小,到达水面的稀释度明显增加;而在非敏感区内,随着扩散器总口排放速率的增加,到达水面的稀释度减小并不明显。到达水面的水平距离随扩散器总口排放速率增加而增加,可见其混合区范围也将增加。因此对于浮射流,理论上总排口速率越小到达水面的稀释度越大。

（6）扩散器排放盐度。

实验方案与前节相同,此处考虑扩散器排放不同盐度:4.5、9、18（环境盐度 29.05）。计算结果如图 4.2-10 所示。这三种情况均为浮射流。随着扩散器排放盐度的增加（即与环境盐度差减小）,到达水面的稀释度随之减小,且到达水面水平距离随之增加。从图 4.2-11 可见,扩散器排放盐度与水面稀释度呈一定比例关系。扩散器排放盐度与到达水面的稀释度呈正比关系。但是值得注意的是:如果扩散器排放盐度超过了环境盐度,此时将不再是浮射流,污水将会堆在排口附近无法扩散,对于 VP 来说也无法模拟这种情况。因此,对于浮射流来说,扩散器排放盐度与环境盐度相差越大越好,这将有利于稀释度的增加,而到达水面的水平距离增加并不明显。

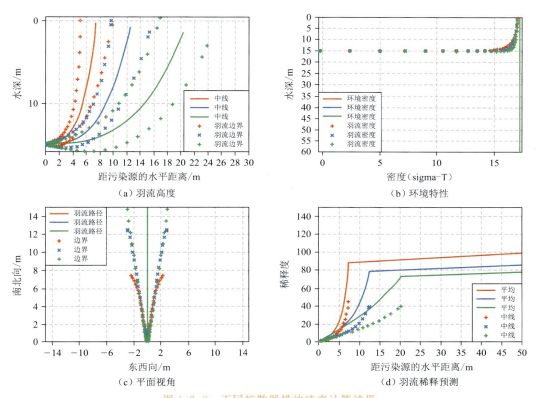

（a）羽流高度　　　　　　　　　（b）环境特性

（c）平面视角　　　　　　　　　（d）羽流稀释预测

图 4.2-8　不同扩散器排放速率计算结果

红色：0.2 m³/s；蓝色：0.4 m³/s；绿色：0.8 m³/s

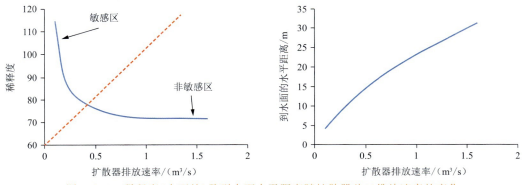

图 4.2-9　稀释度（水面处）及到水面水平距离随扩散器总口排放速率的变化

（7）扩散器排放温度。

实验方案与前节相同，此处考虑扩散器排放不同温度：15 ℃、30 ℃、60 ℃（环境温度 30 ℃）。计算结果如图 4.2-12 所示。这三种情况均为浮射流。随着扩散器排放温度的增加，到达水面的稀释度随之增加，而到达水面水平距离随之减小。这是因为温度增加，使浮力增加。从图 4.2-13 可见，扩散器排放温度与水面稀释度基本呈正比关系。扩散器排

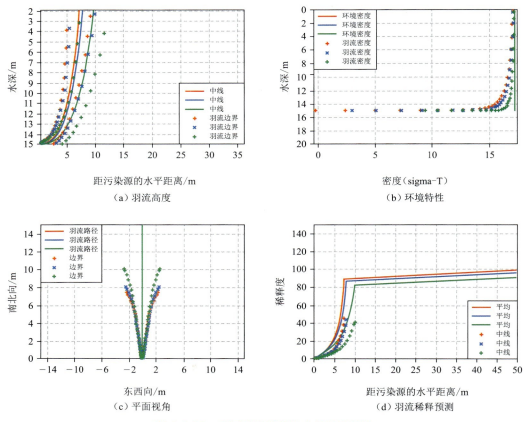

（a）羽流高度　（b）环境特性　（c）平面视角　（d）羽流稀释预测

图 4.2-10　不同扩散器排放盐度计算结果

红色:4.5;蓝色:9;绿色:18

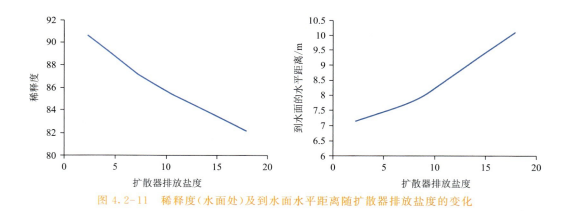

图 4.2-11　稀释度（水面处）及到水面水平距离随扩散器排放盐度的变化

放温度与到达水面的稀释度呈负相关关系。因此,对于浮射流来说,扩散器排放温度越大越好,这将有利于增加浮力,从而使稀释度增加。

4.2.2.2　环境参数实验

此处对 VP 软件的环境参数进行敏感性实验,以了解各个参数对于稀释度的影响。

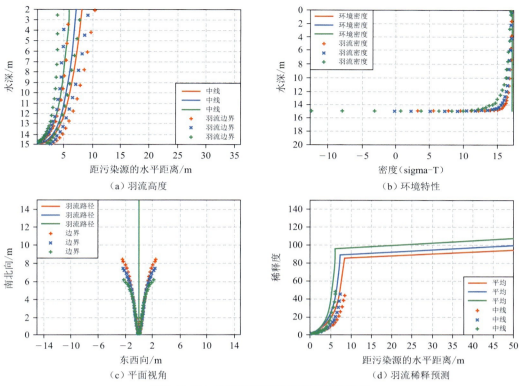

（a）羽流高度　　　（b）环境特性

（c）平面视角　　　（d）羽流稀释预测

图 4.2-12　不同扩散器排放温度计算结果

红色 15 ℃；蓝色 30 ℃；绿色 60 ℃

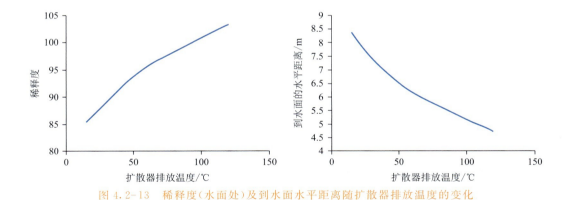

图 4.2-13　稀释度（水面处）及到水面水平距离随扩散器排放温度的变化

（1）环境流速。

实验方案与前节相同，此处考虑不同近区潮流速度：0.2 m/s、0.4 m/s、0.8 m/s。计算结果如图 4.2-14 所示。这三种情况均为浮射流。随着近区潮流速度的增加，到达水面的稀释度随之增加，而到达水面水平距离也随之大幅增加。从图 4.2-15 可见，近区潮流速度与水面稀释度和到水面的水平距离基本呈正比关系。但是在近区内，水面以下的稀释度变化较为复杂，并非潮流速度越大稀释度越高。

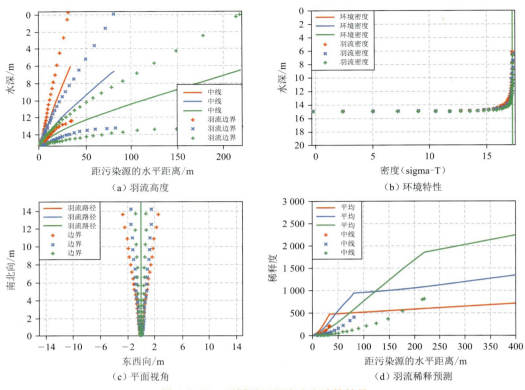

（a）羽流高度 （b）环境特性

（c）平面视角 （d）羽流稀释预测

图 4.2-14 不同近区潮流速度计算结果

红色:0.2 m/s;蓝色:0.4 m/s;绿色:0.8 m/s

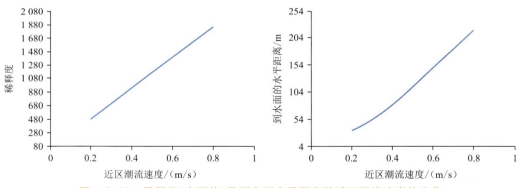

图 4.2-15 稀释度（水面处）及到水面水平距离随近区潮流速度的变化

（2）远区扩散系数。

实验方案与前节相同,此处考虑不同远区扩散系数:4.5×10^{-5} $m^{0.67}/s^2$、4.5×10^{-4} $m^{0.67}/s^2$、4.5×10^{-3} $m^{0.67}/s^2$。计算结果如图 4.2-16 所示。由图可见远区扩散系数对近区无影响,对远区稀释度有较大影响,且对于远区羽流水平宽度有较大影响。因此该扩散系数需谨慎选择。

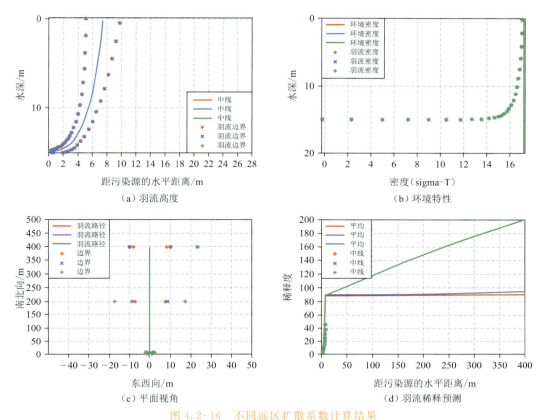

图 4.2-16　不同远区扩散系数计算结果

红色:4.5×10^{-5} m$^{0.67}$/s^2;蓝色:4.5×10^{-4} m$^{0.67}$/s^2;绿色:4.5×10^{-3} m$^{0.67}$/s^2

4.2.3　混合区计算公式推导

4.2.3.1　近区与远区的判别

CORMIX 将排污口浮射流概括为三个过程,即:浮射流混合过程、浮力扩散过程和被动环境分散过程。进一步,可以将前两个过程合并,即为近区混合过程和远区混合过程。在实际过程中,这种过度可能并不明显。为了便于分析,定义:

(1)对于静水情况,以射流中心轨迹到达浮力终点时的位置(如水面或者某一分层界面)作为分界点;

(2)对于横流情况,以射流中心轨迹到达最大上升高度处的位置作为分界点。

对于简单情况,可以采用量纲经验公式计算出分界点的位置。知道了近区与远区的分界之后,则可以依据近区与远区的混合特性构建公式。

4.2.3.2　近区参数筛选

(1)实验设置。

由于近区影响稀释度的参数众多,为了筛选对浮射流近区稀释度有重要影响的参数,采用 VP 软件对影响浮射流稀释度的各个参数(包括排污口参数、环境参数)进行敏感性实验。

实验案例为位于水下 15 m 的多孔扩散器排污口,扩散器长为 36 m,每隔 6 m 有一水平排放口,排污口位于静水不分层区域,具体参数如下所示。

排污口基本输入参数:

排污口直径:0.15 m;

排污口水深:14.935 m;

垂向角度:0°;

水平角度:90°;

排口数:6;

排放口间距:6 m;

排放速率:0.210 3 m³/s;

排放盐度:4.51;

排放温度:30 ℃;

污染物排放量:17 000 col/dL。

环境输入参数:

潮流速度:0.0 m/s;

潮流方向:90°;

环境盐度:29.048 4;

环境温度:30 ℃;

背景浓度:0;

污染物衰减速率:0.1/d;

远区潮流速度:0.01 m/s;

远区潮流方向:90°;

远区污染物弥散系数:4.5×10^{-5} m$^{0.67}$/s^2。

以上案例可以认为是一种浮力羽流,是入海排污口较为常见的一种情况。下面对该案例多种参数进行实验,其特性也有可能变为以射流为主的情况。采用以上案例,分别对以下参数进行敏感性实验:

扩散器参数:扩散器排污口直径(出口直径)、扩散器排污口数目、扩散器排孔间距、扩散器水深、扩散器排放速率、扩散器排放盐度、扩散器排放温度;

环境参数:环境流速、环境背景浓度、远区扩散系数。

参数敏感性实验步骤为:对于被实验参数,采用3~5个不同值计算到达水面时的稀释度和到排污口的水平距离(混合长度),其他参数保持不变。

(2)实验结果。

数值实验得出结论如下:到达水面稀释度S与各个参数的响应关系(以下简称S-V关系)可以概括为三种情况,即线性正相关(或者近似线性正相关)、线性负相关(或者近似线性负相关)和非线性关系;同样,与排污口的水平距离与各个参数的响应关系(以下简称D-V关系)也可以概括为这三种情况,见图 4.2-17。

① 线性正相关关系。

S-V关系中,线性正相关的参数为:排孔数、扩散器水深、扩散器排放温度、近区潮流速度；

D-V 关系中,线性正相关的参数为:扩散器水深、扩散器排放速率、扩散器排放盐度、近区潮流速度。

② 线性负相关关系。

S-V 关系中,线性负相关的参数为:扩散器排放盐度；

D-V 关系中,线性负相关的参数为:扩散器排放温度。

③ 非线性关系。

S-V 关系中,非线性关系的参数为:直径、扩散器排放速率；

D-V 关系中,非线性关系的参数为:直径、排孔数。

对于成线性相关的参数而言,其斜率越大则该参数对于结果的影响作用越大。对于斜率的估量,此处需要对国内排污口及近岸海域环境各个参数的普遍范围做出估量,其估值如下:

排孔数:1～100 个；

扩散器水深:根据对全国沿海地区入海排污口的调查,排污口所在水深一般在 1 m～25 m 范围内；

扩散器排放速率:0.1 m³/s～8 m³/s；

扩散器排放盐度:将扩散器盐度定义在 0～0.5,海水中平均盐度为 3.47,最高盐度为 3.8 左右(红海)。

扩散器排放温度:10 ℃～80 ℃；

近区潮流速度:0 m/s～1.5 m/s。

根据以上范围,可以算出其加权斜率,其计算公式定义如下:

$$A = (B_{up} - B_{down})/100 \tag{4.2-6}$$

式中,A——加权斜率；

B_{up}——参数上边界对应的函数值；

B_{down}——参数下边界对应的函数值。

加权斜率的意义在于使不同参数之间的斜率可以互相比较。

线性拟合结果见表 4.2-1。

表 4.2-1　线性拟合结果

参数	S-V			D-V		
	线性拟合	加权斜率	相关系数	线性拟合	加权斜率	相关系数
排孔数	$y = 3.540\,77x + 69.193\,75$	3.51	0.996 34	—	—	—
扩散器水深	$y = 6.415\,24x - 3.35$	1.54	0.995 41	$y = 0.056\,1x + 7.056$	0.013 5	0.915 13
扩散器排放速率	—	—	—	$y = 17.760\,79x + 4.158\,71$	1.40	0.971 69
扩散器排放盐度	$y = -0.533\,33x + 91.57$	-0.002 6	0.983 03	$y = 0.191x + 6.555\,48$	0.000 96	0.968 89

参数	S-V			D-V		
	线性拟合	加权斜率	相关系数	线性拟合	加权斜率	相关系数
扩散器 排放温度	$y = 0.167\,43x + 83.944\,78$	0.117	0.963 28	$y = -0.033\,48x + 8.542\,09$	$-0.023\,4$	0.938 97
近区潮流 速度	$y = 2\,287.678\,57x + 28.15$	34.3	0.999 95	$y = 314.467\,86x + 25.294$	4.72	0.987 14

根据以上加权斜率,依次得到各个参数的重要性按从大到小排列:

S-V:近区潮流速度、排孔数、扩散器水深、扩散器排放温度、扩散器排放盐度;

D-V:近区潮流速度、扩散器排放速率、扩散器排放温度、扩散器排放盐度、扩散器水深。

对于成非线性关系的参数而言,均存在一个敏感区和非敏感区。对于敏感区,参数数值的微小变动可能导致结果产生较大的变化,而对于非敏感区,参数数值的变化对于结果影响不大。

因此,从误差角度分析,成非线性关系的参数需要特别关注,它们是:排污口直径、扩散器排放速率和排孔数。

综合以上分析,得到影响稀释度和到水平面水平距离的重要参数:近区潮流速度、扩散器排放速率、排孔数(扩散器长度)、扩散器水深、排污口直径。

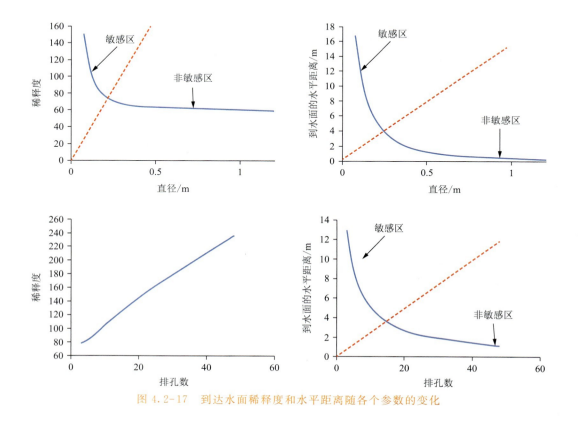

图 4.2-17　到达水面稀释度和水平距离随各个参数的变化

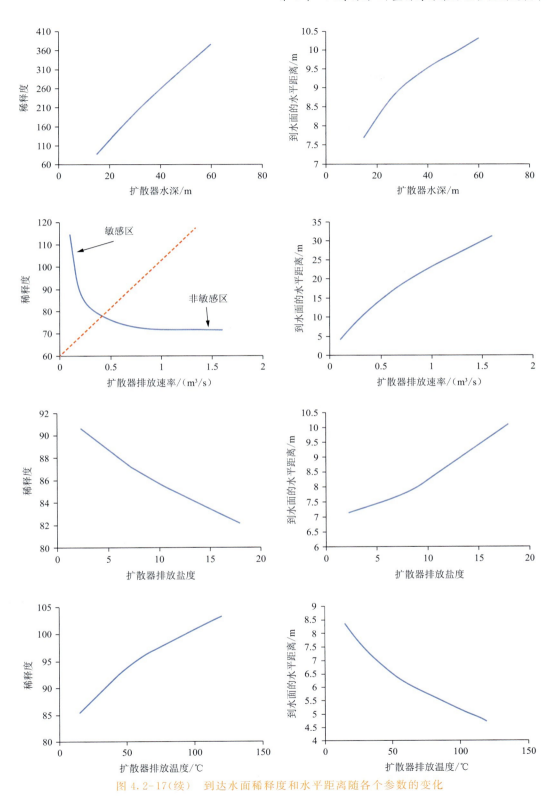

图 4.2-17(续) 到达水面稀释度和水平距离随各个参数的变化

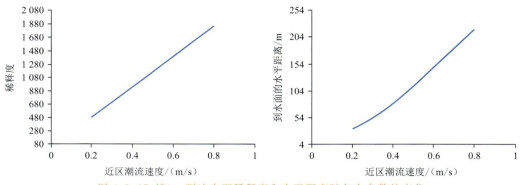

图 4.2-17(续)　到达水面稀释度和水平距离随各个参数的变化

4.2.3.3　公式形式

混合区的计算通过稀释度的计算实现。以下计算稀释度的公式就是服务于以上环境管理的混合区定义与实际管理的要求，以及遵循科学性和可操作性原则推导和选取，根据前节参数敏感性实验而定。

A. 离岸水下扩散器排放

公式 A.1：

$$S = k_1 \frac{1}{F_o^{\frac{2}{3}}} \left(\frac{H}{D}\right)^{\frac{1}{3}} \left[1 + k_2 \left(\frac{HLV}{Q}\right)^a \left(\frac{R}{L}\right)^b\right] \qquad (4.2\text{-}7)$$

式中，S——排放下游横向垂直断面上最小稀释度；

$\quad H$——扩散器所在水域的水深/m；

$\quad L$——扩散器长度/m；

$\quad V$——扩散器所在水域环境水体平均流速/(m/s)；

$\quad Q$——扩散器排放总流量/(m³/s)；

$\quad R$——排放下游横向垂直断面上最小稀释度所在点位到扩散器中心的水平距离/m；

$\quad k_1$、k_2、a、b——需由实验确定的常数。

其中

$$F_o = \frac{u_o}{\sqrt{g \dfrac{\Delta \rho_o}{\rho_a} D}} \qquad (4.2\text{-}8)$$

$\quad \Delta \rho_o$——排出水体与环境水体的初始密度差/(kg/m³)；

$\quad \rho_a$——环境水体密度/(kg/m³)；

$\quad D$——排放口直径/m；

$\quad u_o$——排放口出流速度/(m/s)。

公式 A.2：

$$S = k_1 \frac{H}{D F_o^{\frac{2}{3}}} \left[1 + k_2 \left(\frac{HLV}{Q}\right)^a \left(\frac{R}{L}\right)^b\right] \qquad (4.2\text{-}9)$$

符号意义同上。

B. 岸边排放

公式 B.1：

$$S = S_c \left[1 + k_2 \left(\frac{hDV}{Q} \right)^a \left(\frac{R}{h} \right)^b \right] \tag{4.2-10}$$

其中

$$S_c = 0.53 F_o \left(\frac{0.38h}{DF_o} + 0.84 \right)^{\frac{5}{3}} \tag{4.2-11}$$

式中，S——排放口下游横向垂直断面上最小稀释度；

　　　D——排放口直径/m；

　　　V——排放口附近环境水体流速/(m/s)；

　　　Q——排放口排放流量/(m³/s)；

　　　h——排放口潜入水下深度/m，水面排放时：$h=D$；

　　　u_o——排放口出流速度/(m/s)；

　　　F_o——同前；

　　　k_2、a、b——需由实验确定的常数。

公式 B.2：

$$S = k_1 \frac{1}{F_o^{\frac{1}{3}}} \left(\frac{h}{D} \right)^{\frac{5}{3}} \left[1 + k_2 \left(\frac{DhV}{Q} \right)^a \left(\frac{R}{h} \right)^b \right] \tag{4.2-12}$$

式中，k_1、k_2、a、b——需由实验确定的常数；

　　　其他符号意义同上。

4.2.4　参数率定过程推导

4 个公式包含 k_1、k_2、a、b 等四个未知参数，率定工作需逐个参数率定。因此，必须设计特殊工况以去除暂时不率定的参数。现以公式 A.1 为例子说明。

对于公式 A.1，设计不同工况，令 F_o、H、D、L、V、Q 不变，只有 R 改变，并令 $A = k_1 \frac{1}{F_o^{\frac{1}{3}}} \left(\frac{H}{D} \right)^{\frac{5}{3}}$，$B = k_2 \left(\frac{HLV}{Q} \right)^a \left(\frac{1}{L} \right)^b$，则有：

$$S = A(1 + BR^b) \tag{4.2-13}$$

即一个 R 值对应一个 S 值，其他均为相同项，假如现有三组工况组，对应方程为：

$$S_1 = A(1 + BR_1^b) \tag{4.2-14}$$

$$S_2 = A(1 + BR_2^b) \tag{4.2-15}$$

$$S_3 = A(1 + BR_3^b) \tag{4.2-16}$$

现取 R 值有如下关系：$R_2 = nR_1$，$R_3 = n^2 R_1$，则通过变换，有：

$$n^b = \frac{S_2 - S_3}{S_1 - S_2} \tag{4.2-17}$$

因此，通过三组满足以上条件的工况，即可以确定 b 值。

同理，对于 a 值，可以令 F_o、H、D、L、R、Q 不变，只有 V 改变，且三组工况满足 $V_2 = nV_1$，$V_3 = n^2 V_1$，则可建立 a 与 S 的关系如下：

$$n^a = \frac{S_2 - S_3}{S_1 - S_2} \tag{4.2-18}$$

在已知 a 与 b 值基础上,对于 k_1 和 k_2 可容易推出:

$$k_1 = \frac{B_2 S_1 - B_1 S_2}{B_2 A_1 - B_1 A_2} \tag{4.2-19}$$

$$k_2 = \frac{S_1 - A_1 k_1}{B_1 k_1} \tag{4.2-20}$$

其中,$A = \frac{1}{F_0^{\frac{1}{3}}}\left(\frac{H}{D}\right)^{\frac{1}{3}}$,$B = \frac{1}{F_0^{\frac{1}{3}}}\left(\frac{H}{D}\right)^{\frac{1}{3}}\left(\frac{HLV}{Q}\right)^a \left(\frac{R}{L}\right)^b$,$A$ 与 B 的下标为工况 1 和 2。

可以通过数值实验率定以上参数,再通过室内实验验证。

公式 A.2、B.1 和 B.2 结构与 A.1 相似,均可通过类似方法依次确定其系数。

公式 A.2 的 a、b 参数取值与公式 A.1 相同,而 k_1 与 k_2 分别与公式 4.2-19、公式 4.2-20 形式相同。

公式 B.1 的 a、b 参数形式分别与公式 4.2-18、公式 4.2-17 相同,在已知 a、b 的基础上,容易求得 k_2 值。

公式 B.2 的 a、b 参数取值与公式 B.1 相同,而 k_1 与 k_2 分别与公式 4.2-19、公式 4.2-20 形式相同。

4.3 混合区计算公式率定

4.3.1 水槽实验系统

为了对提出的混合区计算公式(离岸水下扩散器排放和岸边排放公式)进行参数识别,必须进行上百组水槽实验,实验的工作量较大。实验前期在武汉大学进行,测量方法采用逐点测量方法,为了保证实验的准确性,后期又在中国海洋大学进行典型工况的实验,采用平面激光诱导荧光技术(PLIF)设备测量,该方法可以获得整个剖面的浓度场,通过这两期实验进行相互佐证。

(1)第一期实验。

第一期实验在武汉大学水力学实验室的矩形玻璃水槽中进行,水槽长 18 m,宽 1 m,高 0.7 m,水槽两侧为透明玻璃,以便于观测流场、浓度等,如图 4.3-1 所示。水槽采用水泵供水,水槽出口处设有尾门,以便控制水位。实验装置如图 4.3-2 所示,主要装置包括射流的出流系统、扩散器、恒定流系统、实验容器、测量装置等。

实验射流溶液采用酒精稀释溶液,通过一定比例的酒精与水配成与环境水体具有一定密度差的较轻射流液体,实验指示剂采用罗丹明 B。

实验测量装置为美国 YSI 600 OMS V2 多参数水质监测仪(图 4.3-3),该测量仪同时装备温度探头和 YSI 罗丹明 B 探头,因此可以同时测量温度和罗丹明 B。罗丹明与酒精稀释溶液通过蠕动泵与射流按一定比例配成密度较轻的射流液体,射流液体通过圆管进入一个长 7 m、宽 1 m、高 0.6 m 的玻璃水槽中,水槽中充满液体且具有较高密度,形成浮射流,扩散器垂直于水流方向布设。

YSI 6130 罗丹明探头(表 4.3-1、图 4.3-4)具有原位检测,自动清理探头以利于长期监测,温度修正以获得更准确结果的功能,并且能够排除浊度和叶绿素的干扰。

图 4.3-1 实验玻璃水槽

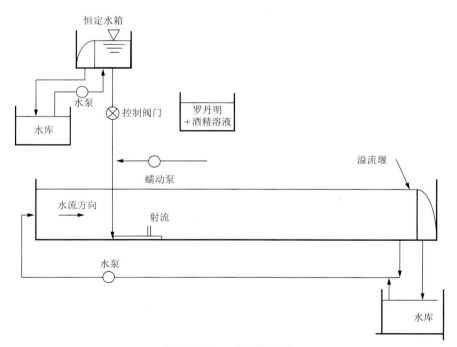

图 4.3-2 一期实验装置

表 4.3-1 YSI 6130 罗丹明探头具体参数

	测量浓度范围	分辨率	精确度
罗丹明	0 μg/L～200 μg/L	0.1 μg/L	±5%读数或者 1 μg/L

图 4.3-3　YSI 600 OMS V2 多参数水质监测仪

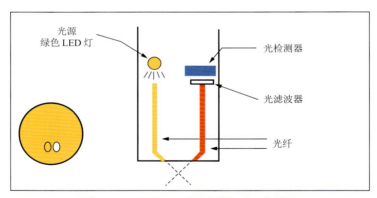

图 4.3-4　YSI 6130 罗丹明探头工作原理

（2）第二期实验。

第二期实验在中国海洋大学物理海洋教育部重点实验室进行，水槽长 22 m，宽 0.8 m，高 0.7 m，水槽两侧为透明玻璃，如图 4.3-5、图 4.3-6 所示。水槽采用水泵循环供水。实验装置与第一期基本相同，主要装置包括射流的出流系统、扩散器（图 4.3-7）、恒定流系统、实验容器、测量装置等。

实验射流溶液采用酒精稀释溶液，通过一定比例的酒精与水配成与环境水体具有一定密度差的较轻射流液体，实验指示剂采用荧光素钠（图 4.3-8）。

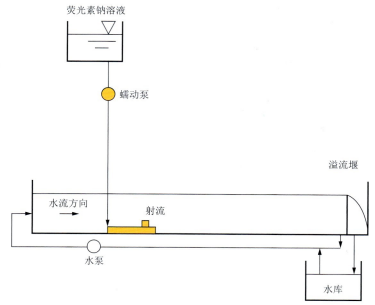

图 4.3-5　二期实验装置

图 4.3-6　中国海洋大学物理海洋教育部重点实验室实验水槽

　　实验测量装置采用青岛南森海洋科技有限公司的高精度浓度场测量系统,该系统采用 PLIF 技术,在喷口排水中加入荧光素钠作为浓度标记物质,3 台 3 W 蓝色激光器同时激发水中的荧光素钠,通过大靶面高分辨率工业相机采集荧光灰度图像,通过计算好的率定曲线反演出真正的荧光浓度值。采用大靶面工业相机和多台激光器拼接的方式,从而实现大范围高精度的浓度场测量。主要配件包括激光器、超大分辨率 CCD、采集电脑等,如图 4.3-9 所示。

　　荧光素钠溶液激发波长为 480 nm,采用 450 nm 波长蓝色激光器,具有较高的激发效率,激发后释放出的荧光波长为 520 nm。实验在暗室条件下进行,防止环境光对测量结果的影响,采用高分辨率工业相机采集灰度图像。

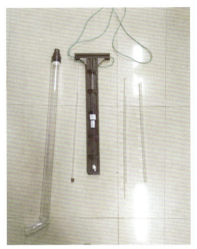

图 4.3-7 蠕动泵和扩散器

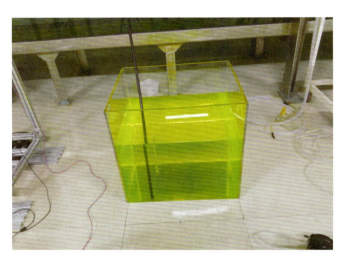

图 4.3-8 荧光素钠

产品参数如下：

覆盖面积：1 m×0.5 m；

浓度测量范围：$(0\sim4)\times10^{-6}$；

浓度测量精度：1×10^{-9}；

相机：8 M@15 Hz；

激光：3×3 W@445 nm。

实验过程中的实验步骤包括：对水槽进行设置到一定工况条件，配置标定溶液、实验溶液，标定，进行相机设置，等。

实验过程中，按一定比例配成密度较轻的荧光素钠与酒精稀释溶液，通过蠕动泵进入玻璃水槽中，水槽中充满液体且具有较高密度，形成浮射流，扩散器垂直于水流方向布设。为避免环境光对 PLIF 测量设备的影响，实验在全黑的环境中进行。实验过程如图4.3-10 所示。

图 4.3-9　PLIF 测量设备及支架

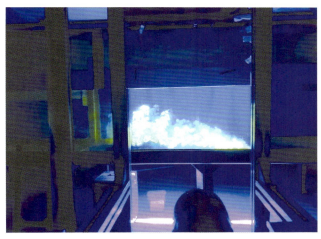

图 4.3-10　实验过程

4.3.2　实验工况

实验工况包括离岸排放工况和岸边排放工况，其参数见表 4.3-2、表 4.3-3。采用浮力佛尔德和重力佛尔德相似，长度比尺、流速比尺和密度比尺可采用同一值，综合考虑取该值为 30，以照顾到各参数大小合适。表 4.3-2、表 4.3-3 的工况参数即考虑比尺为 30 时的建议值。

第一期包括 256 组工况，其中离岸与岸边工况各 128 组；第二期包括 24 组典型工况进行实验，其中离岸与岸边各 16 组和 8 组。

扩散器示意图如图 4.3-11 所示，对于不同扩散器，其中每个竖管间隔均为 6 cm，$D:d=3:1$。

4.3.3　实验测量

对于每组工况，实验测量断面如图 4.3-12 所示。对于离岸排放工况，只测量中垂线

表 4.3-2　离岸排放工况

参数种类	工况参数						计算参数	测量参数
	H/cm	$V/(\text{cm/s})$	D/cm	L/cm	$\Delta\rho_0/(\text{g/cm}^3)$	$u_0/(\text{cm/s})$	Q	S、R
一期　实验值	20	1	0.7	54	0.001 2	12		
	30	2	1.0	78	0.000 6			
	40	3						
	50	4						
二期	50	2	0.7	54	0.001 2	12		
		4	1.0	66	0.000 6			

表 4.3-3　岸边排放工况

参数种类	工况参数					计算参数	测量参数
	h/cm	$V/(\text{cm/s})$	$u_0/(\text{cm/s})$	D/cm	$\Delta\rho_0/(\text{g/cm}^3)$	Q	S、R
一期　实验值	0	1	5	4	0.001 2		
	10	2	6	5	0.000 6		
	20	3					
	30	4					
二期	30	2	6	3	0.001 2		
		4		5	0.000 6		

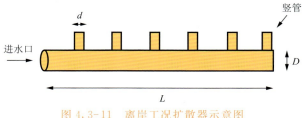

图 4.3-11　离岸工况扩散器示意图

断面,剖面的范围包括从排污口开始至下游 1 m 内的范围。对于岸边排放工况,沿水槽宽度方向均匀布设 9 个断面,测量 1~9 号断面(排污口下游 0 m~1 m 范围)。

4.3.4　实验过程分析验证

本次实验工况的准确性直接决定了公式拟合结果的准确性,实验过程中可能造成的误差多种多样,包括实验室可能存在的系统性误差(测量设备、人员操作习惯等),实验环境波动影响(室温等),其中关键因素是如何控制好环境流体与射流液体的密度差,因此,必须对测量的实验数据的有效性和准确性进行检验。

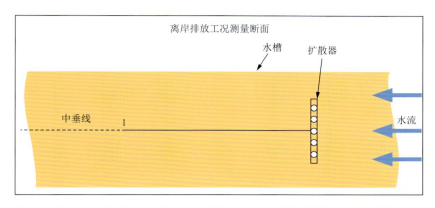

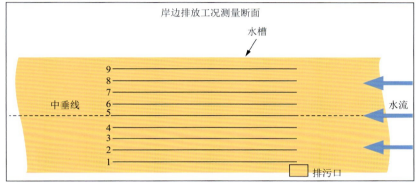

图 4.3-12　实验测量断面示意图（俯视图）

（1）实验重复性检验。

为了排查系统性偏差，对一期（武汉大学实验）与二期（中国海洋大学实验）的排污口室内实验数据工况进行比较，两期实验分别在不同地点、不同时间，采用不同的测量方法的条件下，测量类似的工况。图 4.3-13 为第二期离岸排放工况：$H = 50$ cm，$V = 2$ cm/s，

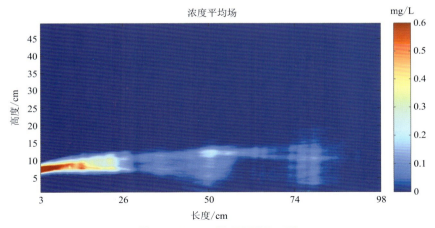

图 4.3-13　二期离岸排放工况

离岸排放工况：$H = 50$ cm，$V = 2$ cm/s，$D = 1.0$ cm，$\Delta\rho_0 = 0.000\ 6$ g/cm³，

$u_0 = 12$ cm/s，$L = 66$ cm，中心垂向剖面时均浓度场

$D=1.0 \text{ cm}, \Delta\rho_0=0.000 \ 6 \text{ g/cm}^3$ 的中心垂向剖面时均浓度场,可见在测量范围(1 m)内,该射流线并未到达水面,与一期工况 $H=50 \text{ cm}, V=2 \text{ cm/s}, D=1.0 \text{ cm}, \Delta\rho_0=0.000 \ 6$ g/cm³ 的垂向剖面最大浓度线(图 4.3-14)和最小稀释度(图 4.3-15)进行比较,结果显示,一期与二期实验结果符合性良好,证明实验的重复性较好。

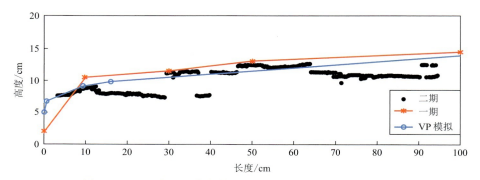

图 4.3-14　一期和二期与模拟结果垂向剖面最大浓度线比较

离岸排放工况:$H=50 \text{ cm}, V=2 \text{ cm/s}, D=1.0 \text{ cm}, \Delta\rho_0=0.000 \ 6 \text{ g/cm}^3, u_0=12 \text{ cm/s}$

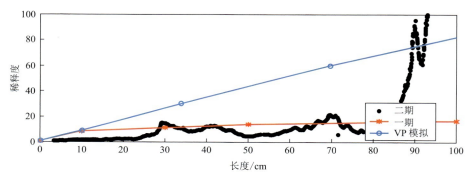

图 4.3-15　一期和二期与模拟结果垂向剖面最小稀释度比较

离岸排放工况:$H=50 \text{ cm}, V=2 \text{ cm/s}, D=1.0 \text{ cm}, \Delta\rho_0=0.000 \ 6 \text{ g/cm}^3$

(2) 温度影响。

一期实验于 2014 年 9~11 月进行,为避免环境水体温度与射流液体温度的偏差过大,导致不合理的密度差,实验过程中两者取水均来自同一水库,并实时取水,这样就将温度引起的密度差降到最小。整个实验中,不同工况的水体温度在 21 ℃～29 ℃之间。然而,由于实验过程中的偶然因素,在测量同一工况的不同断面时,测量过程需要耗费一定时间,并不能保证在测量过程中温度不发生较大的波动,这种波动有可能由射流液体与环境水体温度差异造成,也可能由整体的环境温度波动造成。比如某一个工况测量过程中,在距离扩散器 0 cm 的断面监测时,其水温为 26 ℃,而在距离扩散器 100 cm 的断面监测时,其水温降为 23 ℃。此时,距离扩散器 0 cm 的断面监测到的温度,主要代表的是射流液体的温度,而在距离扩散器 100 cm 的断面监测到的温度则主要代表环境流体的温度。此时,断面 0 cm 和断面 100 cm 的温差并不一定代表射流液体与环境水体的温差,有可能是测量时间过久,环境温度变化较快造成。图 4.3-16 为部分工况不同断面上监测到的温度值,从图中可见,大部分工况不同断面的温度差异并不大,但是也发现存在少数工况不同断面温度差异较大(温度波动大于 1 ℃)的情况,此时,将这些工况认为是不合格工况,不进行下一步分析。

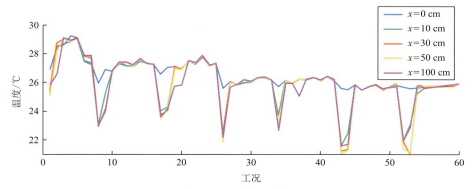

图 4.3-16　不同工况在不同监测断面上的温度变化

二期实验由于采用照相的方法对整个垂向剖面瞬时获取,因此不存在测量过程中温差的问题。

（3）水槽边壁反射影响。

在实际海域中,扩散器所在区域往往离岸较远,可以认为是无边界扩散。同样,岸边排放只在沿岸有反射边界,即可认为是单边界反射扩散。而实验过程是在水槽中进行,水槽两边都具有壁面边界,可能对示踪剂起到一定反射作用,从而减弱扩散能力,使稀释度减小。

如图 4.3-14、图 4.3-15,采用模拟二期实验工况(不考虑壁面边界反射),结果显示,垂向剖面最大浓度线与实验值符合良好,然而垂向剖面最小稀释度差异较大,这可能是由于实验中水槽两壁边界反射作用导致稀释作用变弱,而模拟时采用无边界条件,因此稀释度有所提高。

如图 4.3-17、图 4.3-18,分别为一期实验工况及采用 VP 模拟一期实验工况(不考虑壁面边界反射),结果显示,垂向剖面最大浓度线与实验值符合良好,然而水平方向的最大浓度线、垂向剖面最小稀释度差异较大,这可能是由于实验中水槽两壁边界反射作用导致。

这说明,实验过程中边壁条件对示踪剂仍然存在一定的反射影响。采用该实验工况论证得到的混合区计算公式可能会高估混合区范围。

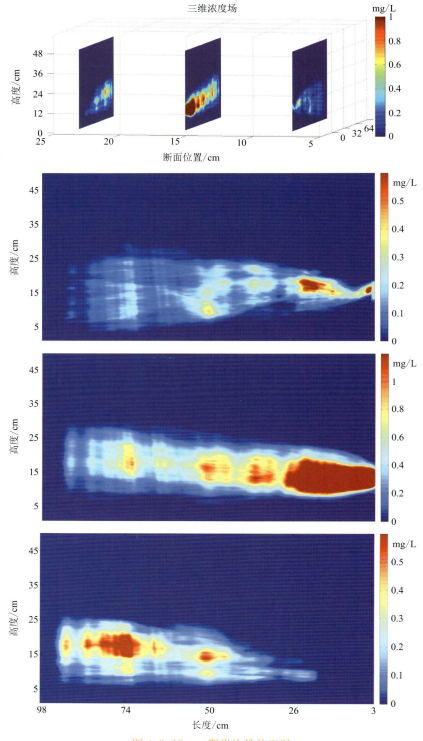

图 4.3-17 一期岸边排放工况

岸边排放工况:$h=30$ cm,$V=4$ cm/s,$D=3.0$ cm,$\Delta\rho_a=0.001\ 2$ g/cm³,
$u_a=6$ cm/s.各垂向剖面时均浓度场

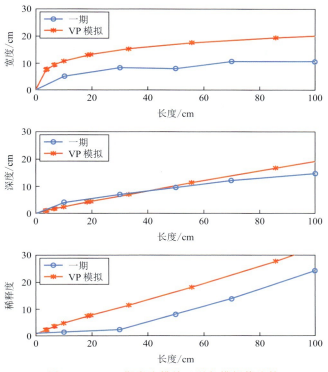

图 4.3-18　一期岸边排放工况与模拟值比较

岸边排放工况：$H=30$ cm，$V=4$ cm/s，$D=5.0$ cm，$\Delta\rho_0=0.0012$ g/cm³，$u_0=6$ cm/s

4.3.5　公式拟合

采用前述一期、二期实验工况值对公式进行拟合。分析结果如下。

4.3.5.1　离岸排放工况

采用每组工况实验测量结果，分别对公式 A.1 与公式 A.2 进行多参数非线性拟合，得到拟合参数如下：

表 4.3-4　各参数拟合结果

	k_1	k_2	a	b
公式 A.1	6.212×10^3	-9.998×10^{-1}	3.982×10^{-5}	4.353×10^{-5}
公式 A.2	4.287×10^4	-9.994×10^{-1}	1.029×10^{-4}	1.209×10^{-4}

采用以上拟合出的参数，对稀释度的实验值与公式计算值进行线性拟合结果如图 4.3-19 所示，由图可见，公式 A.2 的稀释度的线性相关性更高，因此，公式 A.2 的结果与实验值更相符，推选 A.2 为优选公式，如下：

$$F_0 = \frac{u_0}{\sqrt{g\,\dfrac{\Delta\rho_0}{\rho_a}D}} \tag{4.3-1}$$

$$S = 428\,70 \times \frac{H}{DF_{\circ}^{\frac{2}{3}}} \left[1 - 0.999\,4 \left(\frac{HLV}{Q} \right)^{1.029 \times 10^{-4}} \left(\frac{R}{L} \right)^{1.209 \times 10^{-4}} \right] \qquad (4.3-2)$$

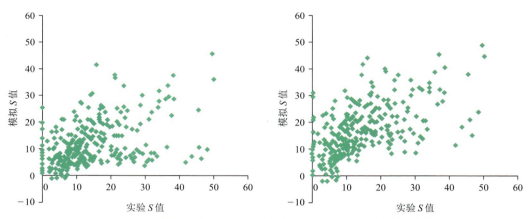

图 4.3-19　离岸排放工况稀释度 S 实验值与公式计算值线性拟合
公式 A.1(左)，公式 A.2(右)

4.3.5.2　岸边排放工况

采用每组工况实验测量结果，分别对公式 B.1 与公式 B.2 进行多参数非线性拟合，得到拟合参数如表 4.3-5。

表 4.3-5　各参数拟合结果

	k_1	k_2	a	b
公式 B.1	—	1.789	2.119×10^{-2}	5.857×10^{-1}
公式 B.2	8.667×10^{-4}	5.327×10^{3}	-5.168×10^{-1}	1.247

采用以上拟合出的参数，对稀释度的实验值与公式计算值进行线性拟合，结果如图 4.3-20

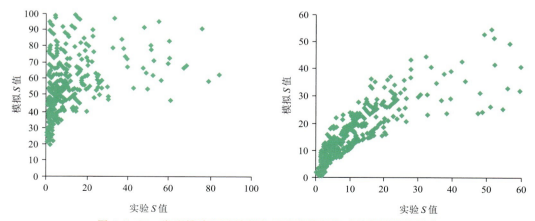

图 4.3-20　岸边排放工况稀释度 S 实验值与公式计算值线性拟合
公式 B.1(左)，公式 B.2(右)

所示,由图可见,公式 B.2 的稀释度的线性相关性更高,因此公式 B.2 的结果与实验值更相符,推选公式 B.2 为优选公式,如下:

$$S = 0.000\,866\,7 \times \frac{1}{F_0^{\frac{1}{3}}}\left(\frac{h}{D}\right)^{\frac{1}{3}}\left[1 + 5\,327\left(\frac{DhV}{Q}\right)^{-0.516\,8}\left(\frac{R}{h}\right)^{1.247}\right] \quad (4.3\text{-}3)$$

适用条件:由于以上两个公式是在水槽环境中推算出来,其主要特征是垂向不分层环境,因此,实际情况如果出现垂向分层,公式将不适用。另外,公式也不适用于温排水或冷却水排放的混合区计算。

4.4　案例研究——珠江口固戍污水处理厂

4.4.1　污水处理厂概况

固戍污水处理厂位于深圳市宝安区深圳湾北岸固戍村,总占地面积 31.67 万平方米,一期用地 12.478 万平方米。一期日处理污水量 24 万立方米/天(旱季),设计总规模为 48 万立方米/天,处理后的废水部分回用,剩余废水就近排放入海。2012 年的实测污水排放量为 12.8 万立方米/天,尾水采用岸边排放,就近排入珠江口海域,入海排污口距离固戍污水处理厂 710 m 左右,位于珠江口伶仃洋左岸,经纬度坐标为:22°34′55″N,113°49′51″E。

厂区配置包括生产设施、辅助设施、厂区工程。污水处理工艺流程:进水井→粗格栅进水泵房→细格栅旋流沉砂池→生物池→二沉池→紫外线消毒池→尾水排放。污水处理工艺采用改良 A/A/O 生物处理工艺。

固戍污水处理厂进水为合流制城市生活污水,污水处理厂出水水质则执行《城镇污水处理厂污染物排放标准》(GB 18918—2002)一级 B 标准,见表 4.4-1。

表 4.4-1　设计进水、出水水质

污染物指标	进水水质/(mg/L)	出水水质/(mg/L)
BOD$_5$	130	≤20
COD$_{Cr}$	260	≤60
SS	180	≤20
TN	45	≤20
NH$_3$-N	35	≤8
TP	4	≤1.5

其排污口为岸边水上排口,排口管径为 1 m。

4.4.2　混合区现场实测

4.4.2.1　监测方法

混合区现场实测方案如下:

（1）监测指标：高锰酸盐指数、盐度与温度；

（2）监测点位布设：一共布设 31 个监测点，如表 4.4-2 所示；

表 4.4-2　采样点位置

编　号	经　度	纬　度
0	113°49′51″E	22°34′54″N
1	113°49′47″E	22°34′53″N
2	113°49′49″E	22°34′57″N
3	113°49′53″E	22°34′52″N
4	113°49′47″E	22°34′55″N
5	113°49′50″E	22°34′51″N
6	113°49′46″E	22°34′59″N
7	113°49′44″E	22°34′55″N
8	113°49′44″E	22°34′51″N
9	113°49′50″E	22°34′48″N
10	113°49′55″E	22°34′49″N
11	113°49′43″E	22°35′6″N
12	113°49′37″E	22°35′3″N
13	113°49′49″E	22°35′7″N
14	113°50′0″E	22°34′44″N
15	113°49′57″E	22°34′41″N
16	113°49′48″E	22°34′39″N
17	113°49′39″E	22°35′18″N
18	113°49′31″E	22°35′12″N
19	113°49′49″E	22°35′19″N
20	113°50′11″E	22°34′36″N
21	113°50′0″E	22°34′33″N
22	113°49′51″E	22°34′31″N
23	113°49′34″E	22°35′42″N
24	113°49′20″E	22°35′31″N
25	113°50′5″E	22°34′2″N
26	113°49′49″E	22°33′59″N
27	113°49′29″E	22°34′47″N
28	113°49′11″E	22°36′0″N

编　号	经　度	纬　度
29	113°48′47″E	22°35′53″N
30	113°50′24″E	22°33′42″N
31	113°49′56″E	22°33′36″N

（3）监测时间与频次：监测时间为 2014 年 12 月 14 日 9:00～15 日 11:00,各采样点采样时刻见表 4.4-3。

表 4.4-3　采样点采样时刻

类型	采样点	采样时刻	备注
涨潮点	23、24、28、29	14 日 9:50 14 日 11:00 14 日 13:00 14 日 15:00	涨潮时采样,本次涨潮时间段为 14 日 9:45～16:45
落潮点	25、26、30、31	15 日 3:00 15 日 5:00 15 日 7:00 15 日 9:00	落潮时采样,本次落潮时间段为 15 日 3:02～10:34
常设点	其他点	14 日 9:00 11:00 13:00 15:00 17:00 19:00 21:00 23:00 15 日 1:00 3:00 5:00 7:00 9:00 11:00	不论涨、落潮,连续监测 26 h, 间隔 2 h 采一个水样, 共采样 13 次

注:每个时刻的采样时间控制在 1 h 内采完

另外对固成污水处理厂的厂内排污口也进行同步监测,监测指标为:COD_{Mn}、盐度、温度。

4.4.2.2　结果分析

图 4.4-1 为各个实测点表层最大 COD_{Mn} 浓度及盐度等值线图,从中可以看出,在排污口附近形成一个 COD_{Mn} 的高浓度区及低盐度区,即排污口的混合区,在排污口附近

COD_{Mn}最高值达到 2.8 mg/L,而周边海水 COD_{Mn} 浓度在 1.5 mg/L 左右。根据同期对排污口的实测浓度,如图 4.4-2 所示,监测期间排污口的 COD_{Mn} 浓度范围为 1.0～5.0 mg/L 之间,换算为 COD_{Cr} 为 3～15 mg/L(换算比取 3),由于其排放浓度 COD_{Cr} 小于排放标准限值 60 mg/L,因此排放海域并未出现超标的现象。以下通过模型模拟固戍污水处理厂满负荷运行(COD_{Cr}排放浓度为 20 mg/L,排放量为 12.8 万立方米/天)时的混合区面积。

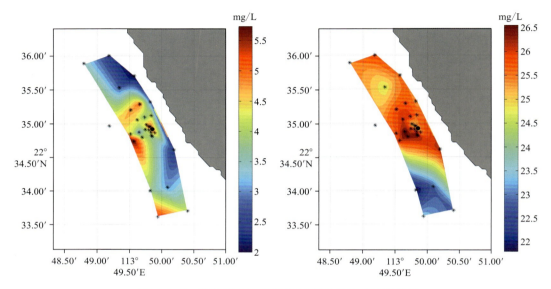

图 4.4-1　实测 COD_{Mn}浓度(左)及盐度(右)等值线图
* 为实测点位,黑点为排污口

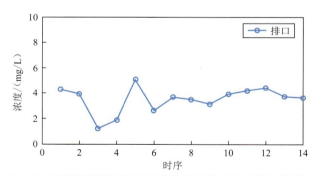

图 4.4-2　现场监测期间固戍污水处理厂排口处 COD_{Mn}浓度变化

4.4.3　混合区模拟

4.4.3.1　水动力模拟与验证

采用 $FVCOM^{[15,16]}$建立珠江虎门口的三维浅海潮波数值模型,再现纳污海域的潮流流态,以了解其水动力条件。采用 2011 年 6 月 1 日～15 日的实测潮位站作为河流边界条件,外海开边界采用全球潮汐模式 OTPS(OSU tidal prediction software)获得。同时设置

5 个潮流观测点 W1～W5,见表 4.4-4,于 2011 年 6 月 10～11 日进行同期观测。得到的验证结果如图 4.4-3a～图 4.4-3e 所示。潮位、潮流验证结果表明计算值与实测值吻合良好,证明模拟的伶仃洋潮流是可靠的。

表 4.4-4　潮流观测站位置

编　号	经　度	纬　度
W1	113°44′45″E	22°33′30″N
W2	113°37′38″E	22°32′37″N
W3	113°42′52″E	22°31′11″N
W4	113°49′06″E	22°27′49″N
W5	113°44′59″E	22°24′22″N

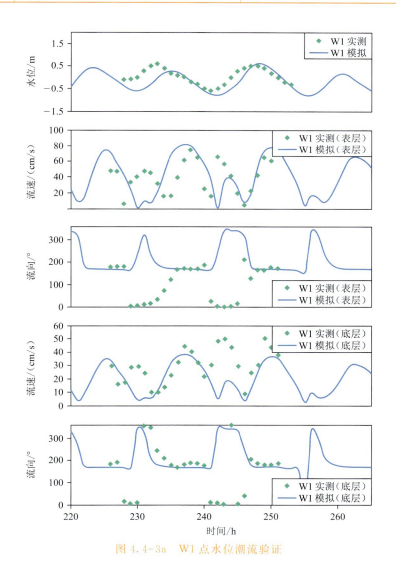

图 4.4-3a　W1 点水位潮流验证

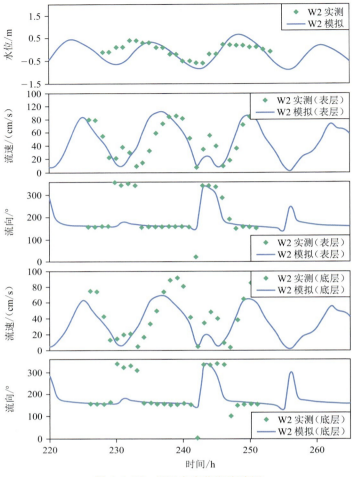

图 4.4-3b　W2 点水位潮流验证

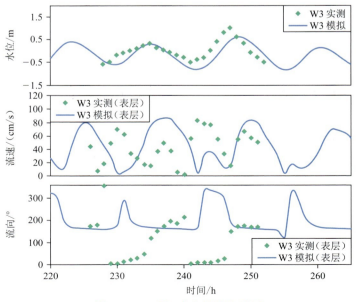

图 4.4-3c　W3 点水位潮流验证

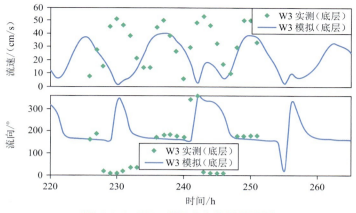

图 4.4-3c（续）　W3 点水位潮流验证

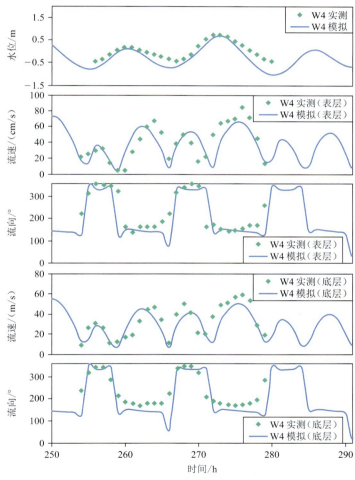

图 4.4-3d　W4 点水位潮流验证

4.4.3.2　潮流分析

潮流分析依据以上数值模拟的结果。

图 4.4-4 给出了虎门口 W1 处的流速方向和大小随时间变化特性。垂向流速方向的

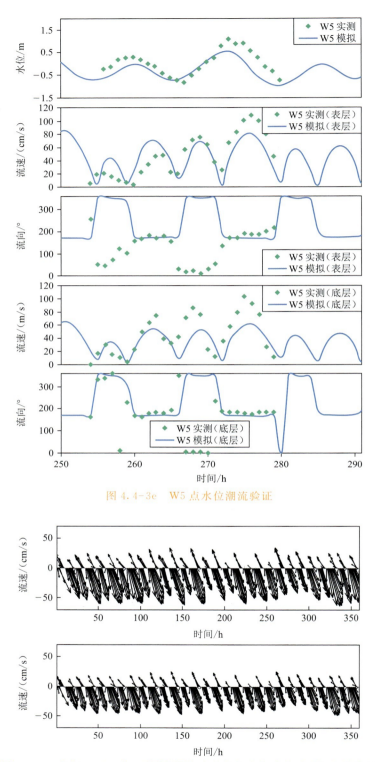

图 4.4-3e W5 点水位潮流验证

图 4.4-4 虎门口（W1 点）不同水深潮流流速方向与大小随时间变化特性
上：表层流速；中：中层流速；下：底层流速；时间段：2011 年 6 月 1～15 日

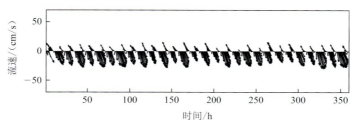

图 4.4-4(续)　虎门口(W1 点)不同水深潮流流速方向与大小随时间变化特性
上:表层流速;中:中层流速;下:底层流速;时间段:2011 年 6 月 1～15 日

相关性显示正压条件。从图中可以看出 W1 处落潮时潮流呈东南走向,涨潮时方向相反,且在涨落交替间流速方向朝顺时针方向转,落潮流速明显比涨潮流速大,表层到底层流速逐渐变小。表层最大流速 92.6 cm/s,最小流速 0.4 cm/s,平均流速 42.6 cm/s;中层最大流速 84.4 cm/s,最小流速 1.2 cm/s,平均流速 39.2 cm/s;底层最大流速 43.8 cm/s,最小流速 0.6 cm/s,平均流速 20.5 cm/s。

　　图 4.4-5 给出了虎门口(W1 点)不同水深上潮流流速分量特性,从图中可以看出流速南北分量比东西分量大,且两分量有明显的线性相关。

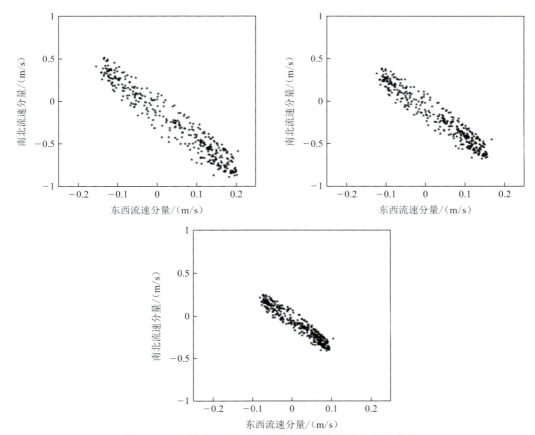

图 4.4-5　虎门口(W1 点)不同水深上潮流流速分量特性
上左:表层流速分量;上右:中层流速分量;下:底层流速分量;时间段:2011 年 6 月 1～15 日

图 4.4-6 给出了虎门口(W1 点)不同水深上潮流流速大小频率分布情况,从图中可以看出表层和中层各个潮流频率段分布比较均匀,而底层潮流频率呈偏态分布的趋势。

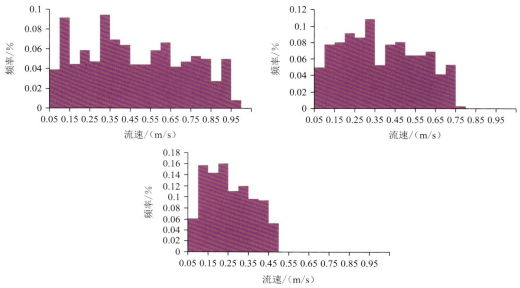

图 4.4-6 虎门口(W1 点)不同水深上潮流流速大小频率分布

上左:表层;上右:中层;下:底层;时间段:2011 年 6 月 1~15 日

4.4.3.3 潮汐

图 4.4-7 显示 2011 年 6 月 1~15 日虎门口的大虎站、内伶仃站测量的潮位和外海边界点计算潮位的变化情况。虎门口的潮汐属不正规半日潮型。从图中可以看出,随着潮汐从外海向虎门口传播,由于河口收缩,河底地形变浅,潮幅有所增加,外海潮幅最大为 0.7 m 左右,在内伶仃处最大潮幅为 1.2 m 左右,而在大虎站测得的最大潮幅为 1.4 m。

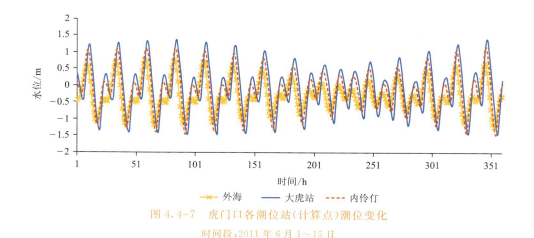

图 4.4-7 虎门口各潮位站(计算点)潮位变化

时间段:2011 年 6 月 1~15 日

4.4.3.4　盐度分析

伶仃洋海域盐度分析目前已有较成熟的研究,根据文献的研究结果,伶仃洋海域的盐度变化较不规则,大部分时间为不规则半日变化,但在小潮后中潮期间出现明显的不规则全日周期变化。伶仃洋盐度总体上东高西低,表层盐度涨落潮差异较大,底层相对较小。

枯季因下泄径流受科氏力以及东北风的作用,珠江河口等盐度线具有沿岸分布特征,即在伶仃洋内总体呈东北-西南走向,出伶仃洋后等盐度线沿西南西-东北东方向向西延伸。伶仃洋中,盐度分布受深槽等地形影响存在一些细微特征,等盐度线呈现双峰结构,两深槽的盐度剖面分布表明,大小潮落憩时刻,东西深槽都可观察到明显的盐度分层结构,其潮周期平均盐度的垂向分层最强约出现在小潮后的中潮期间。

图 4.4-8 是 2000 年 1 月 14~24 日期间观测的伶仃洋表层和底层盐度分布,可以看出表层盐度存在一条很强的沿岸盐度锋面带,而底层高盐水沿西侧深槽入侵非常强烈。

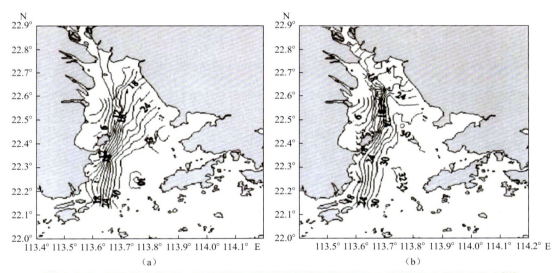

图 4.4-8　2000 年 1 月 14~24 日期间观测得到的伶仃洋表层(a)、底层(b)盐度平面分布[17]

4.4.3.5　岸边排污口混合区模拟

深圳固戍污水处理厂入海排污口属于岸边水上排放,无扩散器,排污口直径为 1 m。污水排放标准执行《城镇污水处理厂污染物排放标准》(GB 18918—2002)一级 B 标准,污水量为 12.8 万立方米/天(2012 年),假设排放浓度按照一级 B 标准限值,则 COD_{Cr} 排放量为 230.4 吨/月,氨氮排放量为 76.8 吨/月。附近水质控制类别是《海水水质标准》(GB 3097—1997)第三类标准(COD_{Mn} 4 mg/L)。

(1)远区模拟。

地形:受纳海域附近地形较为复杂,水深一般在 1~15 m。

潮流:根据水动力模拟结果,排口附近不同水深上的潮流方向和大小变化特性如图 4.4-9 所示,其流速大小的频率分布如图 4.4-10 所示,从图中可以看出流速基本呈偏态分布,受纳海域潮流最大流速为 0.43 m/s,平均流速为 0.20 m/s。图 4.4-11 为落潮时的潮流场。

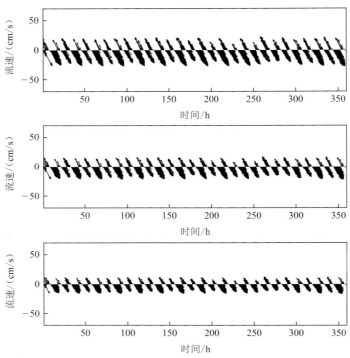

图 4.4-9 虎门口(深圳排污口附近)不同水深上潮流流速方向与大小随时间变化特性

上:表层流速;中:中层流速;下:底层流速;时间段:2011 年 6 月 1～15 日

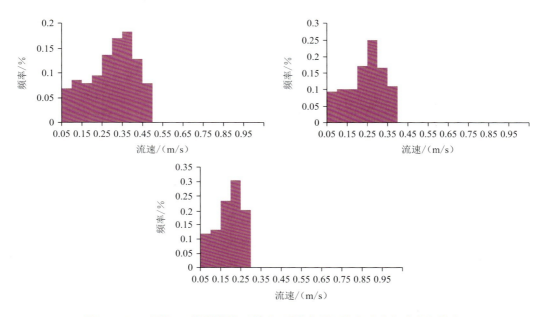

图 4.4-10 虎门口(深圳排污口附近)不同水深上潮流流速大小频率分布

上左:表层;上右:中层;下:底层;时间段:2011 年 6 月 1～15 日

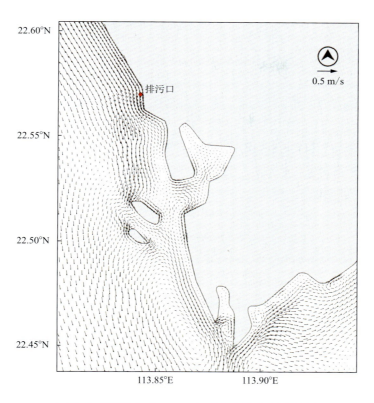

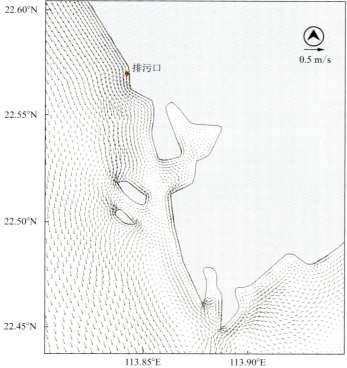

图 4.4-11 排污口附近落潮潮流场
左:表层流场;右:底层流场

潮汐:排污口附近潮位变化如图 4.4-12 所示,图中显示潮位由大潮到小潮再到大潮过程,最大潮幅达到 1.38 m。

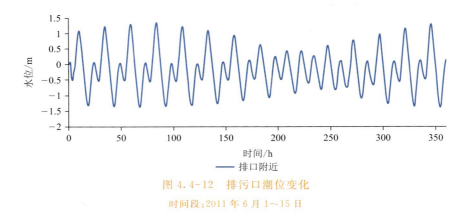

图 4.4-12　排污口潮位变化

时间段:2011 年 6 月 1～15 日

浓度包络线:采用 FVCOM 模型计算的 COD_{Mn} 浓度包络线如图 4.4-13 所示。中心最高浓度为 5.1 mg/L,其中超过 4 mg/L 标准的范围为:沿潮流方向长度为 705 m,宽度为 213 m,超标面积为 0.15 km²。

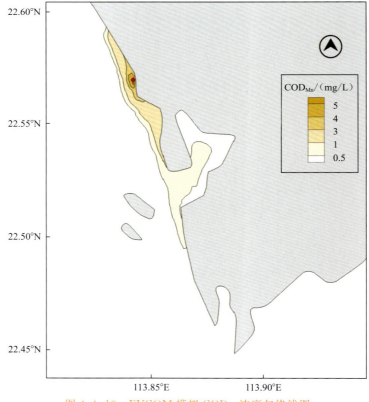

图 4.4-13　FVCOM 模拟 COD_{Mn} 浓度包络线图

（2）近区模拟。

近区模拟采用 VP 软件模拟,模拟因子为 COD_{Mn},此处考虑落潮与涨潮的情况,潮流速度分别采用平均速度 0.2 m/s 和最大速度 0.43 m/s,其参数设置为:

排污口基本输入参数:

排污口直径:1 m;

排污口水深:0.1 m;

垂向角度:0°;

水平角度:180°;

排口数:1;

排放速率:4.45 m³/s;

排放盐度:4.51;

排放温度:30 ℃;

污染物排放量:6×10^{-5} kg/kg。

环境输入参数:

潮流速度:0.2 m/s、0.43 m/s;

潮流方向:-60°;

环境密度:1 017.3 kg/m³;

环境温度:30 ℃;

背景浓度:0;

污染物衰减速率:0.1/d;

远区潮流速度:0.2 m/s;

远区潮流方向:-60。

远区污染物弥散系数:$0.013\ 5\ m^{0.67}/s^2$。

其中远区污染物弥散系数通过 FVCOM 模型的结果进行校正。结果如图 4.4-14 所示:由于是水上排放,故此处假定污水只在表面扩散。由于超标混合长度在稀释度 15 倍处,因此,从图中可以看出在流速 0.2 m/s 情况下,单向混合长度为 150 m。考虑到涨潮和落潮情况,该混合长度为 300 m,最大羽流宽度为 17 m,超标面积为 0.005 1 km²。在最大潮流速度 0.43 m/s 的情况下,混合长度为 700 m,最大羽流宽度为 13 m,超标面积为0.009 1 km²,见表 4.4-5。

采用前文推导的近岸混合区计算公式 B.1 和公式 B.2,流速采用平均流速 0.2 m/s,计算得到的混合区长度分别为 280 m 和 295 m,考虑到涨潮落潮情况,则混合区长度分别为 560 m 和 590 m。

从以上结果可以看出,对于水上单独排污口排放问题,VP 无法考虑到羽流的横向扩散作用,因此其估算的羽流宽度比 FVCOM 小,因此 VP 在潮流方向上估算的混合区长度较准确,而低估了羽流宽度。由于是水面排放,此时 VP 软件实际上采用的 Brooks 远区(Brooks far-field)模型,对于该问题并没有用到近区浮射羽流模型。近区模型 VP 和FVCOM 估算的混合区长度均在 700 m 左右,而公式 B.1 和公式 B.2 估算值为 560 m 和

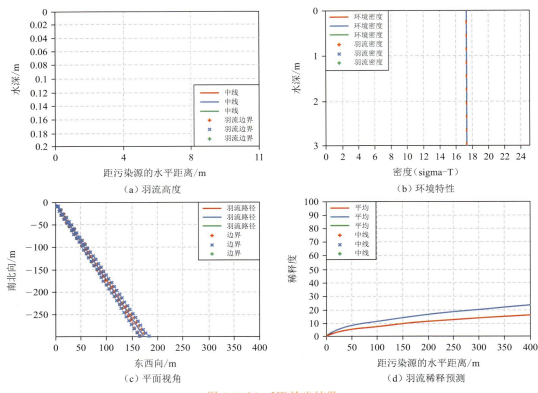

图 4.4-14　VP 输出结果

红色:最大流速;蓝色:平均流速

表 4.4-5　不同潮流速度下的混合区范围

潮流速度/(m/s)	达标混合长度/m	羽流宽度/m	超标面积/km²
0.2	300	17	0.005 1
0.43	700	13	0.009 1

590 m,可见公式与模型计算值两者估算较吻合。该处海域属于沿岸浅水不分层环境,因此,公式计算结果较为准确,证明该公式是比较合理可靠的。

4.5　案例研究——海口白沙门污水处理厂

4.5.1　污水处理厂概况

海口市白沙门污水处理厂一期工程处理规模为 30 万立方米/天,目前基本满负荷运转,二期工程处理规模为 20 万立方米/天,目前日均污水处理量也达到 18 万立方米/天。出水执行《城镇污水处理厂污染物排放标准》(GB 18918—2002)一级 B 标准。

一期、二期的管道平行铺设。二期排放口设在一期排海管东侧 168 m 处,排海系统由排海泵房、排海切换井、陆域排海管、厂外排海井、放流管和应急排海管六部分组成,初始稀释度为 55。一期放流管海上长度约 1 200 m，扩散段有 20 根竖管。二期放流管总长 1 270.2 m，管径 DN1600～600，前 870.2 m 为转输段，后 400 m 为扩散段。扩散段安装 21 根 DN400 竖管，垂直伸向海床底。竖管末端安装橡胶喷头，喷孔（$d = 4$ mm）125 个。放流管设计坡度为 0.004°。放流管设计参数见表 4.5-1。

表 4.5-1　放流管设计参数

管道桩号	管长/m	管径/mm	竖管数量	流量/（m³/s）	流速/（m/s）
0～870.2	870.2	1 600	0	3.009	1.5
870.2～970.2	100	1 600	6	3.009	1.50
970.2～1 070.2	100	1 400	6	2.149	1.40
1 070.2～1 170.2	100	1 200	5	1.290	1.14
1 170.2～1 230.2	60	800	2	0.573	1.14
1 230.2～1 270.2	40	600	2	0.287	0.98

4.5.2　混合区现场实测

4.5.2.1　监测方法

对白沙门污水处理厂入海排污口的现场实测包括排污口与混合区水质观测两部分。混合区监测如下：

（1）监测指标：高锰酸盐指数、盐度与温度；

（2）监测时间：2015 年 6 月 10 日、11 日，监测时间段为 6:00～14:00，每两小时监测 1 次，每天 5 次，共 10 次。

（3）监测点位布设：共布设 25 个监测点。由于 11 号监测点靠近排污口，则垂向分 5 层监测，其余每个监测点垂向分 3 层监测。各个测点分布如表 4.5-2 所示。

表 4.5-2　监测点位置

编　号	经　　度	纬　　度
1	110°18′19″E	20°4′36″N
2	110°18′13″E	20°4′54″N
3	110°18′7″E	20°5′8″N
4	110°19′2″E	20°4′46″N
5	110°18′55″E	20°5′4″N
6	110°18′51″E	20°5′20″N
7	110°19′16″E	20°4′52″N
8	110°19′11″E	20°5′7″N
9	110°19′5″E	20°5′26″N
10	110°19′30″E	20°4′54″N

编　号	经　度	纬　度
11	110°19′24″E	20°5′11″N
12	110°19′18″E	20°5′29″N
13	110°19′44″E	20°4′59″N
14	110°19′39″E	20°5′13″N
15	110°19′31″E	20°5′36″N
16	110°19′58″E	20°5′3″N
17	110°19′51″E	20°5′18″N
18	110°19′46″E	20°5′41″N
19	110°20′37″E	20°5′22″N
20	110°20′30″E	20°5′41″N
21	110°20′23″E	20°5′58″N
22	110°20′29″E	20°4′44″N
23	110°22′11″E	20°6′12″N
24	110°17′7″E	20°4′2″N
25	110°18′56″E	20°6′20″N

排污口出水水质浓度的采样如下：

（1）监测指标：COD_{Cr}、COD_{Mn}、盐度与温度；

（2）监测时间与频次：与混合区水质测点同步；

（3）监测点位布设：排口监测点位设在污水处理厂里面的排污出口处。

4.5.2.2　结果分析

首先对混合区测点与排污口出水水质测量数据进行相关性分析，从表 4.5-3 可见，排污口附近 COD_{Mn} 与排污口出水水质具有一定的相关性，排污口附近水质受到其一定程度的影响。

表 4.5-3　出水水质与混合区各个测点的相关性

监测点	1	2	3	4	5	6	7	8	9
相关性	0.526	0.645*	0.131	−0.062	−0.301	−0.137	0.469	0.003	0.171
监测点	10	11	12	13	14	15	16	17	18
相关性	−0.244	−0.167	0.446	0.621	−0.164	0.748*	0.275	0.252	0.518
监测点	19	20	21	22	23	24	25		
相关性	0.267	0.258	0.302	0.279	0.431	0.332	−0.319		

注：* 指在 0.05 的水平上显著相关

分析监测期间污水处理厂排污口处的浓度,一期排污口出水水质较差,COD_{Cr} 浓度在 67～125 mg/L 之间,并不能稳定达到《城镇污水处理厂污染物排放标准》(GB 18918—2002)一级 B 标准(60 mg/L),而二期排污口 COD_{Cr} 浓度在 13～23 mg/L 之间,出水水质较好,其排污口水质变化趋势如图 4.5-1 所示。

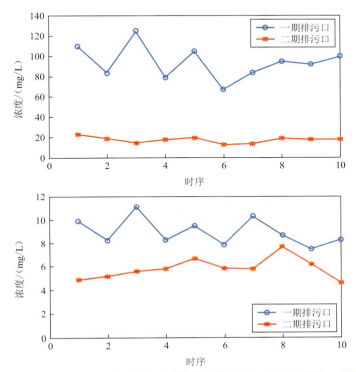

图 4.5-1　现场监测期间白沙门污水处理厂排污口处 COD_{Cr}(上)及 COD_{Mn}(下)浓度变化

排污口混合区 10 次测量表层、中层、底层最大 COD_{Mn} 浓度等值线如图 4.5-2 所示,由图可见,在排污口附近的底层水域,COD_{Mn} 明显高于周边地区,形成混合区,而表层、中层则未观测到明显的混合区。这是由于,一方面,观测期间为夏季,正是水体分层明显的季节,入海排污口处污染物扩散可能并未到达上层水体,只在底层水体扩散;另一方面,周边其他污染源如入海河流、港口等也会对结果产生干扰。

4.5.3　混合区模拟

4.5.3.1　水动力模拟与验证

采用 FVCOM 建立琼州海峡的三维浅海潮波数值模型,再现纳污海域的潮流流态,以了解其水动力条件,模拟区域为整个琼州海峡。外海开边界采用全球潮汐模式 OTPS 获得。模型垂向分 5 层。

设置 1 个潮位点 E1 和 2 个潮流观测点 V2、V3,见表 4.5-4,于 2015 年 6 月 10～11 日与水质进行同期观测。其中 V2、V3 的验证结果如图 4.5-3a,图 4.5-3b 所示。潮位、潮流验证结果表明计算值与实测值吻合良好,证明模拟的潮流是可靠的。另外,从监测结果看,排污口处(V2 点)的流速、流向在表层、底层相差不大。

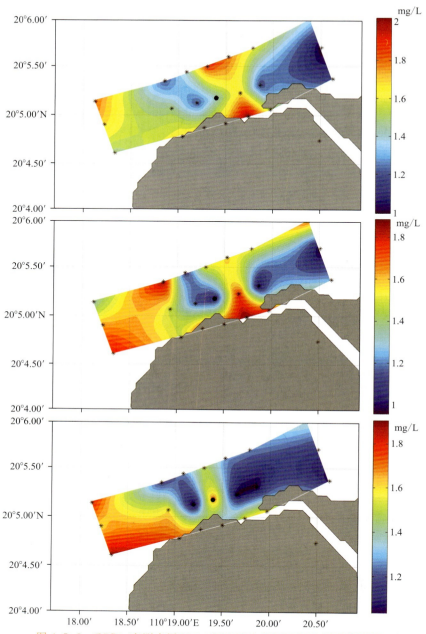

图 4.5-2　COD~Mn~实测表层（上）、中层（中）、底层（下）浓度等值线图

＊为实测点位，黑点为排污口

表 4.5-4　潮流观测站位

编　号	经　度	纬　度
E1	110°18′26″E	20°4′49″N
V1	110°22′49″E	20°4′52″N
V2	110°19′9″E	20°6′59″N
V3	110°12′33″E	20°4′44″N

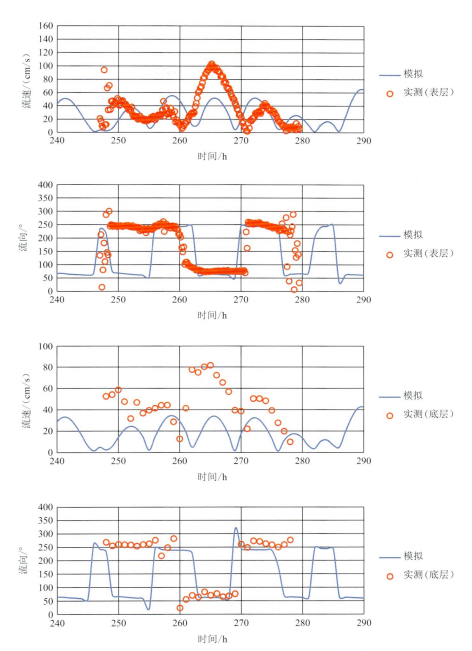

图 4.5-3a　V2 点表层、底层的流速、流向实测值与模拟值对比

4.5.3.2　潮流分析

潮流分析依据以上数值模拟的结果。

图 4.5-4 为白沙门污水处理厂扩散器处的流速方向和大小随时间变化特性。从图中可以看出落潮时潮流呈东北走向,涨潮时方向相反,且在涨落交替间流速方向朝顺时针方向转,落潮流速明显比涨潮流速大,且表层到底层流速逐渐变小。表层最大流速 96.3 cm/s,最小流速 0.4 cm/s,平均流速 36.2 cm/s;中层最大流速 87.4 cm/s,最小流速 0.7 cm/s,

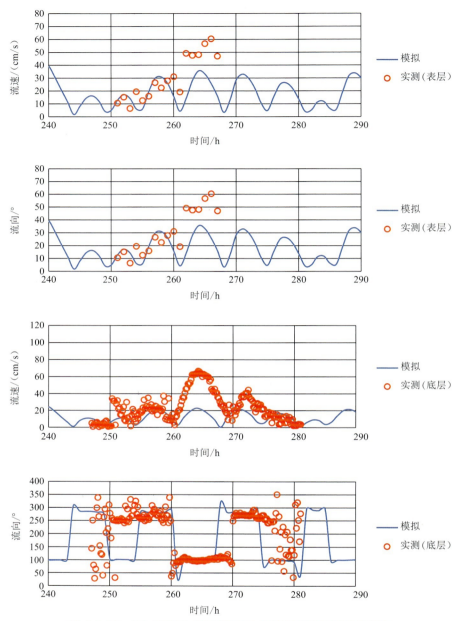

图 4.5-3b V3 点表层、底层的流速、流向实测值与模拟值对比

平均流速 33.1 cm/s；底层最大流速 60.0 cm/s，最小流速 0.3 cm/s，平均流速 23.0 cm/s。

图 4.5-5 为白沙门污水处理厂扩散器处不同水深潮流流速大小频率分布情况，从图中可以看出表层和中层各个潮流频率段分布不均匀，而底层潮流频率呈偏态分布的趋势，表层、中层流速主要集中在 0~55 cm/s 的区间内，底层流速主要集中在 0~40 cm/s 的区间内。

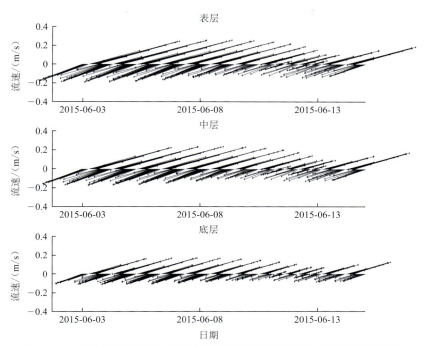

图 4.5-4　排污口扩散器处不同水深潮流流速方向与大小随时间变化特性

时间段:2015 年 6 月 3~15 日

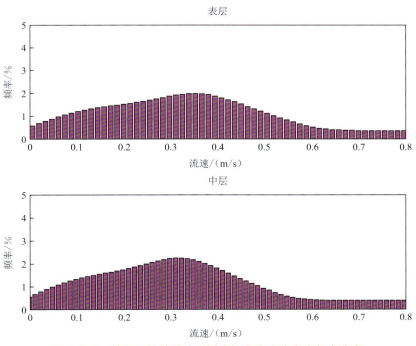

图 4.5-5　排污口扩散器处不同水深潮流流速大小频率分布

时间段:2015 年 6 月 3~15 日

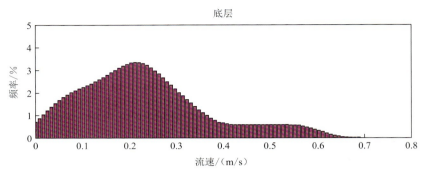

图 4.5-5(续)　排污口扩散器处不同水深潮流流速大小频率分布

时间段：2015 年 6 月 3～15 日

4.5.3.3　潮汐

琼州海峡处于南海的不正规半日潮和北部湾的正规全日潮之间，潮汐类型复杂，潮汐类型自东向西为：铺前湾的不正规半日潮，海口湾的不正规全日潮和澄迈湾的正规全日潮。平均潮差自东向西逐渐增大。图 4.5-6 显示 2015 年 6 月 3～15 日扩散器处的潮位的变化情况。此处的潮汐属不正规全日潮型。从图中可以看出，该段时间由大潮期向小潮期过度，大潮期潮差达 1.6 m，小潮期潮差约 0.4 m。

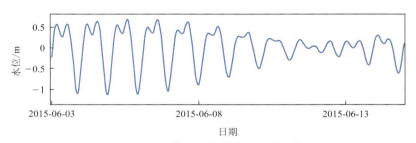

图 4.5-6　排污口扩散器处潮位变化

时间段：2015 年 6 月 3～15 日

4.5.3.4　盐度分析

根据 1976～1990 年的平均盐度统计资料表明，海口市海区的平均盐度变化范围基本在 27.5～30.9 之间。最高盐度极值为 34.4，出现在 1979 年 12 月 30 日，最低盐度极值为 9.20，出现在 1976 年 10 月 1 日。海口市近海盐度主要受降雨量和径流量的影响。

4.5.3.5　排污口混合区模拟

海口白沙门污水处理厂一期、二期的入海排污口均属于离岸排放口，一期、二期的放流管平行铺设，一期扩散竖管 20 个，二期扩散竖管 21 个，竖管之间的距离介于 15～30 m 之间，每个扩散竖管有 4 个喷孔，孔径 125 mm。

该区的海水水质标准按照《海水水质标准》(GB 3097—1997)中 COD_{Mn} 4 mg/L 的标准执行，COD_{Mn} 背景浓度根据现状监测取为 0.98 mg/L。

模拟考虑两个方案：

A. 排放量考虑现状实际测量的排放量：COD_{Mn} 出流浓度为 9 mg/L，排放速率为 1.183 m^3/s；

B. 满负荷排放量：COD_{Mn} 出流浓度为 20 mg/L（按照 COD_{Cr} 一级 B 标准换算），排放速率为 5.78 m^3/s，即一期、二期总处理规模 50 万立方米/天。

（1）远区模拟。

采用 FVCOM 模拟结果如图 4.5-7、图 4.5-8 所示：现状条件下，COD_{Mn} 浓度增量最高仅为 0.18 mg/L，因此现状监测时完全被周边其他污染源所掩盖；在满负荷运行下，其浓度增量最高达到 2 mg/L。

叠加背景浓度之后，两个模拟案例均未超过第三类标准，可见采用远区模型模拟的结果并未能得到该排污口的混合区，这可能是由于混合区太小，远区模型的分辨率太低导致，因此必须采用近区模型进行模拟。

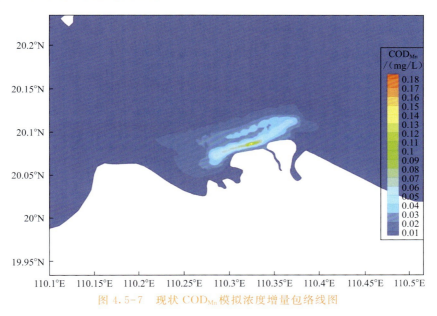

图 4.5-7　现状 COD_{Mn} 模拟浓度增量包络线图

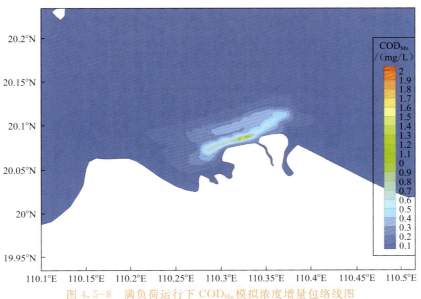

图 4.5-8　满负荷运行下 COD_{Mn} 模拟浓度增量包络线图

（2）近区模拟。

近区模拟采用 CORMIX 软件模拟，模拟因子为 COD_{Mn}，此处考虑落潮与涨潮的情况，潮流速度分别采用其平均速度 0.24 m/s 和最大速度 0.4 m/s，其参数设置为：

出流：

出流浓度：9 mg/L；

流量：1.183 m^3/s；

密度：998.18 kg/m^3；

平均水深：14 m；

排口处水深：14 m；

潮流速度：0.4 m/s；

平均密度：1 018.06 kg/m^3；

出流：CORMIX2 多孔；

扩散器长度：400 m；

距第 1 个边孔的距离：800 m；

距第 2 个边孔的距离：1 200 m；

孔高：0.5 m；

孔直径：0.125 m；

浓度比值：1

开孔总数：84；

排列角度：90°；

每个管的孔数：4；

垂向角度：90°。

按照现状实际测量排放量预测结果如图 4.5-9～图 4.5-11 所示，由于扩散器的作用，涨潮时，其超标范围仅为下游 10 m，落潮时，其超标范围为至下游 25 m。该扩散器的近区稀释度在 1 000～2 000 之间，可见其稀释扩散能力较强。现状条件下其超标范围有限。

在满负荷运行条件下，预测结果如图 4.5-12～图 4.5-14 所示，由于扩散器的作用，涨潮时，其超标范围仅为下游 30 m，落潮时，其超标范围为至下游 40 m。该扩散器的近区平均稀释度在 100～250 之间，可见其稀释扩散能力较强。根据现场实测，以 25 号点作为该海域背景点，其 COD_{Mn} 浓度值为 1.1 mg/L，该海域执行《海水水质标准》(GB 3097—1997)中的第三类标准，即 COD_{Mn} 4 mg/L，其稀释度只需达到 6.9 即可达标。因此，其超标范围最高仅在离扩散器距离 40 m 范围，该范围内有可能会超过《海水水质标准》(GB 3097—1997)中的第三类标准。

在污水处理厂满负荷条件下，采用本项目推导的离岸排放公式 A.2 计算得到其混合区范围为距离扩散器 306 m 的范围，因此，公式 A.2 高估了混合区的范围。分析该处海域环境，从实测结果可以看出，该处海域垂向出现分层，因此公式估算结果与模型计算值有较大差别，说明了公式不适用于这种情况。实际计算中，如果出现这种分层较为明显的情况，应该使用 VP 或 CORMIX 等计算软件进行混合区计算。

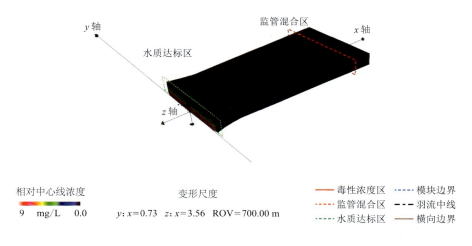

相对中心线浓度　　　　　变形尺度　　　　　——毒性浓度区　······模块边界
9　mg/L　0.0　　　$y:x=0.73$　$z:x=3.56$　$ROV=700.00$ m　　　----监管混合区　----羽流中线
　　　　　　　　　　　　　　　　　　　　　　　　　······水质达标区　——横向边界

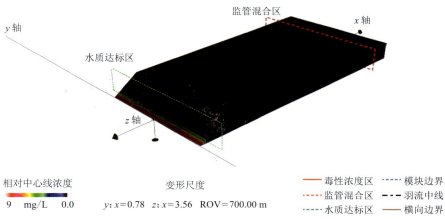

相对中心线浓度　　　　　变形尺度　　　　　——毒性浓度区　······模块边界
9　mg/L　0.0　　　$y:x=0.78$　$z:x=3.56$　$ROV=700.00$ m　　　----监管混合区　----羽流中线
　　　　　　　　　　　　　　　　　　　　　　　　　······水质达标区　——横向边界

图 4.5-9　白沙门污水处理厂现状排放量下排污口混合区模拟结果

涨潮(上)，落潮(下)

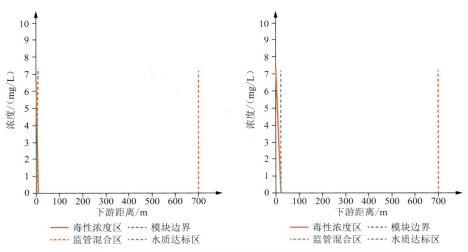

图 4.5-10　白沙门污水处理厂现状排放量下排污口浓度随距离衰减图

涨潮(左)，落潮(右)

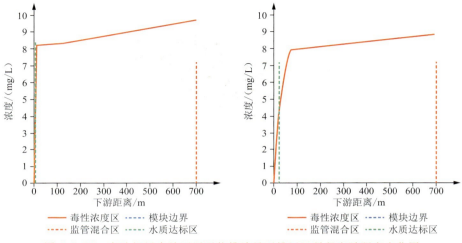

图 4.5-11　白沙门污水处理厂现状排放量下排污口稀释度随距离变化图

涨潮(左)，落潮(右)

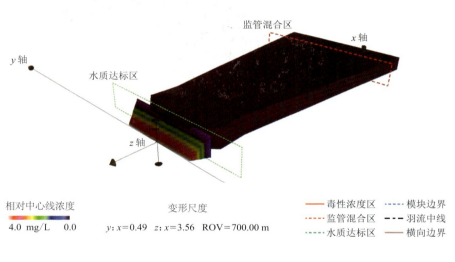

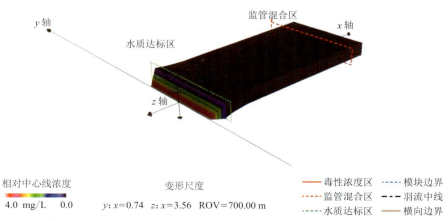

图 4.5-12　白沙门污水处理厂满负荷运行下排污口混合区模拟结果

涨潮(上)，落潮(下)

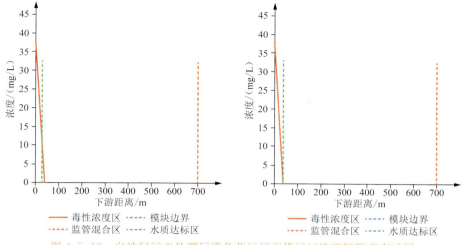

图 4.5-13　白沙门污水处理厂满负荷运行下排污口浓度随距离衰减图
涨潮（左）,落潮（右）

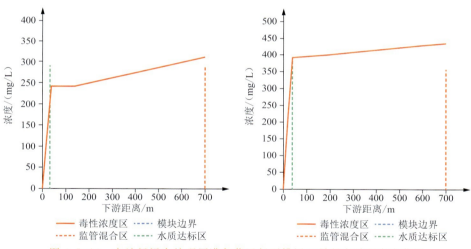

图 4.5-14　白沙门污水处理厂满负荷运行下排污口稀释度随距离变化图
涨潮（左）,落潮（右）

4.6　案例研究——大亚湾石化区第二条污水排海管线

4.6.1　大亚湾石化区第二条排海管线基本情况

惠州大亚湾石油化学工业区位于广东省惠州市南部,规划总面积 27.8 km²。石化区作为中国石油和化学工业示范园区,已成为惠州市经济发展的主要推动因素和广东省沿海石化产业带的重要组成部分。2016 年年底前,石化区内所有废水经处理达标后,通过石化区唯一的一条且属于中海壳牌公司的排污管道进行排放,该管线最大排海能力为 2 700 m³/h。据统计目前外排污水量小于 1 200 m³/h(现扩散器设计能力为 1 200 m³/h)。

大亚湾石化区第二条排海管线总投资约 9 亿元,2016 年年底已建成,设计总长约 44.58 km,其中陆管 6.78 km,海管 37.8 km(一条长约 37.8 km 的海底管线和长约

138.5 m 的管道终端连接),管径 1 016 mm,设计最大排放能力 9.12 万吨/天(3 800 t/h),废水排放按广东省《水污染物排放限值》(DB 44/26—2001)一级标准(第二时段)控制。该排海管位于大亚湾东侧海域,下海点位于清源污水处理厂附近,排污口位于大亚湾湾口外,距离大亚湾水产资源自然保护区最南界外 800 m,排污口中心坐标为 114°45′40″E,22°27′00″N。随着大亚湾石化区第二条污水排海管线的运行,大亚湾石化区第一条污水排海管线将逐步停止运行。

4.6.2　扩散器设计方案

扩散器参数:扩散能力 3 800 t/h,管径 1 016 mm,长度 138.5 m,污水流速 2.3 m/s。排污口处水深 25 m。扩散器结构参数见表 4.6-1。

表 4.6-1　扩散器结构参数

扩散器长度	138.5 m		
上升管间距	7 m		
上升管数量	20 支		
单上升管喷口数	2 个		
水平方位角	90°(与环境水流方向垂直)		
射流角度	20°		
上升管编号	1~12	13~18	19~20
上升管内径	0.20 m	0.21 m	0.224 m
上升管长度	1.5 m		
主管内径	0.78 m	0.50 m	0.3 m
主管变径长度	80.5 m	40 m	10.5 m
过渡段长度	2.0 m		
喷口内径	0.10 m	0.104 m	0.108 m

扩散器的主要水力特征见表 4.6-2。

表 4.6-2　扩散器的主要水力特征表

污水排放量	$Q=1.055\ 6\ m^3/s$
出流不均匀度	$P_1=4.75\%$
不淤排放流量/(m³/s)	0.286 5
临界入侵流量/(m³/s)	0.123 1
临界冲洗流量/(m³/s)	0.548 6

扩散器及上升管布置见图 4.6-1。

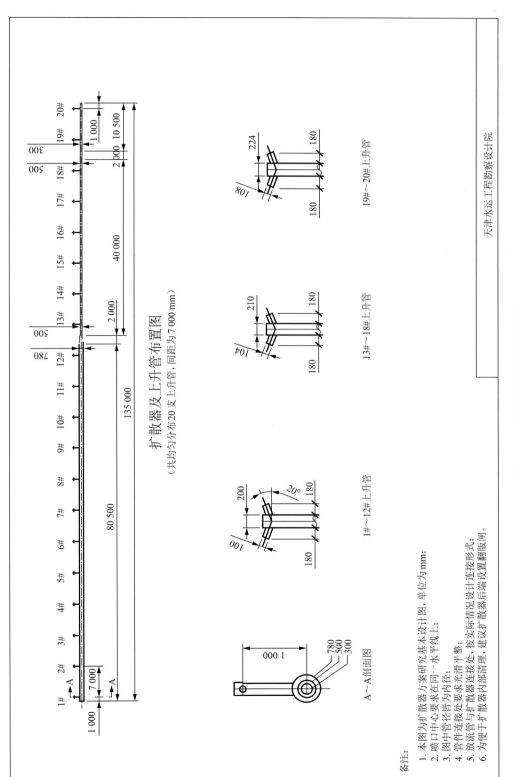

图 4.6-1　扩散器及上升管布置图

4.6.3　近区模拟

4.6.3.1　海洋条件

根据《惠州大亚湾石化区第二条污水排海管线项目海上工程扩散器优化设计报告》里的统计,大亚湾的潮汐、温度和盐度、潮流如下:

(1)潮汐。

大亚湾潮汐的潮性系数介于 1.55～1.95 之间,潮汐属于不正规半日潮型。海域潮位情况如表 4.6-3 所示。

表 4.6-3　大亚湾潮位情况

最高高潮位	2.86 m	平均潮差	0.43 m
最低低潮位	0.24 m	最大潮差	2.34 m
平均高潮位	1.07 m	平均低潮位	0.64 m

(2)温度和盐度。

夏季表层水温分布范围为 27.17 ℃～30.66 ℃,底层为 21.39 ℃～27.36 ℃,水温水平分布变化均由湾顶向湾外递减。冬季表层水温分布范围为 17.03 ℃～18.03 ℃,底层为 17.00 ℃～18.00 ℃,水温水平分布变化比较均匀。夏季表层 5 m 的水温明显高于 5 m 以下的水温,冬季底层水温与表层基本一致。

夏季表层盐度分布范围在 29.08～34.31 之间,底层变化范围为 33.78～34.41,盐度变化自湾顶向湾外递增。冬季表层盐度分布范围为 32.47～32.72,底层变化范围为 32.47～32.71,盐度水平变化比较均匀。夏季的底层盐度大于表层,冬季的底层盐度与表层基本一致。

(3)潮流。

从所统计的流速极值来看,各垂线涨潮最大流速接近于表层,落潮最大流速以 0.6H 为多。大潮涨潮流速大于落潮流速,小潮则相反。大潮最大流速比小潮最大流速大。大潮涨潮垂线平均最大流速的量值在 0.12～0.27 m/s 之间,小潮在 0.053～0.18 m/s 之间;大潮落潮垂线平均最大流速的量值在 0.70～0.23 m/s 之间,小潮在 0.046～0.19 m/s 之间。排污口所在的大亚湾湾口海域潮流均为旋转性潮流,排污口海域最大可能流速为 51.06 cm/s 左右,流向均为偏东方向。

(4)余流。

大亚湾海区余流变化受地形与风场影响较大,一般流速介于 1.0～26.0 cm/s 之间,湾内余流值较小,湾外较大。

4.6.3.2　参数情景设定

近区模拟采用 VP 软件模拟,模拟因子为 COD_{Mn} 和石油类,参数选择最不利的情况,即夏季水体明显分层,且在小潮期的情况进行计算。由于小潮期污染物不易扩散,因此采用小潮期的流速,潮流速度采用表层速度 0.19 m/s、底层 0.01 m/s。温度、盐度取夏季水体分层情况,即表层温度 30.66 ℃,底层 27.36 ℃,表层盐度 29.08,底层 33.78。其具体参数设置为：

排污口基本输入参数：

排污口直径：0.104 m；

排放点水深：24.6 m；

垂向角度：20°；

水平角度：203°；

排口数：40；

排口距离：7 m；

排放速率：1.055 6 m³/s；

排放盐度：4.51；

排放温度：28 ℃；

污染物排放量：6×10^{-5} kg/kg。

环境输入参数：

潮流速度：表层 0.19 m/s，底层 0.01 m/s；

潮流方向：194°；

环境盐度：表层 29.08，底层 33.78；

环境温度：表层 30.66 ℃，底层 27.36 ℃；

背景浓度：石油类 0.025 mg/L，COD 0.79 mg/L；

污染物衰减速率：0.1/d；

远区潮流速度：0.19 m/s、0.01 m/s；

远区潮流方向：194°；

远区污染物弥散系数：$0.013\ 5\ m^{0.67}/s^2$。

4.6.3.3　模拟结果

大亚湾石化区第二条排海管线扩散器近区预测结果如图 4.6-2 所示，由于环境水体的密度分层作用，污染物并未到达水面，排口射流中心线最高到达水深 15.2 m 处即开始下降，在约 14 m 处，其羽流下边界触及底部，此时稀释度为 124.6，即初始稀释度为124.6，符合《污水海洋处置工程污染控制标准》(GB 18486—2001)的要求(即：对经特批在第二类海域划出一定范围设污水海洋处置排放点的情形，按 90% 保证率下初始稀释度应≥55)。因此，从模拟结果上看，该扩散器所在水深 23 m，其稀释能力已经满足要求。

(1)正常排放时混合区计算。根据 2015 年现状监测结果，考虑石油类与 COD_{Mn} 的背景浓度分别为：石油类 0.025 mg/L，COD_{Mn} 0.79 mg/L。排污口所在区域执行《海水水质标准》(GB 3097—1997)第一类标准，即石油类 0.05 mg/L，COD 2 mg/L，则排放增量超过石油类 0.025 mg/L，COD_{Mn} 1.21 mg/L 的限值视为混合区范围。排污口处的污染物浓度为：石油类 5 mg/L，COD_{Mn} 24 mg/L(COD_{Cr} 60 mg/L)。相应的临界稀释度为：石油类200，COD 19.8。此处混合区选择污染超标范围大的因子，即石油类的混合区作为该排污口混合区，根据模拟结果，得到相应的混合区长度为 110 m，由于扩散器长度为 138.5 m，则相应的混合区面积为 0.030 1 km²。可见，该混合区范围很小，对该海域影响有限。

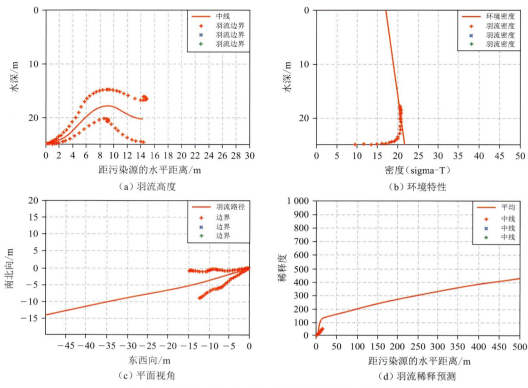

图 4.6-2　大亚湾石化区第二条排海管线扩散器近区预测结果

（2）事故排放时混合区计算。在事故排放情况下，排污口处的污染物浓度为：石油类 10 mg/L，COD_{Mn} 120 mg/L（COD_{Cr} 300 mg/L）。相应的临界稀释度为：石油类 400，COD 99.17。此处混合区选择污染超标范围大的因子，即石油类混合区作为该排污口混合区，根据模拟结果，得到混合区长度为 450 m，则相应混合区面积为 0.124 7 km²。可见，在事故排放情况下，混合区范围有所增大，但是其影响范围仍然有限。

从以上模拟结果可见，该扩散器的扩散性能满足设计要求，其形成的混合区也很小，混合区长度为 110 m，混合区面积为 0.029 7 km²。

4.6.4　公式计算

采用推导的公式对大亚湾石化区第二条排海管线扩散器混合区进行计算。选取石油类作为预测因子，根据前文，正常排放情况下，稀释度必须达到 200 才能符合相应的水质要求，则计算参数及 S-R 结果见表 4.6-4。

表 4.6-4　计算参数及 S-R 关系

变量	说明	单位	值
H	扩散器所在处水深	m	23.000
D	排放口直径	m	0.104
F_0	—	—	20.169

变量	说明	单位	值
u_0	排放口出流速度	m/s	3.100
g	重力加速度	m/s²	9.810
$\Delta\rho_0$	排出水体与环境水体的初始密度差	kg/m³	23.746
ρ_a	环境水体密度	kg/m³	1 023.700
L	扩散器长度	m	135.000
V	扩散器所在水域环境水体平均流速	m/s	0.100
Q	扩散器排放总流量	m³/s	1.056
R	排放下游横向垂直断面上最小稀释度所在点位到扩散器中心的水平距离	m	42.000
S	排放潮流方向横向垂直断面上最小稀释度	—	200.174

　　从上表可知,计算得到的混合区长度 R 为 42 m。与 VP 计算结果(110 m)相比,对混合区范围有所低估。这是由于夏季该处扩散器的排污受水体分层环境影响较为明显,采用 VP 可以考虑水体的分层,因此预测结果更为接近现实,而混合区计算公式采用的是水深平均的量,在水体底部扩散条件差,水体表层扩散条件好,其平均量从某种程度上高估了水体的扩散能力,使得混合区长度有所减小。

　　考虑采用 15.2 m(VP 预测射流中心线最高到达水深)以下水深的平均量,则得到的结果见表 4.6-5。

表 4.6-5　计算参数及 S-R 关系

变量	说明	单位	值
H	扩散器所在处水深	m	23.000
D	排放口直径	m	0.104
F_0	—	—	19.448
u_0	排放口出流速度	m/s	3.100
g	重力加速度	m/s²	9.810
$\Delta\rho_0$	排出水体与环境水体的初始密度差	kg/m³	25.540
ρ_a	环境水体密度	kg/m³	1 025.500
L	扩散器长度	m	135.000
V	扩散器所在水域环境水体平均流速	m/s	0.060
Q	扩散器排放总流量	m³/s	1.056
R	排放下游横向垂直断面上最小稀释度所在点位到扩散器中心的水平距离	m	67.000
S	排放潮流方向横向垂直断面上最小稀释度	—	199.982

可见,其混合区长度为 67 m,结果更为准确。因此,实际环境中,在水体不分层环境下,采用公式预测结果将更为准确。

4.7 小 结

本节构建了近区离岸排污口、岸边排污口混合区的经验公式:稀释度-距离(S-R)关系公式,并通过室内实验确定公式的待定系数,通过野外现场实验和数值模拟的方法论证了公式的合理性,得到的公式成果如下:

S-R 关系公式如下:

(1) 对于离岸排放的情况,采用:

$$S = 42\ 870 \times \frac{H}{DF_o^{\frac{1}{2}}} \left[1 - 0.999\ 4 \left(\frac{HLV}{Q} \right)^{1.029 \times 10^{-4}} \left(\frac{R}{L} \right)^{1.209 \times 10^{-4}} \right]$$

$$F_o = \frac{u_o}{\sqrt{g\ \dfrac{\Delta \rho_o}{\rho_a} D}}$$

式中,S——排放潮流方向横向垂直断面上最小稀释度,$S = C/C_o$,C 为排放潮流方向横向垂直断面上浓度,C_o 为排污口处初始浓度;

  H——扩散器所在处水深/m;

  L——扩散器长度/m,对于单排口情况,$L = D$;

  V——扩散器所在水域环境水体平均流速/(m/s);

  Q——扩散器排放总流量/(m³/s);

  R——排放下游横向垂直断面上最小稀释度所在点位到扩散器中心的水平距离/m;

  $\Delta \rho_o$——排出水体与环境水体的初始密度差/(kg/m³);

  ρ_a——环境水体密度/(kg/m³);

  D——排放口直径/m;

  u_o——排放口出流速度/(m/s)。

(2) 对于岸边排放的情况,采用:

$$S = 0.000\ 866\ 7 \times \frac{1}{F_o^{\frac{1}{2}}} \left(\frac{h}{D} \right)^{\frac{5}{3}} \left[1 + 5\ 327 \left(\frac{DhV}{Q} \right)^{-0.516\ 8} \left(\frac{R}{h} \right)^{1.247} \right]$$

式中,S——排放口下游横向垂直断面上最小稀释度,$S = C/C_o$,C 为排放潮流方向横向垂直断面上浓度,C_o 为排污口处初始浓度;

  D——排放口直径/m;

  V——排放口附近环境水体流速/(m/s);

  Q——排放口排放流量/(m³/s);

  h——排放口潜入水下深度/m,水面排放时:$h = D$;

  u_o——排放口出流速度/(m/s);

  F_o——同前。

上述公式适用于环境水体垂向不分层的情况；如果环境水体出现垂向分层，公式将不适用。另外，上述公式也不适用于温排水或冷却水排放的混合区计算。

参考文献

［1］ Gu G，Wei H，Cai B. Model and numerical-studies on buoyant jets in crossflows-Yantai marine outfall system[J]. Wateronce & Technology，1991，24(5)：175-181.

［2］ 国峰，恽才兴，李阳，等. 上海金山区污水排海工程排污口位置的比选[J]. 中国给水排水，2006，22(24)：45-47.

［3］ 韦鹤平. 上海市竹园排放口扩散管模型试验研究[M]. 上海：同济大学环境工程学院，1991.

［4］ 韦鹤平. 横流中纯射流稀释扩散规律研究[M]. 北京：科学出版社，1993.

［5］ 李玉梁，周雪漪，余常昭，等. 潮汐流动中污染混合区的计算[J]. 清华大学学报（自然科学版），1993(2)：56-64.

［6］ 张永良，富国，李玉梁，等. 河口海湾中排污混合区分析计算[J]. 水资源保护，1993(3)：3-7.

［7］ 武周虎，贾洪玉. 河流污染混合区的解析计算方法[J]. 水科学进展，2009，20(4)：544-548.

［8］ Doneker R，Jirka G. CORMIX user manual[Z]. Ithaca：Cornell University，2007.

［9］ Baumgartner D，Frick W，Roberts P. Dilution models for effluent discharges(Third Edition)[M]. Washington DC：United States Environmental Protection Agency，1994.

［10］ Winiarski L D，Frick W E. Cooling tower plume model[R]. United States：Corvallis Environmental Research Lab，1976.

［11］ Frick W E. Non-empirical closure of the plume equations[J]. Atmospheric Environment，1984，18(4)：653-662.

［12］ Davis L R. Fundamentals of environmental discharge modeling[M]. Boca Raton：CRC Press，1998.

［13］ Roberts P J W，Snyder W H，Baumgartner D J. Ocean outfalls. III：Effect of diffuser design on submerged wastefield[J]. Journal of Hydraulic Engineering，1989，115(1)：49-70.

［14］ Lee J H W，Cheung V. Generalized Lagrangian model for buoyant jets in current[J]. Journal of Environmental Engineering，1990，116(6)：1085-1106.

［15］ Chen C. An unstructured-grid，finite-volume community ocean model：FVCOM user manual[Z]. Cambridge：Sea Grant College Program，Massachusetts Institute of Technology，2012.

［16］ Chen C，Beardsley R，Cowles G. An unstructured grid，finite-volume coastal ocean model：FVCOM user manual［Z］. North Dartmouth：University of Massachusetts Dartmouth，2006.

［17］ Wong L A，Chen J C，Dong L X. A model of the plume front of the Pearl River Estuary，China and adjacent coastal waters in the winter dry season［J］. Continental Shelf Research，2004，24(16)：1779-1795.

第5章

入海排污口生态风险评估及防范措施研究

5.1 入海排污口生态风险管控现状与挑战

5.1.1 近岸海域生态风险管控现状

5.1.1.1 海岸带入海排污涉生态风险的行业

海岸带一直是我国涉及危险化学品行业的主要分布区域。根据《中华人民共和国安全生产法》和《危险化学品安全管理条例》对重大危险源的界定,重大危险源是指长期地或者临时生产、搬运、使用或者储存危险物品,且危险物品的数量等于或者超过临界量的单元(包括场所和设施)。2008 年,环境保护部开始发布"高污染、高环境风险"产品名录(简称"双高"产品名录),共涉及 6 个行业的 141 种"双高"产品。同时环境保护部和中国保监会联合制定了《关于环境污染责任保险工作的指导意见》,该意见要求,对生产、经营、储存、运输、使用危险化学品的企业、易发生污染事故的石油化工企业和危险废物处置企业,特别是近年来发生重大污染事故的企业和行业开展环境污染责任保险的试点。

归纳出目前重点关注的"高污染、高环境风险"行业包括:

(1)农药;

(2)电池;

(3)染料;

(4)无机盐;

(5)涂料;

(6)有机胂系列产品。

归纳的重点关注的"高污染、高环境风险"企业包括:

(1)涉重金属企业,包括重有色金属矿(含伴生矿)采选业、重有色金属冶炼业、铅蓄电池制造业、皮革及其制品业、化学原料及化学制品制造业等行业内涉及重金属污染物产生和排放的企业;

(2)其他高环境风险企业。包括石化行业企业、危险化学品经营企业、危险废物经营企业,以及存在较大环境风险的二噁英排放企业等高环境风险企业。

其中,集中分布在海岸带区域,入海排污的"高污染、高环境风险"行业/企业主要包括:

(1)石化行业及相关企业;

(2)涉重金属排放行业及相关企业,包括电镀业、皮革及其制品业等。

5.1.1.2　海岸带生态风险源地理分布状况

(1)石化行业。

从 2003 年开始,我国重化工业布局在沿海地区已经成普遍趋势,各地重化工业比重占规模以上工业的 70%左右。2006 年我国开展化学工业与石油化工大排查行动,结果显示,7 555 个化学工业与石油化工建设项目中,81%布设在江河水域沿海、人口密集区等环境敏感区域,其中 45%项目为重大风险源。以石化产业为例,其沿海岸带分布的趋势更加明显,集中分布在环渤海湾、长江口、珠江口及粤西等沿海区域。

(2)涉重金属排放行业(电镀行业)。

电镀行业是涉重金属排放行业中的代表性行业,2010 年,全国电镀已具有 30 亿平方米电镀面积的加工能力,33.8%分布在机器制造工业,20.2%在轻工业,5%~10%在电子工业,其余主要分布在航空、航天及仪器仪表工业。2012 年的调查显示,电镀行业每年排放大量的污染物,包括 4 亿吨含重金属废水、50 000 吨固体废物和 3 000 万立方米酸性气体。70%~80%的国有电镀厂建立了污染控制设施,然而大部分处理设施已经过期而不能正常运转(城市中只有 50%的设施能运转,农村地区更低,只有 25%)。而大多数乡镇电镀企业则几乎没有采取任何污染控制措施。

5.1.1.3　主要有毒有害风险物质状况

目前我国列入政府管理体系的危险物质主要包括:

(1)"高污染、高环境风险"产品名录:共涉及 6 个行业的 141 种"双高"产品。

(2)《重点环境管理危险化学品目录》(环办〔2014〕33 号)列入三大类、84 种重点环境管理危险化学品:① 具有持久性、生物累积性和毒性的;② 生产使用量大或者用途广泛,且同时具有高的环境危害性和/或健康危害性;③ 属于需要实施重点环境管理的其他危险化学品,包括《关于持久性有机污染物的斯德哥尔摩公约》《关于汞的水俣公约》管制的化学品等。

(3)《国家危险废物名录》(2016)列入两类、479 种固体废物和液态废物:① 具有腐蚀性、毒性、易燃性、反应性或者感染性等一种或者几种危险特性的;② 不排除具有危险特性,可能对环境或者人体健康造成有害影响,需要按照危险废物进行管理的。

(4)《危险化学品名录》(2015):具有毒害、腐蚀、爆炸、燃烧、助燃等性质,对人体、设施、环境具有危害的剧毒化学品和其他化学品。

(5)《危险货物品名表》(GB 12268—2012):列入 8 大类、21 小类,具有毒害、腐蚀、爆炸、燃烧、助燃等性质,对人体、设施、环境具有危害的剧毒化学品和其他化学品。

对海岸带入海排污的风险企业而言,目前的生态风险监管主要包括排放标准的控制和排放口环境监测,其中对重点行业(石化、电镀、印染等行业)具体排放控制和环境监测指标归纳见表5.1-1。

表 5.1-1　重点行业入海排污口排放控制和环境监测指标

重点行业	有毒有害特征污染物	污水综合排放控制（污水综合排放标准）	行业排放控制（行业排放标准）	近岸海域环境质量监测指标	入海排污口/河流环境监测指标
石化	苯系物、石油烃、	《污水综合排放标准》（GB 8978—1996）第一类污染物：总汞、烷基汞、总镉、总铬、六价铬、总砷、总铅、总镍、苯并(a)芘、总铍、总银、总α放射性、总β放射性第二类污染物：按建设时间、所属行业选择指标	《石油化学工业污染物排放标准》（GB 31571—2015）	漂浮物质、色、臭、味、悬浮物质、大肠菌群、粪大肠菌群、病原体、水温、pH、溶解氧、COD、BOD₅、无机氮（以 N 计）、非离子氨（以 N 计）、活性磷酸盐（以 P 计）、汞、镉、铅、六价铬、总铬、砷、铜、锌、硒、镍、氰化物、硫化物（以 S 计）、挥发性酚、石油类、六氯环己烷、二氯二苯二氯乙烷（DDD）、马拉硫磷、甲基对硫磷、苯并(a)芘、阴离子表面活性剂（以 LAS 计）、放射性核素	水量、水温、流速、盐度、pH、电导率、溶解氧、高锰酸盐指数、BOD₅、氨氮、石油类、挥发酚、汞、铅、COD、总氮、总磷、铜、锌、氟化物、硒、砷、镉、六价铬、氰化物、阴离子表面活性剂、硫化物、粪大肠菌群、硫酸盐、氯化物、硝酸盐、铁、锰、硅酸盐
电镀	重金属、固体废弃物、酸性气体		《电镀废水排放标准》（GB 21900—2008）		
印染	苯系物、重金属等		《纺织染整工业水污染物排放标准》（GB 4287—2012）		
……	……		……		

5.1.2　国外近岸海域生态风险管控的发展情况

5.1.2.1　从健康风险与生态风险分类管理到综合的风险管理

健康风险管理大部分是源于美国国家研究委员会 1983 年提出的框架。在此基础上，美国环保局制定和颁布了有关风险管理的一系列技术性文件、准则或指南以及危害和风险评价的草案，用于保护人体健康：1986 年发布了致癌风险评价、致畸风险评价、化学混合物健康风险评价、发育毒物健康风险评价、暴露评价、超级基金场地危害评价和风险评价等指南；1988 年发布了内吸毒物和男女繁殖性能毒物等风险评价指南；1992 年颁布了生态风险评价与管理技术框架，1998 年又对该框架内容进行了修改和扩充，形成了迄今风险评价的基本导则。

为了提高风险管理的有效性和效率，2008 年世界卫生组织（WHO）国际化学安全计划、美国环保局、欧洲委员会（EC）、世界经济合作组织（OECD）进行了合作，提出要综合评价人体健康和生态风险，将两者合二为一，并且已经初步形成一个框架，认为两者的综合为评价结果提供了共同的表达方式，将人类和环境融为一体，提高了人体健康和生态风险评价的效率和质量以及预测能力。将人体和野生生物的毒理动力学和动态做对比研究，综合风险评价就能判断出环境污染是如何以及在多大程度上对人体健康和野生生物造成风险的。综合的风险评价从健康和环境保护的观点出发，有利于我们更有效地进行环境风险管理。

5.1.2.2　从单因子到多因子的生态风险综合管理

在人体健康风险和生态风险管理中往往运用生态毒理学进行单一污染物的风险分析,在既定的实验条件下判断生物对某一化合物的反应。但在实际情况中造成风险的并非单一的化学污染物,即使是单一的化合物污染也可能有代谢物或转化为其副产物,结果可能低估环境的风险,并且单一的化学污染物暴露的途径也并非单一的。在实验室条件下,测定生物对化学物的反应往往假定生物为单一暴露途径,对单一物种测试,例如慢性或急性反应测试就没有考虑到群落中生物之间的相互作用以及化合物之间的相互作用。从风险产生的因子看,风险也有可能是由物理因子(由于人类活动导致的生物栖息地丧失或减少等)、生物因子(物种入侵等)和化学因子共同作用造成的,因此在实际情况中,风险可能是由多因子共同造成的。

1986 年美国环保局发布了化学复合物的健康风险评价导则,表明了对多种化学物暴露所导致的健康风险的关注。1989 年美国环保局发布了危险废弃物导则,对化学复合物风险评价给出了可行的步骤。1990 年美国环保局发布了一个技术支持文件,提供了关于整体复合物毒性以及两种化合物之间毒性作用的更为详细的信息,同时也讨论了毒性相似的概念。美国国家环境评价中心依此发布了化学复合物健康风险评价技术支持文件。1994 年美国国家科学研究委员会呼吁要从单一的化合物评价转移。1997 年美国环保局科学政策委员会颁布了关于累积风险评价的政策,该政策对综合评价过程中的第一个步骤进行了说明。2000 年美国环保局的研究策略着重强调了对化学复合物的研究,发布了复合污染健康风险评价的补充导则。

5.1.2.3　风险评价定性和定量相结合

定性评价涉及如何用自然语言表述定性概念,并反映出自然语言中概念的模糊性和随机性。通常,定性评价可以用例如"低""中等""高"或者"有""无"来说明风险级别,这在某种程度上避免了定量评价对于风险的精确估算。对于不同的种群,风险的大小可能存在差别,采用与其他风险种群对比的方法,可以从定性的角度对存在的风险进行评价。

当数据、信息资料充足的时候,就可以采用定量的方法来评价风险。定量风险评价有很多优点:允许对可变性进行适当的、可能性的表达;能迅速地确定什么是未知的,分析者能将复杂的系统分解成若干个功能组分,从数据中获取更加准确的推断;十分适合于反复的评价,即风险计算—收集数据—基于事实的假设—提炼模型—再计算风险,如此反复,为如何收集数据提供了更好的思路;能通过风险-收益分析,比较可替代性的管理策略。

目前常用的定性和定量的转换方法有层次分析法、量化加权法、专家打分法,或者是定性分析中夹杂着一些数学模型和定量计算。

5.1.3　国内近岸海域生态风险管控面临的问题

我国目前的环境风险管理还处于起步阶段,生态风险管控以研究为主,目前面临的问题主要包括：

（1）对于生态风险的研究仍注重于对生态风险评价的研究，在此基础上提出生态风险的具体管理对策。对生态风险管理的研究还不深入。灾害风险管理的体系、机制建设较为成熟，但区域生态风险管理的机制研究尚不完善和成熟，对于构建完整的区域生态风险管理体系方面的研究，尤其是对风险管理的预警机制和防范机制的研究较少。

（2）在风险决策者、科学研究人员、风险承受者、社会公众之间尚未建立起一个良好有效的信息交流、共享和反馈机制，各部门之间过于独立，造成资源浪费和信息沟通不畅。

（3）总体管理对策多从法律制度、技术角度、公众舆论角度出发，如何从经济角度出发，将区域生态风险管理与提高其经济效益结合的研究还比较少。

（4）对于如何建立有效的生态风险监测、风险预警和风险决策机制，仍处于探索阶段，目前尚没有一个较为完善和成熟的规范或实例。

5.1.4　海岸带突发性生态风险特征分析

从环境风险管理的角度而言，海岸带突发性生态风险的风险源是沿海地区存在的重大环境风险源，当发生突发性环境污染事故时，可能对近岸海域生态系统造成损害。

突发性环境污染事故不同于一般的环境污染，它没有固定的排放方式和排放途径，是突然发生、来势凶猛，在瞬时或短时间内大量地排放污染物质，对环境造成严重污染和破坏，给人民和国家财产造成重大损失的恶性环境污染事故。

根据污染物性质及常发生的方式，突发性环境污染事故可分为四大类：① 核污染事故；② 溢油事故；③ 有毒化学品的泄漏、爆炸、扩散污染事故；④ 非正常大量排放废水造成的污染事故。其中，与海岸带入海排污口相关的突发性环境污染事故主要包括有毒化学品的泄漏、爆炸、扩散污染事故和非正常大量排放废水造成的污染事故两大类。

海岸带突发性环境污染事故呈现的主要特征有：

5.1.4.1　形式的多样性

突发性环境污染事故包括有毒化学品的泄漏、爆炸、扩散污染事故和非正常大量排放废水等多种类型，涉及众多行业与领域。每一类事故包含的污染因素很多，表现形式也是多样化的。在企业生产运营的各个环节均有可能发生突发性环境污染事故。

5.1.4.2　发生的突然性

一般的环境污染是一种常量的排放，有固定的排污方式和途径，并在一定时间内有规律地排放污染物质。突发性污染事故与此不同，它没有固定的排放方式，往往突然发生、始料未及、来势凶猛，具有很大的偶然性和瞬时性。

5.1.4.3　危害的严重性

突发性环境污染事故在瞬时大量泄漏、排放有毒有害物质，如果事先没有采取防范措施，在很短时间内往往难以控制，因此其破坏性强，不仅会打乱一定区域内的正常生活、生产秩序，还会造成人员死亡、国家财产的巨大损失和生态环境的严重破坏。

表 5.1-2　近岸海域累积性生态风险概念模型

源	源-压力因素交互 压力因素											源-生境交互 生境					
	1	2	3	4	5	6	7	8	9	10	11	水体	沉积物	滨海湿地	红树林	海草	珊瑚礁
石化行业	√	√		√								1,2,4,10,11	4	1,2,4,11	1,2,4,11	1,2,4,11	1,2,4,11
涉重金属排放行业			√									3,10,11	3	3,11	3,11	3,11	3,11
其他污染行业	√	√	√	√	√	√	√	√				1~8,10,11	3,4	1~4,11	1~4,11	1~4,11	1~4,11
农业				√		√			√			4,6,9,11	4	4,11	4,11	4,11	4,11
水产养殖	√					√	√					6,7,11		11	11	11	11
生活污水	√	√	√	√	√	√	√					1~7,11	3,4	1~4,11	1~4,11	1~4,11	1~4,11
综合污水	√	√	√	√	√	√	√					1~7,11	3,4	1~4,11	1~4,11	1~4,11	1~4,11
海岸带岸线开发			√						√	√	√	2,9~11		11	11	11	11
围填海工程									√		√	9~11		11	11	11	11
压力因素数字含义												结果终点					
1.耗氧有机物；2.悬浮固体；3.重金属污染；4.有机有毒污染；5.内分泌干扰素；6.营养物质；7.病原体；8.水温升高；9.水动力环境变化；10.水土流失；11.生境破坏												水质恶化	√	√	√	√	√	√
												生境面积缩小	√	√	√	√	√	√
												生物多样性减少	√	√	√	√	√	√
												景观破碎化	√	√	√	√	√	√

5.1.4.4 处理处置的艰巨性

突发性环境污染事故涉及污染因素较多,一次排放量也较大,发生又比较突然,危害强度大,处理这类事故必须快速、及时,措施得当有效。因此,突发性污染事故的监测、处理比一般的环境污染事故的处理更为艰巨与复杂,难度更大。

5.1.5 近岸海域累积性生态风险特征分析

区别于突发性环境风险,累积性环境风险指自然及人类活动中潜在的对人类健康和生态环境产生危害的行为。具体到累积性生态风险,通常是指具备持久性、富集性的有毒有害污染物,通过常规、日常排放进入环境中,在环境介质或生物介质中长期累积可能造成的对生态系统损害的生态风险。由此可见,累积性环境风险指的是现有状态(自然活动和人类活动)对未来发展(人类健康和生态和谐)所可能产生的不利后果[1]。

累积性环境风险包含的内容复杂,它是构成环境风险的基底,是环境风险的核心,而突发性环境风险只是对累积性环境风险的扰动。

累积性生态风险过程是一个包括不同源、不同压力因素、不同生境、不同结果端点的多途径的综合过程,因此,对于近岸海域的累积性生态风险,在综合分析源-压力因素-生境-结果端点的典型特性的基础上,建立近岸海域累积性生态风险概念模型,如表5.1-2 所示。

5.2 入海排污口生态风险评估及防范措施

5.2.1 近岸海域生态风险评估技术研究

根据对近岸海域生态风险特征的分析,近岸海域生态风险可分为两大类:突发性和累积性。

就突发性风险而言,定量化的风险源描述是实现评估结果定量化的关键。当前,突发性风险源的描述普遍对灾害或事故的发生概率、强度和范围进行定量化,这种对风险发生概率和强度进行定量化的方式在极大程度上解决了非毒性污染物风险评价定量化的困难,对于突发性风险评价具有积极意义。

累积性风险是近岸海域生态风险的另一种重要形式,也是未来海岸带风险管理的重点,这类生态风险主要表现在开发利用对区域复合生态系统的压力以及由此而造成的潜在生态危害。开发利用风险由于其涉及的风险源分布广泛、风险暴露途径复杂、压力指标不易量化,而使得其风险评价存在一定难度。

5.2.1.1 生态风险评估框架

美国环保局颁布的《生态风险评价指南》是目前国际上普遍采用的生态风险评估程序,提出生态风险评价的“四步法”:问题形成、风险分析、风险表征和风险管理。生态风险评估框架见图 5.2-1。

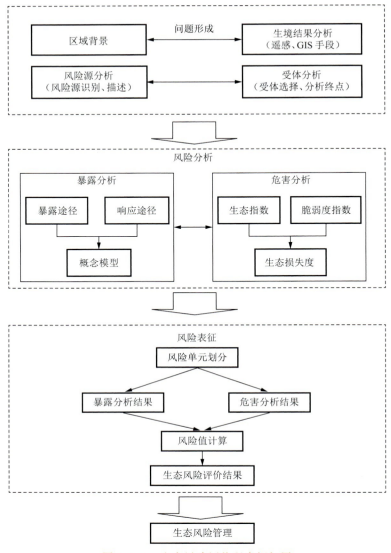

图 5.2-1　生态风险评价程序框架图

（1）问题形成：在区域背景分析的基础上，收集相关资料，对区域的社会、经济和自然环境状况进行分析和研究，对区域受体（生境）和潜在风险源进行分析，确定生态受体和生态重点，可认识和了解评价区域的基本风险状况。

（2）风险分析：本阶段主要工作包括暴露分析和危害分析。通过暴露与危害分析，可以确定风险源与风险受体的接触暴露关系和方式，分析风险源与风险受体之间的接触暴露程度和范围，确定风险受体潜在的暴露途径及其可能的不利生态影响，为进一步的风险表征奠定基础。

（3）风险表征：本阶段是在评价区域内定性或者定量描述风险因子潜在风险程度的过程，是区域生态风险评价的关键。

（4）风险管理：本阶段依据风险表征的结果，提出合理的风险管理措施，通过风险管理,实现区域风险的最小化。

5.2.1.2 生态风险评价与生态风险管理的关系

广义的生态风险评价(Ecological risk assessment,ERA)包括风险管理、风险评价和风险信息沟通,总称为风险分析。其中,风险管理先为风险评价划定界限,然后利用风险评价的结果作为决策依据,而风险评价则提供了一种发展、组织和表征科学信息的方式以供管理决策。生态风险评价的设计和实施为生态风险管理提供了关于生态管理措施可能引起的不良生态效应的信息,而且通过风险评价的过程可以整合、更新各种新的信息,从而改善环境决策的制定。

生态风险评价的最终目的在于生态风险决策管理,生态风险管理是整个生态风险评价的最后一个环节,其管理目标是将生态风险减少到最小。管理决策的正确与否将决定风险能否得到有效控制[2]。

生态风险评价与生态风险管理的关系见图 5.2-2。

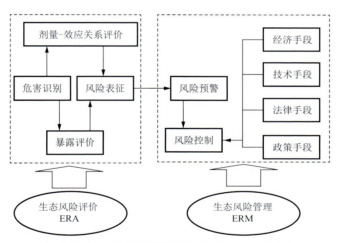

图 5.2-2 生态风险评价与生态风险管理关系图

5.2.1.3 生态风险评价层次划分

在面对不同的管理需求时,生态风险评价具有与之对应的层次划分。

(1)层次一:筛选。

① 预测、识别化学品对生态环境的风险,决定哪些化学品需要进行更高层次的评价;

② 将风险评价的焦点放在化学品的使用方式与敏感物种的结合上;

③ 根据可能的环境暴露为化学品的使用方式排序;

④ 评价是需要关注急性毒性浓度还是慢性毒性浓度。

(2)层次二:基本的时间和空间的风险表征。

① 提供潜在风险发生的概率;

② 当有更多的物理、化学和环境行为参数时,确认层次一中所预测的风险是否仍然存在;

③ 估计产品使用中由于环境条件的变化而造成风险随着时间、地域和季节而变化的

情况;

④ 如果有足够的证据表明存在生态风险,即可制定基本的减轻风险的管理措施;

⑤ 为进一步的层次三的评价提供指导。

(3)层次三:精确估计风险及其不确定性。

① 与时间变化或重复暴露相联系的毒性研究(慢性毒性、生殖效应、沉积物毒性以及其他生物效应);

② 另外的实验室或野外模拟环境行为研究;

③ 更精密复杂的暴露模拟方法;

④ 用 GIS 或空间模型方法模拟的一个更接近现实的相关区域;

⑤ 在对生态风险有充分了解的基础上,制定更详细的减少风险及管理风险的措施。

(4)层次四:复杂的模拟及减少风险措施的有效性研究。

① 更广泛的监测;

② 详细研究减少风险措施的有效性;

③ 种群或生态系统动态模型;

④ 微宇宙或中宇宙研究。

5.2.1.4 生态风险评估技术方法

入海排污口的生态风险性质包含有毒有害污染物排放及其对敏感生物物种、种群的影响,以至对生态系统的影响,据此选择国际广泛认可的物种敏感性分布(Species sensitivity distributions,SSD)法评估入海排污口对敏感生物种群层次(层次三)的生态风险,并选择目前生态风险评估的研究热点——生物富集动力学模型评估入海排污口对生态系统层次(层次四)的生态风险。

(1)种群生态风险评估——SSD 法。

SSD 法基于不同物种对污染物敏感性的差异,以急性或慢性毒理数据为基础,构建统计分布模型,进行生态风险评价,是目前国际上普遍采用的有毒有害污染物生态风险评估方法[3]。

SSD 的用法一般分为正向(Forward use)和反向(Inverse use)两种。正向用法一般用于风险评价,即由污染物浓度出发,通过 SSD 曲线得到可能受影响的物种比例 PAF(Potential affected fraction)。反向用法一般用于环境质量标准的制定,即用来确定保护一个生态系统中大部分物种的污染物浓度水平,一般使用 5%危害浓度 HC5(Hazardous concentration 5%)或 95%保护浓度 PC95(Protective concentration 95%),由 HC5 可得污染物的无影响浓度 PNEC(Predicted no effect concentration)。

(2)生态系统风险评估——生物富集动力学模型(BDM)。

BDM 基于对污染物在生态系统中的迁移累积过程分析,是一种精确定量化的污染物在多介质环境的分布过程的分析方法,能有效地判断有毒有害污染物对生态系统结构和功能的影响,弥补了 SSD 法在生态系统层次风险评价的缺陷,也是目前海域生态风险评估的研究热点,其基本模型结构见图 5.2-3。

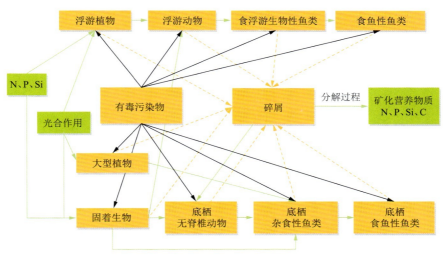

图 5.2-3　生物富集动力学模型(BDM)结构图

5.2.2　近岸海域生态风险监控技术研究

风险监控是进行有效风险管理的基础,入海排污口的风险监控应包含两部分内容:一是对风险源的监控,主要以典型行业、区域为对象,在风险源识别的基础上,以量大面广、难以控制的典型液态源为研究重点,选择具有代表性的重点液态风险源,整合集成监测监控技术,采取快速、实时的特征污染物检测手段,完成对重点液态风险源的动态监测监控。二是对风险受体的监控,主要以重要生态敏感目标为对象,选择具有代表性的、能反映区域生态状况的指示生物,借助现有的海洋生态监测手段,采取常规监测和不定期重点监测相结合的方式,达到对风险受体的监控目的。

5.2.3　近岸海域生态风险防范能力建设

5.2.3.1　相关环境标准法规建设

环境风险管理是目前世界环境保护管理工作的重点和发展方向,纵观我国相关的环境立法,依然存在有环境立法明显滞后于经济社会发展、法律体系不完备等问题,这将严重影响我国政府对突发环境污染事件的预测、预警及处置能力。尤其是风险评估与监控技术方法的缺失,导致对环境污染事故的判定、处置缺乏法律依据,对环境污染造成的累积性环境风险,我国现阶段更是处于管控缺失的状况。

鉴于此,为进一步提高对突发环境污染事件的应急能力及对累积性环境风险的管控,政府须加强法规标准的建设,包括保护各环境要素的单行法律,如空气、水环境、固体废弃物、自然保护区等单行法律,辐射源、放射性废物、化学品尤其是危险化学品安全管理法规等,各环境介质质量标准和主要污染物排放标准。

5.2.3.2　区域联防

建立沿海各省份生态风险管控合作机制,特别在风险信息通报、风险管理理论研究、科技攻关、人才交流、平台建设、共同应对区域生态风险事件等方面开展合作与交流。

（1）风险信息通报。

充分利用各省网站，建立日常信息沟通机制，及时通报、交流风险管理重大信息。在即将发生或已经发生重大突发事件时，及时将相关信息告知相关省份，包括事故类型、发生地点、可能受影响范围、危害程度、拟采取或正在采取的应急处理措施以及跨区域支持的请求等，双方互为对方咨询突发事件信息提供方便。

（2）风险管理与科技开发。

加强风险管理基础理论研究，逐步建立区域合作与发展的风险管理理论体系。加强公共安全体系相关标准研究，重点突破应急资源分类及配置、应急能力评估、应急救援绩效评估等标准规范。加快科技开发，以共性、关键性公共安全技术开发为重点和突破口，加强公共安全体系技术创新，不断提高监测、预警、预防、应急处置等技术装备水平，提高区域生态安全科技水平。

（3）专家交流。

探索建立区域内风险管理专家合作机制，通过学术交流、理论研究、项目合作等形式，探讨解决区域内风险管理共性问题。建立专家信息交流机制，为风险管理工作提供决策咨询和建议。

（4）应急平台互联互通。

沿海各省份对各自应急平台系统进行完善，适时实现相互间的互联互通，建立专家数据库、救援队伍数据库、物资储备数据库，互通信息，互相支持，提高资源利用率，实现资源共享。

（5）共同应对区域突发事件。

根据区域内共性突发事件风险，共同研究对策，提高应对突发事件水平；开展跨地区、跨部门的应急联合演练，促进各方协调配合和职责落实；做好应急预案制订的协调和相互借鉴工作，大力推进区域应急救援和预防能力建设。

5.2.3.3　人力资源保障

建立日常风险防范和突发事件应急救援队伍；培训熟悉环境风险防范和应急知识，充分掌握各类日常风险防范和突发环境事件处置措施的预备应急力量，建立环境监测队伍；重点污染源企业必须具备消防、防化等应急队伍。

5.2.3.4　风险防范和应急装备与技术保障

风险防范和应急相关单位应结合其应急职能，提出相应装备计划，积极落实所需的风险防范与应急物资储备与管理。须配备完整的水环境事件应急装备，大气环境事件应急装备，放射性与辐射环境事件应急装备，土壤、固体废弃物、生态环境事件应急装备。

5.2.3.5　风险防范与应急支援

建立生态风险事件应急的社会资源支持机制，委托具备现场监测及处置能力的专业机构作为特殊情况应急技术支持队伍，明确各专业机构的应急类型、应急装备、响应时间及应急支持程序，提高共同应对突发环境事件应急能力。

由环境应急部门负责选聘政府部门（包括环境咨询委员会等）、高校、科研单位有关环境应急专家,建立突发环境事件应急专家库,便于科学指导各类环境污染与破坏事故应急处置。

环境应急专家要有较深造诣,有一定知名度和权威性,业务精通,经验丰富,熟悉本专业或者本行业的国内外情况和动态。专业涉及公共管理、应急管理、环境工程、环境科学、环境监测、生态学、环境法学、环境病毒学、环境化学、环境医学及其相关专业。

拟选的专家应该熟悉环境保护的法律、法规和政策,了解环境应急管理工作及基本程序,具有良好的学术道德,能积极参加突发环境事件应急处置或其他环境应急管理工作,为环境应急管理工作提供技术指导和政策咨询。各单位(政府部门、高校、科研单位)可推荐专业领域专家人选,环境应急部门根据推荐情况,组织对被推荐专家的资格条件进行审查,并对拟选用专家人选进行公示,经资格审查和公示后,确定专家库人员名单。

5.2.3.6　宣传、培训与演练

政府部门通过广播、电视、网络等主流媒体普及生态风险预防常识,增强公众的防范意识和相关心理准备,提高公众的防范能力。

环境应急部门应定期制定突发环境事件应急处置演练方案,上报上级审定后,组织相关应急单位开展应急处置模拟演练,以验证和强化应急准备充分性,提升应急指挥体系的快速反应能力,并对演练结果进行总结和评价,进一步完善应急预案。

环境应急部门应不定期组织重点危险源单位工作人员进行环境应急管理和救援处置培训,培养一批训练有素的环境应急处置、检验、监测等专门人才。

5.2.4　近岸海域生态风险防范的综合管理框架设计

区域生态风险防范的综合管理是个复杂的、动态的、综合的过程,构建完整的区域生态风险管理体系要从整体上考虑风险来临前、风险中和风险过后的全部过程[4](图5.2-4)。

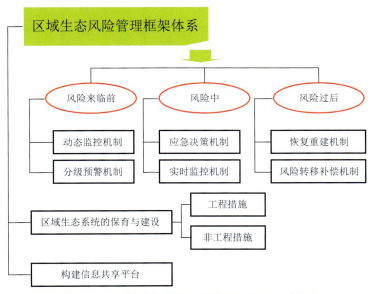

图 5.2-4　区域生态风险防范的综合管理框架体系

具体而言需建立六大类机制。

5.2.4.1 针对风险来临前的预防而建立长期的风险动态监测机制和分级预警机制

由生态风险分析和评价的结果得出不同等级的风险区,在这些风险区内建立长期的风险动态观测站,记录该区域发生的不同风险的频率和强度,以便为风险预警和决策提供大量有效数据,增强其准确度。另外,还应建立完善的生态风险分级预警机制,包括预警信息的生成(警源的识别、警情的检测、警兆的识别和警度的限定),预警信息的发布和预案系统的实施。根据风险可能带来的危害程度的不同,发出不同级别的风险警报。

5.2.4.2 针对风险中的应对而建立应急决策机制和实时监控机制

应急决策机制包括应对方案与替代方案库,多方案比选与决策模型。应急监控机制包括及时向风险管理的各相关部门传递最新信息,使得各部门的信息公开透明,调配整合各种救灾措施,将风险带来的破坏和损失降到最低。在此期间,还应重视实时监控和收集此次风险的强度、等级和动态变化特征,完善风险信息数据库,为以后该风险的管理研究提供有力的资料支撑。

5.2.4.3 针对风险过后要完善恢复重建规划机制和风险转移补偿机制

恢复重建规划机制对风险造成的破坏和影响进行进一步的评估,对破坏区的生态恢复建设进行重新调整和修正。同时,完善风险转移补偿机制,利用金融手段和保险、再保险手段将风险造成的损失从风险遭受者一方转移到多方承担,以减轻生态风险带来的危害性和社会不稳定性。

5.2.4.4 生态系统的保育与建设

在整个区域生态风险管理体系构建的过程中,生态系统的保育与建设应该贯穿整个风险管理过程的始终。同时,还应加强信息共享平台的构建,以便风险管理各参与方能及时沟通和交流,同时学习和借鉴国内外区域生态风险管理的最新技术经验。

5.2.5 入海排污口生态风险评估及防范关键技术方法

入海排污口的生态风险主要针对污水排放可能导致的水生生态风险,其技术方法的研究是当前生态风险研究的热点,目前的研究仍大多以传统的风险评价四阶段法为基础。具体包括:

(1)危害鉴定:靶生物主要关注以鱼类为主的高价值(经济价值或生态价值)水生生物。

(2)剂量-反应评估:研究主要关注种间剂量-反应关系推导及急性毒性到慢性毒性的剂量-反应关系推导。

(3)暴露评估:研究已由传统的暴露评估发展到目前的机理评价阶段。传统的暴露评估主要关注靶生物与污染物的暴露程度,即暴露浓度——指某一时期内靶生物通过特定暴露途径接触到的污染物浓度或数量。目前的机理评价则进一步定量分析靶生物接触到的污染物在生物体内的富集过程。

（4）风险度评定：研究已由传统的指标风险度评定发展到目前的定量生态风险度评定阶段。传统的指标风险度来源于早期的健康风险评价，以数理统计指标为基础，具体定量形式是暴露浓度与安全浓度的比值，但此评价方法无法对危害进行直接有效地定量。目前的定量生态风险度将定量生态学模型引入风险度评定中，初步弥补了这一缺陷。

传统的四阶段法主要用于健康风险评价，而生态风险具有自身的特点，如污染源的多样性、受体的生态特性、暴露方式的特殊性等，因而有必要对四阶段法进行改进。具体研究程序分为五个阶段：风险源解析、受体评价、暴露评价、危害评价和风险综合评定。

（1）风险源解析：调查分析污染物在水环境不同介质中的分布及迁移过程；

（2）受体评价：调查分析水生生态系统的基本结构与功能，确定风险受体；

（3）暴露评价：应用水生生物富集动力学模型分析污染物在水生生态系统中的迁移分布过程，确定受体的污染物富集量；

（4）危害评价：分析污染物对受体的危害特性，即应用 ICE（Interspecies correlation estimation for acute toxicity to aquatic organisms and wildlife）及 ACE（Acute-to-chronic estimation with time-concentration-effect）模型确定污染物慢性毒性的剂量–反应关系；

（5）风险综合评定：应用定量生态学模型和蒙特卡罗不确定性分析方法、定量评价受体富集污染物的生态风险。

5.2.5.1　风险源解析

风险源解析指对区域中可能对生态系统或其组分产生不利作用的干扰进行识别、分析和度量。这一过程又分为风险识别和风险源描述两部分。风险识别要求根据评价目的找出具有风险的因素。风险源描述要求对识别的风险源进行定性、定量和分布的分析。

持久性有机污染物在通过各种途径进入水环境后，其最终归宿为水体和沉积物（底泥）。

（1）水体有机污染物浓度分析。

水体有机污染物总浓度（C_{TW}）一般采用实测值，并能直接被水生生物利用。

（2）沉积物有机污染物含量分析。

沉积物是一种固液混合体，有机物在进入沉积物后，将会和沉积物中的矿物质及有机质等成分发生一系列物理、化学和生物学反应，使大部分有机物被固定在沉积物固体相中，致使水相中的有机物浓度下降。这些反应过程的速率和程度，除取决于污染物自身的理化性质外，也取决于沉积物自身的组成和特性。而水生生物所能利用的通常只是沉积物水相（孔隙水）中的有机物，因此有必要对有机物在沉积物固、液相中的分布过程进行分析。目前通常采用有机碳吸附系数（K_{oc}）来表征有机物被沉积物固相（矿物质和有机质等）吸附的趋势：

$$K_{oc} = C_{sc}/C_{DS} \tag{5.2-1}$$

$$C_{sc} = C_{TS}/f_{oc} \tag{5.2-2}$$

式中，K_{oc}——有机碳吸附系数；

　　C_{sc}——分配平衡时沉积物中单位质量有机碳吸附的污染物量/（ng/g），采用公式

5.2-2 分析;

C_{DS}——分配平衡时沉积物中水相(孔隙水)污染物浓度/(ng/mL);

C_{TS}——沉积物污染物总含量/(ng/g);

f_{oc}——沉积物有机碳含量/(g/g)。

5.2.5.2 受体评价

受体即风险承受者,在生态风险评价中指生态系统中可能受到来自风险源的不利作用的组成部分,它可能是生物体,也可能是非生物体。生态系统可以分为不同的层次和等级,在进行区域生态风险评价时,通常经过判断和分析,选取那些对风险因子的作用较为敏感或在生态系统中具有重要地位的关键物种、种群、群落乃至生态系统类型作为风险受体,用受体的风险来推断、分析或代替整个区域的生态风险。恰当地选取风险受体,可以在最大程度上反映整个区域的生态风险状况,又可达到简化分析和计算、便于理解和把握的目的。

(1)底栖生物生态特性。

底栖生物是水生生物群落的一个重要分支。大型底栖无脊椎动物对水体的污染较为敏感,而且能较为迅速地反映在其种类组成及数量变动上,另一方面,由于大型底栖无脊椎动物具有活动区域相对稳定、生活周期长、体型较大、易于采集及分类等生态特性,在水质监测应用上较其他水生生物更为优越。在定量评价污染物富集过程时,底栖生物的脂肪含量是分析重点。

(2)浮游生物生态特性。

浮游生物包括浮游动物和浮游植物两类,其生态特性主要通过生物量变化(水华现象)来反映。

(3)鱼类生态特性。

鱼类的基本生态特性包括生长特性、繁殖特性及摄食特性三个方面:

① 鱼类生长特性。

鱼类的生长发育受内源因子和外源因子的制约。内源因子包括种的遗传性、生理特性等,决定鱼类的大小类型。外源因子包括食物量、温度、水质及群居特性等,决定鱼类的生长速率。不同鱼类或同种鱼类在不同生长阶段和生活环境中呈现不同的生长特性,体长(L_f)和体重(W_f)都是能度量生长特性的属性。L_f 和 W_f 之间存在一定的相关性,如公式(5.2-3)所示。

$$W_f = aL_f^b \quad \text{或} \quad \lg W_f = \lg a + b\lg L_f \tag{5.2-3}$$

式中,a、b——待定系数。

体长(L_f)的增长过程通常采用生长模型描述,目前应用最广泛的是 von Bertalanffy 生长方程:

$$L_f(t) = L_f(\infty)(1 - e^{-k(t-t_0)}) \tag{5.2-4}$$

式中,t——鱼龄/d;

$L_f(t)$——t 龄时的平均体长/mm;

$L_f(\infty)$——平均渐进体长(最大体长)/mm;

k——生长系数,表征鱼类生长速率;

t_0——理论生长起点的鱼龄,即 $L=0$ 时的鱼龄,可能是正值,也可能是负值/d。

② 鱼类繁殖特性。

鱼类繁殖力体现种群对环境变动的适应性,它保障种群在一定范围的变化环境中的生存。一般而言,鱼类繁殖力应根据其成熟年龄、性周期、怀卵量、有效产卵量和鱼苗成活率等因素综合评价,但由于上述数据较难测定,目前国内外多采用雌鱼的怀卵量表征鱼类繁殖力。绝对繁殖力(F_a)和相对繁殖力(F_r)是目前常用的定量指标。绝对繁殖力指一尾雌鱼在一个生殖季节中卵巢所怀成熟卵粒的总量;相对繁殖力指一尾雌鱼单位体重的怀卵量,即 $F_r=F_a/W_f$。大量鱼类繁殖力研究结果表明,鱼类绝对繁殖力与体长之间存在相关性:

$$F_a=cL_f^d \tag{5.2-5}$$

式中,c、d——待定系数。

③ 鱼类摄食特性。

鱼类在生命周期的早期阶段有一个极短的时间依靠卵黄维持生命,在度过短暂的混合营养期后开始摄食外界饵料。外界饵料包括水域中生活着的多种水生生物,例如水生的甲壳类、腹足类、多毛类、昆虫类和鱼类,以及水生维管束植物、浮游植物和底栖藻类等。不同鱼类或同种鱼类在不同生长阶段和生活环境中呈现不同的摄食特性。

5.2.5.3　暴露评价

通常意义上的暴露评价是研究风险源在评价区域内的分布、流动及其与风险受体之间的暴露关系。本研究进一步拓展了暴露评价的研究内容:水生生态风险研究中的暴露评价,是指分析污染物在水生生态系统中的迁移分布过程,确定风险受体的污染物富集量。

水环境中的有机污染物主要通过生物富集的方式暴露于水生生物。20 世纪中叶,大多数研究者认为,有机物在水生生物体内的富集主要是通过生物食物链方式进行营养迁移,或通过生物放大作用进行的,而且它们在生物体内不同组织中的浓度分布无规律可言。这给研究者评价有机物在水生生物中的分布带来了极大困难。1971 年,Hamelink 等的研究表明[5-6],有机物在水生生物体内的富集主要是通过分配作用进入生物体脂肪中。根据此论点,研究者开始了有机物富集量与生物体脂肪含量的相关性研究。结果表明,它们之间具有极好的相关性,并由此建立了有机物水生生物富集的疏水模型。疏水模型是研究水生生物富集有机物的经典模型,该模型认为生物富集是化学物质在暴露水体和水生生物类脂物两相之间的简单分配过程,其间并没有生理障碍阻止化学物质的富集。但由于疏水模型是一个极端简化的生物富集模型,与实际环境中发生的过程可能有较大的差异,目前多用于水生生态系统中营养级较低、定量要求不高的水生生物(底栖生物和浮游生物等)。而对处于较高营养级的鱼类,目前常用鱼体富集动力学模型来定量分析其富集有机物过程。

（1）底栖生物和浮游生物暴露评价——疏水模型。

疏水模型的基本假设为：生物体是一个良好的混合反应器，化合物在生物体内的富集和释放遵循一级动力学，富集系数（BCF）和暴露浓度无关；富集速率仅由扩散限制，在水生生物类脂物和水两相的平衡仅由化合物的疏水性和生物体类脂物含量控制；忽略代谢作用。基于此假设的底栖生物和浮游生物富集有机物的定量如公式5.2-6和公式5.2-7所示。

$$C_z = C_{TW} F_{DW} L_z K_{ow} \tag{5.2-6}$$

$$C_B = C_{TS} F_{DS} L_B K_{ow} \tag{5.2-7}$$

式中，C_z——浮游生物体有机物含量/（μg/g）；

C_{TW}——水体有机物总浓度/（μg/L）；

F_{DW}——水体中可被水生生物利用的有机物百分率/%，一般取$F_{DW}=1$；

L_z——浮游生物脂肪含量/（mg/g）；

K_{ow}——有机物辛醇-水分配系数；

C_B——底栖生物体有机物含量/（μg/g）；

C_{TS}——底泥中有机物总含量/（μg/kg）；

F_{DS}——底泥中可被水生生物利用的有机物百分率/%，采用公式（5.2-1）和公式（5.2-2）分析；

L_B——底栖生物脂肪含量/（mg/g）。

（2）鱼类暴露评价——鱼体富集动力学模型。

实际环境中，鱼类富集有机物可通过多种途径进行，如鳃交换、从食物中吸收、排泄、代谢、生长等。早期的富集模型仍以疏水模型为主，如1974年Neely等提出的有机物在水相和鱼体类脂物之间的简单平衡分配模型（log K_{ow}-log BCF模型）。随之发展到简单二室动力学模型（有机体-水）阶段，如1988年Barber等提出的鱼体富集非极性有机物动力学模型。此后，随着对鱼类生理过程研究的逐渐深入，目前已发展到鱼体生理富集动力学模型阶段，以Nichols[7-8]和Gobas[9-10]等的研究最具代表性。生理模型基于质量守恒原理，充分考虑了鱼体富集有机物的多种途径，如图5.2-5所示。

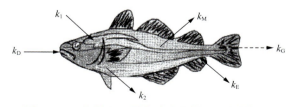

图5.2-5　鱼类生理富集动力学模型基本结构图

k_1：呼吸吸收有机物速率常数；k_D：摄食吸收有机物速率常数；k_2：呼吸释放有机物速率常数；
k_E：排泄释放有机物速率常数；k_M：新陈代谢释放有机物速率常数；k_G：鱼体生长稀释有机物速率常数

本研究采用鱼体生理富集动力学模型来定量分析风险受体（鱼类）富集特定有机污染物的过程。

5.2.5.4　危害评价

危害评价是和暴露评价相关联的,它是区域环境风险评价的重点,其目的是确定风险源对风险受体的损害程度。传统的环境风险评价在进行危害评价时,多采用毒理实验外推技术,将实验结果与环境监测结果结合评价污染物对生物体的危害。

对具体的环境污染物而言,风险源对风险受体危害的定量常用毒理学剂量-反应关系表征。湖泊水环境中的有机污染物对水生生物的危害多为低剂量长期暴露的慢性毒性危害,对此种危害的评价应采用慢性毒性试验来分析其剂量-反应关系。但由于持久性有机污染物及水生生物种类繁多,不可能进行一一试验分析,实验室低剂量条件与实际环境之间也存在较大差异,因此实际研究多采用种间毒性及急性-慢性毒性外推方式进行,此类研究目前也是环境毒理学的研究热点。美国环保局推荐的水生生物种间急性毒性推导软件 ICE 及急性-慢性毒性推导软件 ACE 是目前常用的危害评价模型,具体评价流程如图 5.2-6 所示。

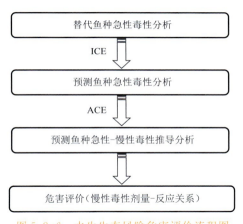

图 5.2-6　水生生态风险危害评价流程图

5.2.5.5　风险综合评定

风险综合评定是前述评价部分的综合阶段,它结合暴露评价和危害评价的分析结果,考虑综合效应,评定区域综合生态风险度,并获得评价结论。风险综合评价应包括风险表征、评价中的不确定性分析、评价结论等方面的内容。

(1)水生生态风险表征。

风险表征一般要给出不利影响的概率,即风险受体暴露于风险源造成不利后果的可能性的度量,常用不利后果出现的数学期望值来估算。风险度(R)等于不利后果出现的概率(P)和不利后果度量值(S)的乘积:

$$R = PS \qquad (5.2-8)$$

在实际评价时,由于研究对象不同,问题性质不同,定量内容和量化程度不同,表征方法也有很大的差异,常用的有商值法、连续法、外推误差法、错误树法等。目前对生态风险的评定多为以商值法为代表的指标风险度评定,但此类评定法无法对危害进行直接有效地定量（S 值的定量），本研究将定量生态学模型引入风险度评定中，弥补了这一缺陷。

具体而言，本研究确定的风险源为水环境中的持久性有机污染物，风险受体为经济鱼类，不利后果为鱼类种群规模的降低（种群数量减少）。采用鱼类种群数量变动的动态分析模式分析 S 值，采用蒙特卡罗不确定性分析方法分析 P 值，最终直接采用公式 5.2-8 来评定生态风险。

（2）鱼类种群数量变动的动态分析模式。

目前最常用的鱼类种群数量变动的动态分析模式包括逻辑斯蒂模型和离散增长模型。但此两类模型均仅考虑了密度对种群数量的影响，却未能考虑种群结构的影响，而污染物在鱼体内的富集对种群数量的影响主要反映在改变现有种群结构从而影响种群数量，具体过程为：不同鱼龄鱼体富集污染物（富集动力学模型）→不同鱼龄鱼类种群出生率和死亡率改变（剂量-反应关系）→鱼类种群结构改变→鱼类种群数量变动。1945 年 Leslie 根据鱼类种群与鱼龄有关的出生率和死亡率资料，采用矩阵来描述鱼类种群数量变动，即 Leslie 矩阵模型。Leslie 矩阵反映了种群结构变动对种群数量的影响，但它仅限于生殖活动为明显不连续或间歇状态的种群。

鱼体富集污染物的危害主要通过改变鱼类种群存活率（S）和繁殖率（F）而影响鱼类种群数量。

（3）不确定性分析方法——蒙特卡罗方法。

蒙特卡罗方法以随机模拟和统计试验为手段，是一种从随机变量的概率分布中，通过随机选择数字的方法产生一种符合该随机变量概率分布特性的随机数值序列，作为输入变量序列进行特定的模拟试验、求解的方法。在应用蒙特卡罗方法分析环境风险时，要求产生的随机数序列应符合各不确定性因素的特定概率分布.而产生各种特定的、不均匀的概率分布的随机数序列，通常采用的方法是先产生一种均匀分布的随机数序列，再设法转换成特定要求的概率分布的随机数序列，以此作为数字模拟试验的输入变量序列进行模拟求解。

5.3 典型案例分析 I——石化企业入海排污口

5.3.1 大亚湾石化区入海排污口典型有毒有害污染物调查

5.3.1.1 大亚湾石化区入海排污情况

惠州大亚湾陆源污染主要包括大亚湾核电站和石化区两部分，其中大亚湾石化工业区是目前我国排名前三的石化基地之一，以中海壳牌乙烯项目和中海石油南海石化项目为龙头，重点发展石油化工、精细化工及其配套工业。主要石化项目装置 27 项，其中，中海壳牌项目 8 项，南海石化炼油项目 13 项，化工区下游项目 6 项。

大亚湾海域的主要有毒有害陆源污染物有挥发酚、氰化物、铜、铅、镉、汞、砷、六价铬、苯系物（BTEX）、苯胺类、丙烯腈、酚、石油烃。

5.3.1.2　现场监测方案

2014 年 8 月 13～14 日,课题组对大亚湾海域的入海排污区典型有毒有害污染物的污染状况进行了现场采样监测,具体监测方案如下:

(1) 监测目的。

通过采样分析大亚湾主要入海排污混合区沉积物中特征污染物浓度分层情况,分析污染物的历史演变规律,研究入海排污区的累积性生态风险。

(2) 监测布点。

选择大亚湾入海排污口附近,设置 1 个柱状沉积物采样点,排污混合区共设置 6 个表层沉积物采样点,共 7 个监测点,布点和现场采样情况见表 5.3-1、图 5.3-1。

表 5.3-1　大亚湾入海排污口混合区沉积物特征污染物监测布点信息

采样点序号	点位编号	点位经纬度	点位区域	采样内容
1	SS-1	114°40′0.12″E 22°42′54.00″N	中海油入海排污混合区	采集表层沉积物样
2	SS-2	114°40′0.12″E 22°36′54.00″N	中海油入海排污混合区	采集表层沉积物样
3	SS-3	114°42′3.60″E 22°36′14.40″N	中海油入海排污混合区	采集表层沉积物样
4	SS-4	114°41′49.20″E 22°35′6.00″N	中海油入海排污混合区	采集表层沉积物样
5	SS-5	114°43′0.12″E 22°34′0.01″N	中海油入海排污混合区	采集表层沉积物样
6	SS-6	114°42′32.40″E 22°37′4.80″N	中海油入海排污混合区	采集表层沉积物样
7	SS-7	114°42′54.00″E 22°35′34.80″N	中海油入海排污混合区	采集表层沉积物样
8	SS-8	114°38′6.79″E 22°43′45.99″N	大亚湾经济技术开发区入海排污口	采集表层沉积物样
9	SC-1	114°32′11.79″E 22°42′27.69″N	大亚湾澳头港区	采集柱状沉积物样
10	SC-2	114°32′17.01″E 22°42′30.57″N	大亚湾澳头港区	采集柱状沉积物样

表层沉积物采样

柱状沉积物采样

图 5.3-1 大亚湾入海排污口累积性生态风险现场采样情况

（3）监测项目。

苯系物（异丙苯、苯、二甲苯、甲苯、乙苯），石油类，有机碳。

（4）采样监测方法。

各站位使用 Beeker 型沉积物原状采样器（M1-0423）和常规表层沉积物采样器采集 1 个柱状样和 6 个表层沉积物样，样品采集后运回实验室分样，柱状样每隔 5 cm 取 1 个样，样品冷冻保存（−20 ℃）后，移交分析测试中心进行监测项目测试分析。

5.3.1.3 监测结果

2014 年 8 月对大亚湾入海排污口混合区沉积物特征污染物含量分析结果见表 5.3-2，结果显示：

表 5.3-2 大亚湾入海排污口混合区沉积物特征污染物含量分析结果

采样点序号	站位编号	样品编号	采样深度/cm	年份	异丙苯/(μg/kg)	苯/(μg/kg)	甲苯/(μg/kg)	乙苯/(μg/kg)	二甲苯/(μg/kg)	石油类/(mg/kg)	有机碳/%
1	SS-1	SS-1	表层	2014	nd	nd	nd	nd	nd	nd	2.63
2	SS-2	SS-2	表层	2014	nd	nd	nd	nd	nd	nd	2.87
3	SS-3	SS-3	表层	2014	nd	nd	nd	nd	nd	nd	4.86

采样点序号	站位编号	样品编号	采样深度/cm	年份	异丙苯/(μg/kg)	苯/(μg/kg)	甲苯/(μg/kg)	乙苯/(μg/kg)	二甲苯/(μg/kg)	石油类/(mg/kg)	有机碳/%
4	SS-4	SS-4	表层	2014	nd	nd	nd	nd	nd	nd	3.72
5	SS-5	SS-5	表层	2014	nd	nd	nd	nd	nd	9.75	4.93
6	SS-6	SS-6	表层	2014	nd	nd	nd	nd	nd	8.47	5.97
7	SS-7	SS-7	表层	2014	nd	nd	nd	nd	nd	8.40	5.36
8	SS-8	SS-8	表层	2014	nd	nd	nd	nd	nd	16.1	6.57
9	SC-1	SC1-1	0～5	2014	nd	nd	nd	nd	nd	9.54	3.12
		SC1-2	5～10	2011	nd	nd	nd	nd	nd	42.1	4.53
		SC1-3	10～15	2008	nd	nd	nd	nd	nd	42.8	4.87
		SC1-4	15～20	2005	nd	nd	nd	nd	nd	26.8	2.95
		SC1-5	20～27	2002	nd	nd	nd	nd	nd	24.4	2.91
10	SC-2	SC2-1	0～5	2014	nd	nd	nd	nd	nd	37.0	5.22
		SC2-2	5～10	2011	nd	nd	nd	nd	nd	38.9	4.73
		SC2-3	10～15	2008	nd	nd	nd	nd	nd	29.7	3.92
		SC2-4	15～20	2005	nd	nd	nd	nd	nd	21.8	3.70
		SC2-5	20～27	2002	nd	nd	nd	nd	nd	35.0	4.04

注：nd 表示未检出

（1）苯系物。

表层和柱状沉积物中苯系物（异丙苯、苯、二甲苯、甲苯、乙苯）均未检出（检出限 1.5 μg/kg）。

（2）石油类。

表层沉积物中石油类含量以样品干重计，范围为 nd～37.0 mg/kg，平均值为 14.88 mg/kg。柱状沉积物中石油类含量的分层情况见图 5.3-2。

（3）有机碳。

表层沉积物中有机碳含量以样品干重计，范围为 2.63%～6.57%，平均值为 5.19%。柱状沉积物中有机碳含量的分层情况见图 5.3-3。

图 5.3-2 和图 5.3-3 显示了石化企业长期排污对排污区沉积物环境造成的持续性影响，总体而言：

（1）沉积物石油类和有机碳含量之间具备明显的相关性；

（2）站位 SC-1 石油类含量在 9.54～42.8 mg/kg，站位 SC-2 石油类含量在 21.80～38.90 mg/kg，满足《海洋沉积物质量标准》（GB 18668—2002）的第一类标准。

（3）排污口投入使用后，站位 SC-2 石油类含量呈现出增长的趋势，表明排污口对混合区环境造成了一定影响。

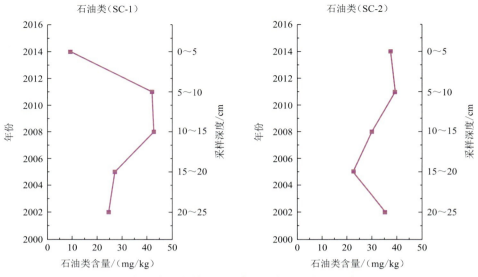

图 5.3-2 大亚湾入海排污口混合区柱状沉积物石油类沉积记录

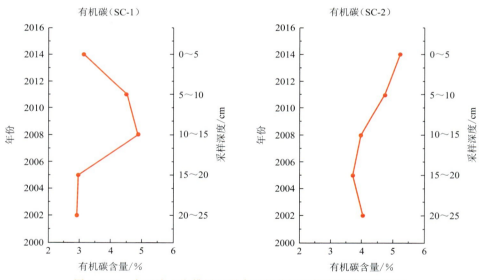

图 5.3-3 大亚湾入海排污口混合区柱状沉积物有机碳沉积记录

5.3.2 大亚湾入海排污区生态风险评价

5.3.2.1 源项分析

根据对大亚湾入海排污区典型有毒有害污染物的调查,大亚湾入海排污区中的主要环境风险源为沉积物中的石油烃。其分布特征采用本次调查的实测值,详见表 5.3-2。

5.3.2.2 受体评价

大亚湾地处珠江口,其近岸海域中带鱼为重要的优势鱼类种群,也是珠江口主要经济鱼类,在水生生态系统中也处于较高营养级,相对较低营养级的底栖生物和浮游生物能富集更多的污染物,故选取此种鱼类作为风险受体。

（1）底栖生物和浮游生物。

底栖生物和浮游生物是鱼类食物的主要来源。由于其种类繁多，在水生生态风险评价中，通常对其进行整体评价，分析其污染物富集量。

根据 2003～2011 年对大亚湾海洋生物资源的调查资料，大亚湾的浮游生物和底栖生物的种群结构如下：

① 浮游植物。

调查期间各调查站均出现的种类主要有掌状冠盖藻（*Stephanopyxis palmeriana*）、变异辐杆藻（*Bacteriastrum varians*）、星脐圆筛藻（*Coscinodiscus asteromphalus*）、洛氏角毛藻（*Chaetoceros lorenzianus*）、距端根管藻（*Rhizosolenia calcaravis*）、笔尖形根管藻（*Rhizosolenia styliformis*）、长海毛藻（*Thalassiothrix longissima*）、尖刺菱形藻（*Nitzschia pungens*）、夜光藻（*Noctiluca scintillans*）等。此外，出现频率较高的种类还有中肋骨条藻（*Skeletonema costatum*）、透明辐杆藻（*Bacteriastrum hyalinum*）、细弱海链藻（*Thalassiosira subtilis*）、北方劳德藻（*Lauderia borealis*）、地中海指管藻（*Dacthliosolen mediterraneus*）、布氏双尾藻（*Ditylum brightwelli*）、中华盒形藻（*Biddulphia sinensis*）、短角弯角藻（*Eucampia zoodiacus*）、扁面角毛藻（*Chaetoceros compressus*）、旋链角毛藻（*Chaetoceros curvisetus*）、粗根管藻（*Rhizosolenia robusta*）、笔尖形根管藻粗径变种（*Rhizosolenia styliformis v. latissima*）、诺马斜纹藻（*Pleurosigma normanii*）、伏氏海毛藻（*Thalassiothrix frauenfeldii*）、菱形海线藻（*Thalassionema nitzschioides*）、叉角藻（*Ceratium furca*）、三叉角藻（*Ceratium trichoceors*）、海洋多甲藻（*Peridinium oceanicum*）等。从出现种类的生态特征看，以温带性近海种出现种类最多，其次为广温广盐种，呈现典型的亚热带海域浮游植物群落结构特征。

② 浮游动物。

调查期间共鉴定浮游动物 44 种，分属 9 个不同类群，即桡足类、毛颚类、水螅水母类、管水母类、栉水母类、有尾类、海樽类、端足类和翼足类。以桡足类出现种类数最多，有 17 种，占总种类数的 38.6%；水螅水母类、毛颚类分别出现 11 种、6 种，占总种数的 25.0%、13.6%，居第三、四位；其他类群种类数较少。

③ 底栖生物。

调查期间海区内底栖动物生物量变化为 $61.8～511.5\ g/m^2$，平均 $237.03\ g/m^2$。组成以软体动物为主，平均生物量为 $191.4\ g/m^2$，占总生物量的 59.35%；其次为甲壳类动物，平均生物量为 $26.06\ g/m^2$，占总生物量的 10.99%；棘皮动物居第三，平均生物量为 $10.18\ g/m^2$，占总生物量的 4.29%。

（2）带鱼生态特性。

带鱼（*Trichiurus haumela*）是我国最重要的海洋经济鱼种之一，其产量多年来一直位居我国海洋捕捞鱼类产量的首位，占有十分重要的地位，主要为拖网和定置网所捕获（图5.3-4）。

图 5.3-4　带鱼(*Trichiurus haumela*)

带鱼又叫刀鱼、牙带鱼,是鱼纲鲈形目带鱼科动物。带鱼的体型正如其名,侧扁如带,呈银灰色,背鳍及胸鳍浅灰色,带有很细小的斑点,尾巴为黑色,带鱼头尖口大,到尾部逐渐变细,好像一根细鞭,头长为身高的 2 倍,全长 1 m 左右。带鱼分布比较广,以西太平洋和印度洋最多,我国沿海各省均可见到,其中又以东海产量最高。

带鱼是一种比较凶猛的肉食性鱼类,牙齿发达且尖利,背鳍很长,胸鳍小,鳞片退化,它游动时不用鳍划水,而是通过摆动身躯来向前运动,行动十分自如。既可前进,也可以上下窜动,动作十分敏捷,经常捕食毛虾、乌贼及其他鱼类。带鱼食性很杂而且非常贪吃,有时会同类相残,渔民用钩钓带鱼时,经常见到这样的情景:钩上钓一条带鱼,这条带鱼的尾巴被另一条带鱼咬住,有时一条咬一条,一提一大串。用网捕时,网内的带鱼常常被网外的带鱼咬住尾巴,这些没有入网的家伙因贪嘴最终也被渔民抓了上来。据说由于带鱼互相残杀和人类的捕捞,能见到寿命超过 4 龄的"老"带鱼,就算是见到"寿星"了。带鱼最多只能活到 8 龄左右。不过带鱼的贪吃也有一个优点,那就是生长的速度快,1 龄鱼的平均身长 18～19 cm,重 90～110 g,当年即可繁殖后代,2 龄鱼可长到 300 g 左右。

带鱼属于洄游性鱼类,有昼夜垂直移动的习惯,白天鱼群栖息于中、下水层,晚间上升到表层活动。我国沿海的带鱼可以分为南、北两大类:北方带鱼个体较南方带鱼大,它们在黄海南部越冬,春天游向渤海,形成春季鱼汛,秋天结群返回越冬地形成秋季鱼汛;南方带鱼每年沿东海西部边缘随季节不同作南北向移动,春季向北作生殖洄游,冬季向南作越冬洄游,故东海带鱼有春汛和冬汛之分。带鱼的产卵期很长,一般以 4～6 月为主,其次是 9～11 月,一次产卵量在 2.5 万～3.5 万粒之间,产卵最适宜的水温为 17 ℃～23 ℃。

① 生长特性。

带鱼体长一般在 400 mm 以内,体重一般在 0～800 g 之间,其生长特性方程如下所示:

$$W = 1 \times 10^{-5} \mathrm{AL}^{3.006} \quad (r = 0.99, n = 748) \tag{5.3-1}$$

$$\mathrm{AL} = 493.3(1 - e^{-0.346(t+0.387)}) \quad (r = 0.98, n = 710) \tag{5.3-2}$$

② 繁殖特性

种群的补充、生长和死亡是决定种群数量及其变动类型的 3 个相互联系的过程,要阐明种群补充过程的基本规律,必须对其各个环节加以深入研究,而繁殖力的变动及其调节规律是补充过程的基础环节之一。由于个体繁殖力受多因素的影响,如生理因素、环境因子等,即使是同样体征指标的样品个体,它的变化范围也是有波动的。

在各度量指标中,个体绝对繁殖力 r 和相对繁殖力 r/L 与各度量指标(如肛长、体高等)均呈幂函数关系,个体繁殖力随着这些指标的增加而增加。在所有度量指标中,个体繁殖力与肛长关系最为密切,体高次之。在各称量指标中,个体绝对繁殖力 r 和相对繁殖力 r/L 与各称量指标(如体重、纯体重等)呈线性正相关关系。它们与体重的关系最为密切,与纯体重和性腺重次之。

带鱼的繁殖特性如表 5.3-3 所示。

表 5.3-3　带鱼繁殖特性方程

指标	体征指标	r	r/L	r/W
度量指标	肛长 L	$(R^2 = 0.963\,3, P < 0.000\,1)$	$(R^2 = 0.923\,5, P < 0.000\,1)$	$R^2 < 0.21$
	头长 L_h	$(R^2 = 0.752\,8, P < 0.000\,1)$	$(R^2 = 0.742\,1, P < 0.000\,1)$	
	体高 L_d	$(R^2 = 0.906\,1, P < 0.000\,1)$	$(R^2 = 0.877\,1, P < 0.000\,1)$	
	体宽 L_k	$(R^2 = 0.766\,2, P < 0.000\,1)$	$(R^2 = 0.750\,3, P < 0.000\,1)$	
	眼径 L_e	$(R^2 = 0.479\,5, P < 0.001)$	$(R^2 = 0.475\,0, P < 0.001)$	
称重指标	体重 W	$(R^2 = 0.951\,4, P < 0.001\,0)$	$(R^2 = 0.907\,9, P < 0.000\,1)$	$R^2 < 0.10$
	纯体重 W_e	$(R^2 = 0.932\,6, P < 0.000\,1)$	$(R^2 = 0.858\,4, P < 0.000\,1)$	
	性腺重 W_x	$(R^2 = 0.896\,0, P < 0.001)$	$(R^2 = 0.849\,4, P < 0.001)$	$R^2 < 0.19$
	肝重 W_{Liv}	$(R^2 = 0.722\,6, P < 0.001)$	—	

③ 摄食特性。

鱼类摄食习性研究是海洋生态系统研究的重要组成部分,通过鱼类的摄食种类、摄食量、摄食时间和摄食方式以及鱼类摄食条件等摄食习性的研究,可以了解鱼类食物的数量和质量,探察索饵鱼群,评估水域饵料资源利用和鱼产力,了解鱼类在整个生态系统的地位、所处生态系的群落结构及与其他鱼类之间的捕食或竞争关系等,为建立水域生态系物质和能量流动模型等提供生态学依据。

带鱼全年摄食的饵料种类数共有 61 种,包括鱼类 38 种,甲壳类 14 种,头足类 7 种,以及箭虫属和双生水母。其中,春季带鱼摄食种类有 21 种(包含未鉴定到种的种类),夏季29 种,秋季 33 种,冬季 17 种。春季带鱼以带鱼、细条天竺鲷和磷虾为主食,夏季以带鱼、磷虾、糠虾和刺鲳为主食,秋季以口足类幼体、七星底灯鱼和竹荚鱼为主食,冬季以带鱼、七星底灯鱼、小带鱼和糠虾为主食。

5.3.2.3　暴露评价

(1)暴露评价模型。

底栖生物和浮游生物的暴露评价采用疏水模型,鱼类的暴露评价采用鱼体富集动力学模型,评价过程中的不确定性分析采用蒙特卡罗方法,模型实现采用 Matlab 软件。评价流程如图 5.3-5 所示。

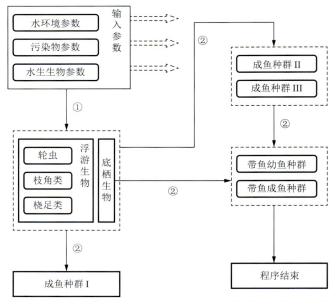

图 5.3-5　大亚湾水生生物富集石油烃污染物暴露评价流程图
① 疏水模型;② 鱼体富集动力学模型

(2)输入参数分析。

大亚湾水生生物石油烃暴露评价模型(疏水模型和鱼体富集动力学模型)的输入参数如表 5.3-4 所示,来源主要是查阅相关参考文献及借鉴同类模型的输入参数。由于某些参数具有较大的不确定性,如水温、环境介质污染物含量、水生生物化学成分等,因此采用蒙特卡罗方法,基于其随机分布特征,分析水生生物石油烃富集量的分布。

表 5.3-4　鱼体富集动力学模型输入参数统计

	参数	分布	最小值	平均值	最大值	标准偏差
水环境参数	水温 $T/\text{℃}$	均匀分布	2.5	—	28.7	—
	溶解氧饱和度 $S/\%$	取常量	—	1		
	沉积物有机碳含量 f_{oc}	取常量	—	0.871%		
	NLOM 吸附辛醇能力 β	取常量	—	0.035		
污染物参数	水体石油烃总浓度 $C_{TW}/(\mu g/L)$	截断正态分布	0.50	5.30	11.40	2.33
	沉积物石油烃总含量 $C_{WS}/(mg/kg)$	截断正态分布	0	14.88	37.00	606.78
	石油烃辛醇-水分配系数 $\log K_{ow}$	截断正态分布	6.21	6.37	6.91	0.08
	石油烃有机碳吸附系数 K_{oc}	取常量	—	243 000		

参数			分布	最小值	平均值	最大值	标准偏差
水生生物参数	鱼类肠胃吸收率/%	水分 ε_W	取常量	—	25	—	—
		脂肪 ε_L	取常量	—	92	—	—
		非脂类有机物 ε_N	取常量	—	60	—	—
	底栖生物化学成分/%	水分 ν_{WB}	取常量	—	77.1	—	—
		脂肪 ν_{LB}	取常量	—	1.2	—	—
		非脂类有机物 ν_{NB}	取常量	—	16.7	—	—
	浮游生物化学成分/%	水分 ν_{WZ}	三角分布	81.70	86.30	88.40	—
		脂肪 ν_{LZ}	三角分布	0.87	0.94	1.08	—
		非脂类有机物 ν_{NZ}	三角分布	5.81	7.70	9.39	—
	带鱼化学成分/%	水分 ν_{WY}	取常量	—	83.83	—	—
		脂肪 ν_{LY}	取常量	—	1.12	—	—
		非脂类有机物 ν_{NY}	取常量	—	13.96	—	—

（3）暴露评价分析结果。

① 底栖生物和浮游生物石油烃富集量。

底栖生物和浮游生物石油烃富集量的分析结果如图 5.3-6 所示,统计结果如表 5.3-5 所示。

② 带鱼石油烃富集量。

带鱼石油烃富集量的分析结果如图 5.3-7 所示,统计结果如表 5.3-6 所示。

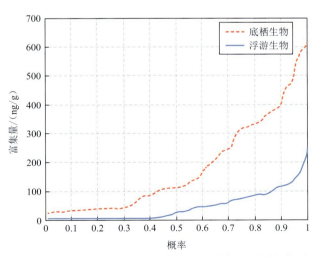

图 5.3-6　底栖生物和浮游生物石油烃富集量累计频率图

表 5.3-5 底栖生物和浮游生物石油烃富集量统计表

水生生物＼发生概率	最小概率	25％	50％	75％	最大概率
底栖生物 C_B/(μg/kg)	24.34	39.09	112.28	319.07	616.76
浮游生物 C_Z/(μg/kg)	2.25	2.87	27.21	75.63	249.54

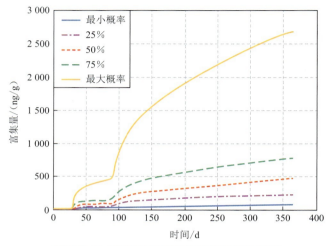

图 5.3-7 带鱼石油烃富集过程概率分布图

表 5.3-6 带鱼石油烃富集过程统计表（单位：μg/kg）

划分阶段＼发生概率	最小概率	25％	50％	75％	最大概率
1：90～100 mm，101～115 d	26.76	109.59	206.62	354.66	1 188.20
2：101～120 mm，116～149 d	33.98	138.11	264.53	450.94	1 551.00
3：121～140 mm，150～192 d	40.89	163.63	307.43	542.88	1 849.50
4：141～160 mm，193～253 d	49.80	188.88	355.82	644.77	2 193.90
5：161～187 mm，254～365 d	64.34	219.19	474.44	769.74	2 675.80

5.3.2.4　生态效应评价

石油烃对鱼类的危害很大，除致死危害外，石油烃还能影响鱼类的行为，接触石油烃的大西洋鲑的鱼卵平衡度受到伤害，出现正常行为方式的时间推迟。石油烃还影响到鱼类对温度的选择。由于目前石油烃的毒性定量主要集中在剂量-死亡率方面，故石油烃危害评价主要针对石油烃的致死危害。

石油烃对带鱼的危害缺乏直接的毒性试验成果，需要进行毒性推导。根据危害评价流程，选择适当的替代鱼种后，应用 ICE 模型推导预测鱼种急性毒性，随后选择合适的 ACE 模型推导其慢性毒性，最后综合评价石油烃对预测鱼种的危害。

（1）毒性推导。

替代鱼种选择在鱼类分类学上与胡瓜鱼目最接近，且石油烃毒性资料最全面的鲑形目中的银鲑（*Oncorhynchus kisutch*），其石油烃急性毒性数据（表 5.3-7）主要来源于 PAN 农药数据库（PAN Pesticide Database—Chemical Toxicity Studies on Aquatic Organisms）。应用 ICE 及 ACE 推导带鱼的慢性毒性如表 5.3-8 所示。

表 5.3-7　银鲑急性毒性数据

分析时间/h	数据类型	石油烃浓度/（μg/L）
—	NOEC	0.001
24	LC50	66
48	LC50	46
72	LC50	44
96	LC50	44
96	NR-LETH（全部致死）	50

表 5.3-8　带鱼慢性毒性推导分析

死亡率/%	0.01	0.05	0.1	0.5	1	5	10
带鱼浓度/（μg/L）	2.4	5.16	7.17	15.4	21.42	46.42	65.32

注：慢性毒性推导期间 90 d

（2）剂量-反应关系分析。

应用鱼体富集动力学模型分析剂量转化过程，应用 SPSS 软件分析反应转换过程，结果如表 5.3-9 所示。应用 Origin 软件分析相应的慢性毒性剂量-反应关系，如图 5.3-8 所示。

表 5.3-9　带鱼慢性毒性剂量-反应关系分析

剂量			反应	
浓度 C_w/（μg/L）	富集量 C_f/（μg/kg）	对数富集量 $\lg C_f$	死亡率 r_d/%	概率单位（probit）
1.00	189.47	2.28	0	0
2.40	400.34	2.60	0.01	1.28
5.16	895.99	2.95	0.05	1.71
7.17	1 101.20	3.04	0.1	1.91
15.40	2 410.80	3.38	0.5	2.42
21.42	3 847.40	3.59	1	2.67
46.42	8 018.50	3.90	5	3.36
65.32	10 622.00	4.03	10	3.72

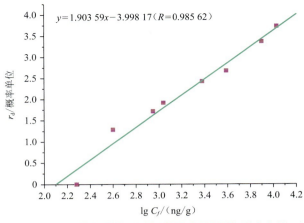

图 5.3-8　带鱼富集石油烃慢性毒性剂量-反应曲线

5.3.2.5　风险表征

基于鱼类富集石油烃含量分析(暴露评价)及石油烃慢性毒性分析(危害评价),风险综合评定采用 Leslie 矩阵模型定量评价石油烃对鱼类种群的长期生态危害。模型实现采用 Matlab 软件。

(1) 带鱼种群结构。

根据带鱼种群生态调查资料,按体长划分种群,即 n_1(90～100 mm)、n_2(101～120 mm)、n_3(121～140 mm)、n_4(141～160 mm)、n_5(161～187 mm),种群结构如表 5.3-10 所示。

表 5.3-10　繁殖期带鱼主要成鱼种群结构组成

体长/mm	n_1 (90～100)	n_2 (101～120)	n_3 (121～140)	n_4 (141～160)	n_5 (161～187)
尾数	10	119	59	75	31
雌雄比	0.50	0.50	0.50	0.50	0.50
百分率/%	3.06	35.37	17.35	35.03	—

(2) Lesilie 矩阵参数确定。

基于暴露评价的带鱼不同生长阶段石油烃富集量分布,结合危害评价的剂量-反应关系,可分析带鱼不同群体在不同概率条件下富集石油烃的死亡率,如表 5.3-11 所示。带鱼 Lesilie 矩阵参数如表 5.3-12 所示。

(3) 风险综合评定。

应用 Leslie 模型分析不同概率条件的石油烃富集影响下,带鱼种群经历繁殖期(1～2 月)到生命末期(2～12 月)的生物量变化,如表 5.3-13 所示,其中可能发生的最大风险后果如图 5.3-9 所示。

表 5.3-11　带鱼不同群体在不同概率下富集石油烃的死亡率分析

发生概率	体长组 L_f /mm	富集量 C_f /($\mu g/kg$)	对数富集量 lg C_f	死亡率概率单位 (probit)	死亡率 r_d
最小概率	$n_1(90\sim100)$	26.76	1.43	−1.28	0
	$n_2(101\sim120)$	33.98	1.53	−1.08	0
	$n_3(121\sim140)$	40.89	1.61	−0.93	0
	$n_4(141\sim160)$	49.80	1.70	−0.77	0
	$n_5(161\sim187)$	64.34	1.81	−0.56	0
25%	$n_1(90\sim100)$	109.59	2.04	−0.12	0
	$n_2(101\sim120)$	138.11	2.14	0.08	0
	$n_3(121\sim140)$	163.63	2.21	0.22	0.000 001
	$n_4(141\sim160)$	188.88	2.28	0.33	0.000 002
	$n_5(161\sim187)$	219.19	2.34	0.46	0.000 003
50%	$n_1(90\sim100)$	206.62	2.32	0.41	0.000 002
	$n_2(101\sim120)$	264.53	2.42	0.61	0.000 006
	$n_3(121\sim140)$	307.43	2.49	0.74	0.000 010
	$n_4(141\sim160)$	355.82	2.55	0.86	0.000 017
	$n_5(161\sim187)$	474.44	2.68	1.10	0.000 048
75%	$n_1(90\sim100)$	354.66	2.55	0.86	0.000 017
	$n_2(101\sim120)$	450.94	2.65	1.05	0.000 039
	$n_3(121\sim140)$	542.88	2.73	1.21	0.000 075
	$n_4(141\sim160)$	644.77	2.81	1.35	0.000 130
	$n_5(161\sim187)$	769.74	2.89	1.50	0.000 230
最大概率	$n_1(90\sim100)$	1 188.20	3.07	1.86	0.000 850
	$n_2(101\sim120)$	1 551.00	3.19	2.08	0.001 730
	$n_3(121\sim140)$	1 849.50	3.27	2.22	0.002 730
	$n_4(141\sim160)$	2 193.90	3.34	2.36	0.004 168
	$n_5(161\sim187)$	2 675.80	3.43	2.53	0.006 680

表 5.3-12　带鱼 Lesilie 矩阵参数确定

划分阶段 L_f /mm	初始生物量 n_{0i} (×10⁴)	繁殖力 F_i /[个/(尾·天)]	存活率 S_i				
			最小概率	25%	50%	75%	最大概率
n_0(幼鱼)	—	—	0.9^t	0.9^t	0.9^t	0.9^t	0.9^t
$n_1(90\sim100)$	43	32	1	1	0.999 998	0.999 983	0.999 150

续表

划分阶段 L_f /mm	初始生物量 n_{0i} ($\times 10^4$)	繁殖力 F_i /[个/(尾·天)]	存活率 S_i				
			最小概率	25%	50%	75%	最大概率
n_2(101~120)	500	43	1	1	0.999 994	0.999 961	0.998 270
n_3(121~140)	245	87	1	0.999 999	0.999 990	0.999 925	0.997 270
n_4(141~160)	312	126	1	0.999 998	0.999 983	0.999 870	0.995 832
n_5(161~187)	130	190	1	0.999 997	0.999 952	0.999 770	0.993 320

表 5.3-13　带鱼富集石油烃生态风险评定

石油烃对照影响项目	无石油烃影响	不同概率的石油烃富集影响				
		最小概率	25%	50%	75%	最大概率
繁殖初期总生物量 S_{0i} ($\times 10^4$)	1 424.8	1 424.8	1 424.8	1 424.7	1 424.4	1 415.2
繁殖末期总生物量 S_f ($\times 10^4$)	3 095.1	3 095.1	3 095.1	3 094.9	3 094.4	3 073.7
生命末期总生物量 S ($\times 10^4$)	1 865.1	1 865.1	1 865.1	1 864.9	1 864.2	1 839.9
石油烃富集影响百分率 /%	—	0	0	0.010 7	0.048 3	1.351 1

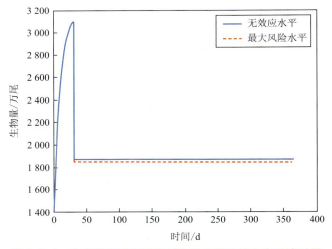

图 5.3-9　鱼富集石油烃对种群生物量影响的生态风险后果

　　图 5.3-9 显示:大亚湾排污混合区内石油烃富集威胁珠江口标志性鱼类——带鱼的最大生态风险为种群规模损失 1.351 1%,低于 EPA 推荐的 5% 可接受生态风险限值,目前的风险是可接受的。

5.4　典型案例分析 II——生活污水处理厂入海排污口

5.4.1　污水处理厂入海排污情况

海口白沙门污水处理厂因长期排放污水,所在海域沉积物存在持久性污染物长期累积的生态风险。

5.4.2　入海排污区典型有毒有害污染物监测

5.4.2.1　现场监测方案

2015 年 6 月对海口白沙门污水处理厂排污混合区沉积物中的主要污染物进行了现场采样监测。监测项目包括:pH、汞、铜、锌、铅、铬、镉、砷和有机碳。

5.4.2.2　监测结果

2015 年 6 月对海口白沙门污水处理厂排污混合区沉积物的现场采样监测结果见表 5.4-1。

表 5.4-1　污水处理厂入海排污口混合区沉积物特征污染物含量分析结果

入海排污口	站位编号	监测时间	pH	汞/(mg/kg)	铜/(mg/kg)	锌/(mg/kg)	铅/(mg/kg)	铬/(mg/kg)	镉/(mg/kg)	砷/(mg/kg)	有机碳/%
海口白沙门污水处理厂排污口	2	2015 年 6 月	9.18	0.038	15.5	42	18.4	32.3	0.061	10.4	0.15
	5	2015 年 6 月	9.17	0.056	20.6	52.5	22.1	42.6	0.079	11.6	0.55
	8	2015 年 6 月	9.2	0.024	12.3	35.6	14.7	28.2	0.053	7.74	0.18
	11	2015 年 6 月	9.04	0.062	23.3	55.7	23.1	41.9	0.243	13.4	0.63
	20	2015 年 6 月	9.26	0.032	13	37.1	15.9	29.7	0.038	9.46	0.12
	21	2015 年 6 月	9.13	0.052	20.9	51.2	25.5	39.2	0.086	14.6	0.37
	24	2015 年 6 月	9.17	0.047	19.1	49	20.6	37	0.058	11	0.36

5.4.3　入海排污区生态风险评估

5.4.3.1　生态风险评估方法

考虑到采样调查区域为排污混合区,污染物以重金属为主,风险评估方法参照土壤/沉积物重金属生态风险评估方法——Hakanson 指数法。

Hakanson 指数法基于四个前提条件:① 浓度条件——元素丰度响应,潜在风险指数(RI)随沉积物中重金属污染程度的加重而增加;② 种类条件——多污染物协同效应,沉积物的重金属生态危害具有加和性,多种重金属污染的潜在生态风险更大;③ 各重金属的毒性响应具有差异性,生物毒性强的重金属对 RI 具有较高的权重;④ 不同水质环境对重金属污染的敏感性不同。其基本方程如下:

$$RI = \sum_i^m E_r^i = \sum_i^m T_r^i \times C_f^i = \sum_i^m T_r^i \times \frac{C_D^i}{C_R^i} \qquad (5.4\text{-}1)$$

式中,RI——潜在生态风险指数;

E_r^i——单一重金属潜在生态风险因子;

T_r^i——重金属生物毒性响应因子;

C_f^i——单一重金属污染系数;

C_D^i——沉积物污染物实测含量;

C_R^i——沉积物污染物背景参考值。

各参数确定如下:

(1)生物毒性响应因子 T_r^i。

对于 T_r 的取值,刘文新等结合乐安江重金属污染特征,设定 6 种重金属 T_r 的数值顺序。何云峰等根据刘文新的研究和运河(杭州段)金属污染特征,设定了 7 种重金属毒性响应因子的数值顺序,此后的不少研究中 T_r 都基于此,数值与此差别不大。本研究选用的 T_r 值见表 5.4-2。

表 5.4-2　重金属生物毒性响应因子

评价因子	汞	铜	锌	铅	铬	镉	砷
生物毒性响应因子 T_r	30	5	1	5	2	30	10

(2)背景值 C_r^i。

对于背景值 C_r 的选择,本研究选用沉积物现场监测的重金属浓度相对较低的背景点作为评估的背景参考值,见表 5.4-3。

表 5.4-3　污染物背景参考值

评价因子	汞	铜	锌	铅	铬	镉	砷
海口白沙门背景值 C_r	0.024	12.3	35.6	14.7	28.2	0.053	7.74

5.4.3.2　生态风险评估结果

(1)风险评价结果。

基于以上分析,应用 Hakanson 指数法评估入海排污区长期排污下沉积物重金属污染的生态风险,结果见表 5.4-4。

(2)风险分级标准。

对于风险分级标准的研究,Dauvalter 等将 14 世纪前工业时代 36～37 cm 深度沉积物中的重金属含量作为本底值,确定了潜在生态风险评价指标与分级关系。国内刘文新、何云峰等也进行了类似研究,建立了相应的评价指标与分级关系。本研究采用国内建立的应用较多的评价指标和分级关系,见表 5.4-5。

表 5.4-4　污水处理厂入海排污口混合区沉积物重金属污染生态风险

入海排污口	站位编号	E_r							RI
		汞	铜	锌	铅	铬	镉	砷	
海口白沙门污水处理厂	2	47.50	6.30	1.18	6.26	2.29	34.53	13.44	111.49
	5	70.00	8.37	1.47	7.52	3.02	44.72	14.99	150.09
	8	30.00	5.00	1.00	5.00	2.00	30.00	10.00	83.00
	11	77.50	9.47	1.56	7.86	2.97	137.55	17.31	254.22
	20	40.00	5.28	1.04	5.41	2.11	21.51	12.22	87.57
	21	65.00	8.50	1.44	8.67	2.78	48.68	18.86	153.93
	24	58.75	7.76	1.38	7.01	2.62	32.83	14.21	124.56

表 5.4-5　潜在生态风险评价指标与分级关系

生态风险指数	分级标准	风险程度分级
单一重金属生态风险 E_r	$E_r < 30$	I(低值,Low)
	$30 \leqslant E_r < 60$	II(中等,Moderate)
	$60 \leqslant E_r < 120$	III(可观,Considerable)
	$120 \leqslant E_r < 240$	IV(高值,High)
	$E_r \geqslant 240$	V(极高,Very high)
潜在生态风险指数 RI	$RI < 110$	A(低值,Low)
	$110 \leqslant RI < 220$	B(中等,Moderate)
	$220 \leqslant RI < 440$	C(高值,High)
	$RI \geqslant 440$	D(极高,Very high)

（3）风险分级结果。

据此确定的污水处理厂入海排污口混合区沉积物重金属污染生态风险等级划分结果见表 5.4-6。

表 5.4-6　海口白沙门污水处理厂入海排污口混合区沉积物重金属污染生态风险分级

站位编号	E_r							RI
	汞	铜	锌	铅	铬	镉	砷	
2	II	I	I	I	I	II	I	B
5	III	I	I	I	I	II	I	B
8	II	I	I	I	I	II	I	A
11	III	I	I	I	I	IV	I	C

站位编号	E_r							RI
	汞	铜	锌	铅	铬	镉	砷	
20	II	I	I	I	I	I	I	A
21	III	I	I	I	I	II	I	B
24	II	I	I	I	I	II	I	B

表 5.4-6 风险分级结果显示：

A. 从风险物质的情况看：海口白沙门污水处理厂排污混合区存在重金属污染风险，其中汞和镉的生态风险相比其他重金属污染物处于较高的水平，汞的风险等级最高为 III 级，镉的风险等级最高为 IV 级。

B. 从综合风险和风险分布情况来看，海口白沙门污水处理厂在距离排污口最近的 11 号站位风险最高，达到 C 级。

5.5 小 结

（1）研究首次构建了入海排污口生态风险评估技术体系，包括风险识别，源项分析，暴露评价，生态效应评价，风险表征的分析内容、技术方法、评价标准和表征模式。

（2）2014 年 8 月 13～14 日，项目组对大亚湾海域的入海排污区典型有毒有害污染物的污染状况进行了现场采样监测，通过采样分析排污混合区沉积物中特征污染物浓度分层情况，分析污染物的历史演变规律，研究入海排污区的累积性生态风险。监测结果表明：排污口投入使用后，部分站位石油类含量呈现出增长的趋势，表明排污口对混合区环境造成了一定影响。运用构建的生态风险评估技术体系，选取石油烃作为风险物质，带鱼作为指示性生物，分析其生长、繁殖和摄食特性，构建其富集石油烃的暴露评价模型，分析其生态效应，运用 Lesilie 矩阵对排污区石油烃长期排放的生态风险进行综合评估。评价结果表明：大亚湾排污混合区内石油烃富集威胁珠江口标志性鱼类——带鱼的最大生态风险为种群规模损失 1.351 1%，低于 EPA 推荐的 5% 可接受生态风险限值，目前的风险是可接受的。

（3）2015 年 6 月，课题组对海口白沙门污水处理厂排污混合区沉积物中的重金属污染物进行了现场采样监测。生态风险评估方法采用土壤/沉积物重金属生态风险评估方法——Hakanson 指数法。评价结果表明：海口白沙门污水处理厂排污混合区存在重金属污染风险，其中汞和镉的生态风险相比其他重金属污染物处于较高的水平。海口白沙门污水处理厂在距离排污口最近的 11 号站位风险最高，达到 C 级。

（4）入海排污口的生态风险应重点关注长期持续排污导致的排污混合区累积性生态风险，本研究针对此类生态风险，全面、系统分析了风险"产生→扩散→累积→后果"的全过程，以此为基础的近岸海域污染生态风险管控亦是我国海洋环境管理的发展方向之一。

参考文献

［1］　王炳权,钱新.流域累积性环境风险评价研究进展［J］.环境保护科学,2013,39(2):
88-92.

［2］　阳文锐,王如松,黄锦楼,等.生态风险评价及研究进展［J］.应用生态学报,2007,18
(8):1869-1876.

［3］　王晓南,刘征涛,闫振广,等.基于物种敏感度分布(SSD)的中美物种敏感性比较
［A］//中国毒理学会环境与生态毒理学专业委员会第四届学术研讨会暨中国环境科
学学会环境标准与基准专业委员会学术研讨会论文集［C］,2015 年.

［4］　周平,蒙吉军.区域生态风险管理研究进展［J］.生态学报,2009,29(4):2097-2106.

［5］　Hamelink J L. Bioavailability: Physical, chemical, and biological interactions［M］.
Lewis:Boca Raton,1994.

［6］　Hamelink J L,Waybrant R C,Ball R C. A Proposal:Exchange equilibria control the
degree chlorinated hydrocarbons are biologically magnified in lentic environments
［J］. Transactions of the American Fisheries Society,1971,100(2):207-214.

［7］　Nichols J W,McKim J M,Andersen M E,et al. A physiology based toxicokinetic
model for the uptake and disposition of waterborne organic shemicals in fish［J］.
Toxicological Applied Pharmacology,1990,106(3):433-447.

［8］　Nichols J W,Fitzsimmons P N,Whiteman F W,et al. Dietary uptake kinetics of 2,
2′,5,5′-tetrachlorobiphenyl in rainbow trout［J］. Toxicological Sciences,2001,29
(7):1013-1022.

［9］　Gobas F A P C,Muir D C G,Mackay D. Dynamics of dietary bioaccumulation and
faecal elimination of hydrophobic organic chemicals in fish［J］. Chemosphere,1988,
17(5):943-962.

［10］Gobas F A P C，Wilcockson J B,Russell R W,et al. Mechanism of biomagnification
in fish under laboratory and field conditions［J］. Environment Science Technology,
1999,33(1):133-141.

第 **6** 章

入海排污口/直排海污染源管理地理信息系统

6.1 系统框架设计

利用已有的入海排污口监测统计资料,相应补充我国各海区污染调查,掌握入海排污口和直排海污染源的基本信息,建立直排海污染源与排污口动态数据库,通过地理信息平台与应用软件的开发,实现数据库与电子图层的对接,直观展现直排海污染源与排污口的空间定位,除 GIS 基本操作、查询等功能外,实现规定空间(海区、海域、省、市、纳污海域环境功能区)的汇总、统计、分析,为管理提供技术支撑[1]。

入海排污口/直排海污染源管理地理信息系统架构如图 6.1-1 所示。

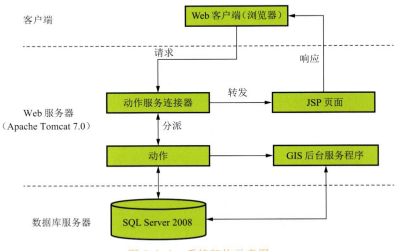

图 6.1-1 系统架构示意图

(1)客户端。

用户通过浏览器访问 Web 服务器进行各种操作,如:系统用户权限配置管理、GIS 监测数据的录入和数据文件上传、监测数据浏览和查询等等。

（2）Web 服务器。

以 Apache Tomcat 作为 Web 服务器。网站以 SSH 框架为中心的 MVC 设计模式来实现[2]，这是目前比较流行的解决方案。本网站所采用的主要技术为 Spring、Struts2、Hibernate、javascript、html 等成熟流行并且可靠的技术[3]。

网站服务器主要响应网页浏览器客户端的请求，针对不同和请求调用对应的业务处理程序进行处理，呈现相应的页面内容到客户端。

GIS 后台服务程序通过 ArcGIS Server 提供 GIS 服务，主要负责 GIS 数据展示、海洋功能区/环境功能区图展示、排污口信息的展示、排污口总量统计、排污口统计等[4]。

（3）数据库服务器。

采用 SQL Server 2008 作为数据库服务器，通过其数据库自动备份任务实现数据库定时备份功能，同时完成系统日志定时清理等功能。

（4）GIS 后台服务程序。

地理信息子系统采用 ESRI 公司的 ArcGIS Server 作为 GIS 服务器，通过在服务器上运行各种 GIS 服务来实现相应功能。ArcGIS Online 是一个面向全球用户的公有云 GIS 平台，为用户提供了按需的、安全的、可配置的 GIS 服务[5]。利用 ArcGIS Online 上免费的地图资源，结合工程项目中发布在 ArcGIS Server 上的地图服务，就可以生成专用的网络地图（WebMap）。

自 ArcGIS Server 9.3 版本开始，基于 Web API 的开发架构逐渐成为开发的主流，本项目选择 ArcGIS API for JavaScript 进行开发。其优点是可以使用 ArcGIS 提供的各种资源和各种组件，构建表现出色、交互体验良好的 Web 应用[6]。

系统中，通过 ArcGIS 提供的 Map 客户端在 ArcGIS Online 配置相应的排污口信息图层、排污口数据图层以及各类数功能区图层等内容后，针对需求开发具备特定功能的组件（Widget），将其加载发布到我们应用的服务器上，并通过访问我们应用服务器发布的URL 地址，即可访问 ArcGIS 地理信息管理模块功能。

6.2　系统功能设计

6.2.1　系统功能模块划分

开发入海排污口/直排海污染源管理地理信息系统可以大大提高排污口/污染源管理的信息化程度[7]。系统功能可以划分为用户管理模块、数据管理模块和地理信息管理模块等三个系统模块，系统的功能模块可以有效地、统一地管理排污口/污染源的各种相关信息，能够为用户提供全面、直观的数据和信息，同时数据管理模块支持数据查询、统计、可视化等操作[8]，可以从多种角度为管理者提供决策支持。入海排污口/直排海污染源管理地理信息系统的建立，不仅为排污口/污染源的管理提供了新的途径，同时也是信息技术在环境保护事业中一次有意义的应用探索。

6.2.1.1　用户管理模块

用户管理模块主要功能有：系统用户的添加和删除、用户信息的存储与维护、用户资料的查询、用户角色的设置、用户权限的分配和控制等。

根据不同用户角色，设置相应权限，没有权限的用户禁止使用该系统。系统权限控制的主要原则是：系统管理员可以为每个用户分配一个角色，而每个角色可以拥有不同的系统权限。与此同时，拥有角色管理权限的管理员，可以对某一用户的权限进行单独的编辑。通过修改角色管理中的权限，可以批量修改隶属于该角色的权限。

数据管理员可以操作数据，普通用户只可以对数据进行查询、统计分析等操作。按行政管辖范围和监测管辖范围设 5 级用户使用权限：环保部、跨省管理中心站、省、市、县。处理原则是各省份只能看到自己省份的数据，省级可以向下查看管辖区域内其他市、县的数据。市级可以查看本市及县，依次类推。输入者只能查看自己输入的数据。

6.2.1.2 数据管理模块

数据管理模块主要功能包括：排污口信息录入和查询、污染物排放标准信息录入和查询、监测浓度/总量数据录入和上传、监测浓度/总量数据查询、汇总统计和分析、特征值分析、超排预警等。

6.2.1.3 地理信息子系统

地理信息子系统主要负责与地理位置相关的数据信息展示，能够完成绘制统计直方图、混合区边界图、环境功能区和海洋功能区图，生成报表，交互查询，排污口个数的统计操作。

6.2.2 系统模块工作流程

6.2.2.1 用户管理模块

当创建或者修改用户时，可以设置用户的管辖区权限等级（对应用户表的"administrative LevelId"字段），根据不同的权限等级，分配对应的管辖省（对应用户表的"administrative ProvinceId"字段）、管辖城市（对应用户表的"administrative CityId"字段）、管辖县（对应用户表的"administrative CountyId"字段）。

管辖区权限等级设置原则：① 如果用户设置为"省"等级，则必须为其分配对应的管辖省；② 如果用户设置为"市"等级，除了必须为其分配对应的管辖省之外，也要为其分配对应的管辖城市；③ 如果用户设置为"县"等级，必须同时为其分配对应的管辖省、管辖城市、管辖县。

当用户进行查询等系统操作时，相关的访问逻辑将根据当前用户的权限等级来限制或过滤相关的管辖区数据。以查询为例：查询数据时，当前用户的权限等级为"市"，并且他的对应的管辖省为"广东省"，管辖城市为"深圳市"，那么他的所有数据操作和查询只限制于深圳市的监测数据。

（1）基本事件流：

A. 系统管理员登录系统，进入用户管理界面，本用例开始。

B. 用户管理界面列出目前系统使用者的账户信息。管理员点击"创建用户"按钮可以输入用户名、密码、备注信息，点击"保存"将数据保存到数据库。

C. 管理员点击"修改用户"可以修改已有用户信息。

D. 管理员点击"删除用户"可以删除一个或多个用户信息。

用户权限管理界面列出目前系统使用者的所有权限信息。管理员点击"修改权限"按钮修改对应用户的权限,点击"保存"按钮可以保留更改信息,用例结束。

（2）业务流程图:

用户管理和角色管理模块业务流程图如图 6.2-1 和图 6.2-2 所示。

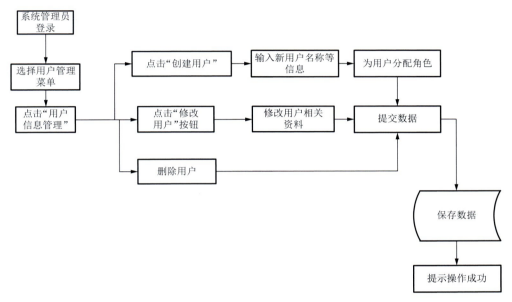

图 6.2-1　用户管理模块业务流程图

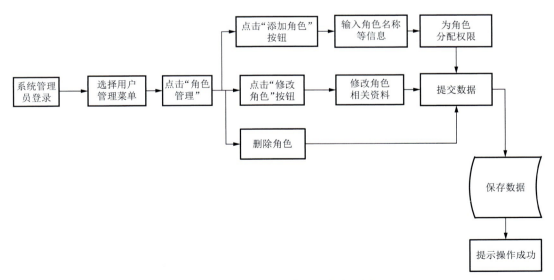

图 6.2-2　角色管理模块业务流程图

（3）用户管理子系统实体设计：

用户管理 ER 简图及设计图见图 6.2-3、图 6.2-4。用户管理相关数据表主要有：

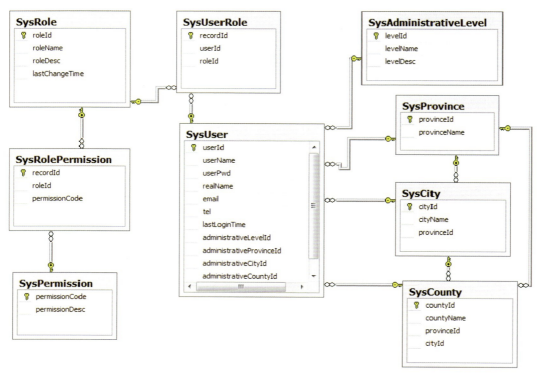

图 6.2-3　用户管理 ER 简图

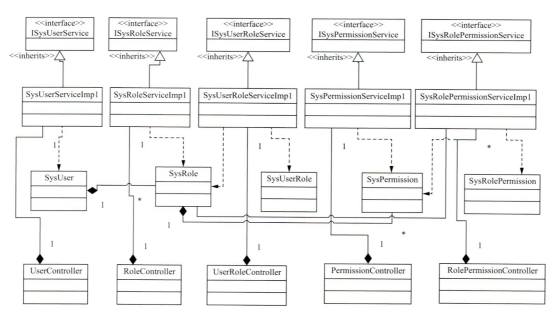

图 6.2-4　用户管理详细 ER 设计图

* 表示一对一；1 表示 1 对多

A. 用户表(SysUser)

B. 系统角色数据表(SysRole)

C. 系统权限控制表(SysPermission)

D. 用户角色分配表(SysUserRole)

E. 角色权限分配表(SysRolePermission)

F. 权限等级内容表(SysAdministrativeLevel)

G. 省份表(SysProvince)

H. 城市数据表(SysCity)

I. 县数据表(SysCounty)

系统有实体类、Service 接口、Service 实现层、Controller 层、Dao 层对所有实体进行操作。Service 实现层依赖 Dao 层,主要实现对业务的操作;Controller 层依赖 Service 层,主要实现页面访问请求。

6.2.2.2　数据管理模块

(1)数据维护。数据维护模块主要用于对系统中基本数据的增、减、更新等基本业务操作,其业务流程见图 6.2-5。

(2)信息维护。信息维护模块主要用于系统中各种标准的定义的录入、添加、修改等功能,其基本事件流为:

A. 使用者登录系统进入信息表录入界面,本用例开始。

B. 系统提供"开始录入"按钮,点击可以开始编辑信息表。

C. 系统检测录入的信息是否有重复字段,如果有,则提示错误,同时管理员可以对某些信息写入备注。录入完毕后可以通过点击"提交"按钮将信息表提交到数据库,用例结束。

(3)数据查询。数据查询功能模块能提供查询数据库中数据以及信息表的功能,其工作流程图如图 6.2-6 所示。

(4)数据统计分析。数据统计模块分析主要用于统计系统中所有的排量、浓度、总量等数据,其基本事件流为(图 6.2-7):

A. 用户进入数据统计界面,本用例开始。

B. 用户通过下拉列表选择想要统计分析的项目以及约束条件,点击"开始"按钮进行统计分析操作。

C. 超排预警是指录入排污口论证报告确定的污染物排放量、排放浓度、混合区面积,之后环保监测部门监测入海排污口得到的污染物排放量、排放浓度、混合区面积,如果任意一项大于之前排污口论证报告确定的量,则属于超排,进行预警。

D. 系统在后台进行相关比较以及计算,将统计分析结果返回给用户。如在统计分析过程中发生错误则返回错误提示,用例结束。

(5)数据备份和恢复。数据备份和恢复模块主要提供系统数据备份功能,其基本事件流为:

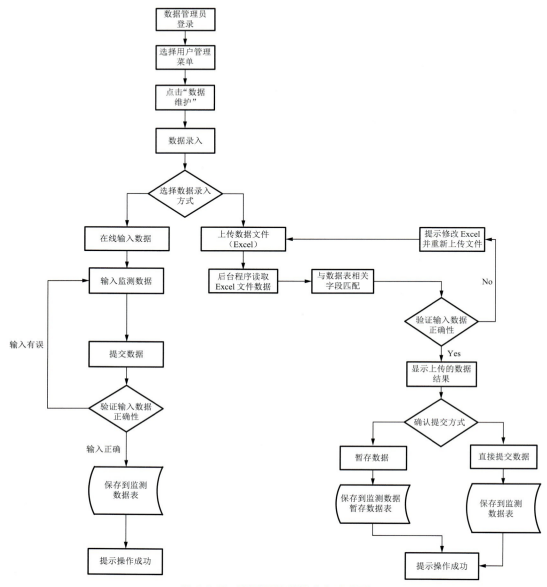

图 6.2-5 数据维护模块业务流程图

A. 用户进入数据备份与恢复界面,本用例开始。

B. 系统提供"备份"按钮,用户选择希望备份保存的位置,点击按钮开始备份,系统将会生成数据库的一个拷贝,备份正确完成则返回成功提示,否则返回失败提示。

C. 当需要从备份恢复数据库内容时,用户点击"恢复"按钮,选择备份所在位置,点击按钮开始恢复。如果恢复文件损坏或者格式不正确,系统返回错误提示,用例结束。

6.2.2.3 地理信息管理模块

使用 SQL Server 存储业务空间数据,借助 ArcGIS Desktop 将数据发布成服务。Arc-GIS Online 是 ESRI 架构于 GIS 云之上的资源门户。GIS 开发/维护人员在 ArcGIS On-line 上利用 ESRI 提供的云端地图资源,同时结合本地 ArcGIS Server 上的服务生成专用

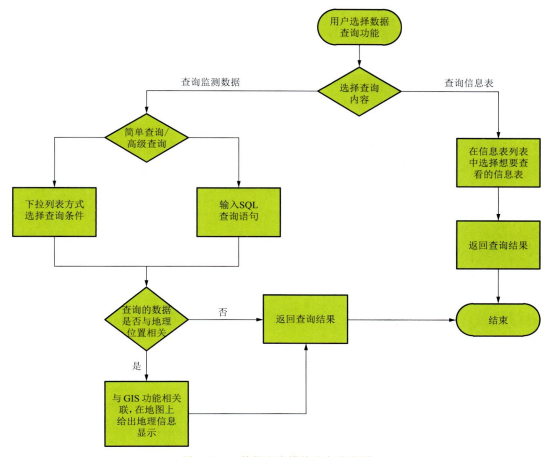

图 6.2-6　数据查询模块业务流程图

的网络地图,从而获取相应的 WebMap ID。开发人员在本地工程中,利用 ArcGIS 提供的
API 调用 WebMap ID 即可进行进一步的工程开发,最终可以将工程发布成 Web 服务与
系统集成(图 6.2-8)。

(1) 地理信息显示。

提供四大海区电子地图的显示功能、排污口地理位置的标注功能,重要排污口支持图
片显示,并预留视频播放接口。

基本事件流(图 6.2-9):

A. 用户登录系统,本用例开始。

B. GIS 调取数据库中保存的四大海区地图,将其绘制出来展现给用户,发生异常错误
导致绘图失败则返回空白页面并给出提示信息。

C. 调取数据库中各个排污口地理位置信息(经纬度),将其以点要素格式准确绘制在
四大海区电子地图的底图之上。数据库中存储有重要排污口的图片信息,可以点击预览。
未来如果有视频信息,同样可以点击观看,因此预留视频接口。

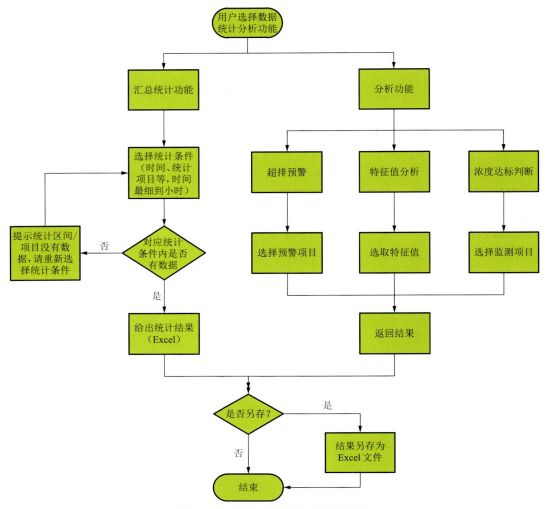

图 6.2-7 统计分析模块业务流程图

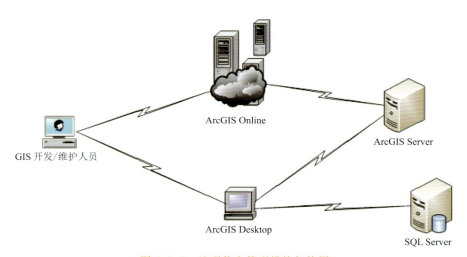

图 6.2-8 地理信息管理模块架构图

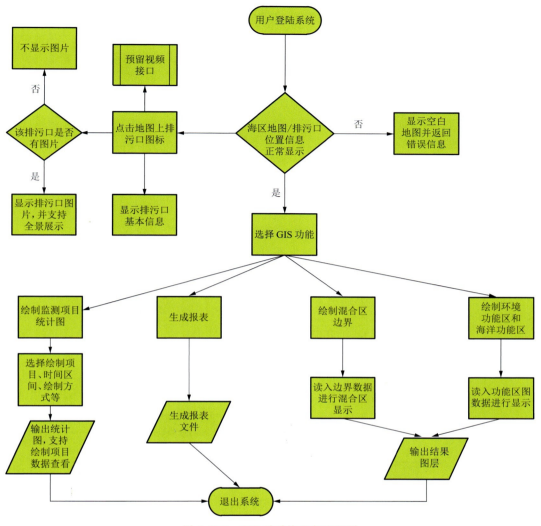

图 6.2-9　GIS 子系统业务流程图

（2）排污口信息查询功能。

基本事件流：

A. 用户登录系统，进入 GIS 地图界面，本用例开始。

B. 用户选择查询插件，在弹出的窗口中选择需要查询哪类排污口。

C. 在查询参数中输入对应的数值，未用到的查询参数输入"ALL"。

D. 点击"应用"即可，返回的查询结果中包含该排污口的基本信息，点击对应的排污口信息，即可定位到对应排污口坐标。

（3）绘制监测项目统计图。

提供监测项目统计图的绘制功能，同时将统计图和数据进行关联，当用户需要时可以针对性查看相关数据。

基本事件流（图 6.2-10）：

A. 用户登录系统，进入 GIS 地图，选择绘制项目统计图功能，本用例开始。

B. 用户以下拉列表形式选择绘制统计图的时间,框选需要统计的排污口等条件,系统调取数据进行绘图操作。

C. 返回绘图结果,系统提供数据显示的接口,用户可以根据需要选择想要查看的数据,系统予以显示。

(4)绘制混合区。

提供混合区边界绘制功能。拟由排污口论证报告提供混合区边界图,系统完成绘制功能。

基本事件流:

A. 打开 ArcMap 客户端工具,本用例开始。

B. 在右侧工具栏中,选择"图层"创建,在创建的新图层上,选择"面"创建,创建新的面后,通过导入混合区的经纬度信息,即可根据经纬度坐标信息生成对应的混合区面积。

C. 在菜单中,将创建的混合区图层发布到 ArcGIS Server 上,其他用户登录系统,访问地理信息管理模块即可查看到已发布的混合区图层。

D. 环境功能区、海洋功能区、敏感点目标和保护区等也可通过该方式进行添加。

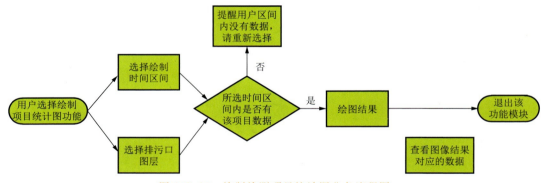

图 6.2-10　绘制检测项目统计图业务流程图

6.3　系统功能介绍及应用

系统功能模块分为三个模块,分别是:用户管理模块、数据管理模块和地理信息管理模块。各个模块的功能如下。

6.3.1　用户管理模块

用户管理模块旨在建立一个集中的用户管理平台,主要负责系统用户信息的维护、访问权限的控制等,在用户层面对系统的安全提供保障。用户管理模块主要功能有:系统用户的添加和删除、用户信息的存储与维护、用户资料的查询、用户角色的设置、用户权限的分配和控制等。

目前用户管理模块实现的具体功能如下:

（1）用户信息管理。

用户管理页面列出了当前系统所有的用户信息，包括用户名、真实姓名、权限等级、用户角色、联系电话、E-mail 地址、创建时间等。系统管理员可以根据"操作"栏列出的功能对用户信息进行的管理，包括：查看、编辑、权限和删除。系统管理员拥有相应的管理权限，可以通过"操作"中的"权限"对某个用户单独分配用户权限，实现权限的灵活配置。用户管理模块同时提供了用户信息的查询、筛选、排序等功能，以便快速查找相关用户信息（图 6.3-1）。

图 6.3-1　用户信息管理示意图

（2）添加用户。

拥有用户管理权限的管理员可以使用该功能。管理员在添加用户过程中，权限等级和用户角色不能为空。当权限等级为"跨省管理中心站"，管理员可以添加多个管辖的省份。当权限等级为"市"或"县/区"时，管理员必须输入对应的市或县/区，系统不允许留空。删除用户的操作可以在"用户列表"选项中进行（图 6.3-2）。

图 6.3-2　添加用户操作示意图

（3）角色设置。

对角色的合理设置有利于快速赋予新用户权限。角色设置界面如图 6.3-3 所示。

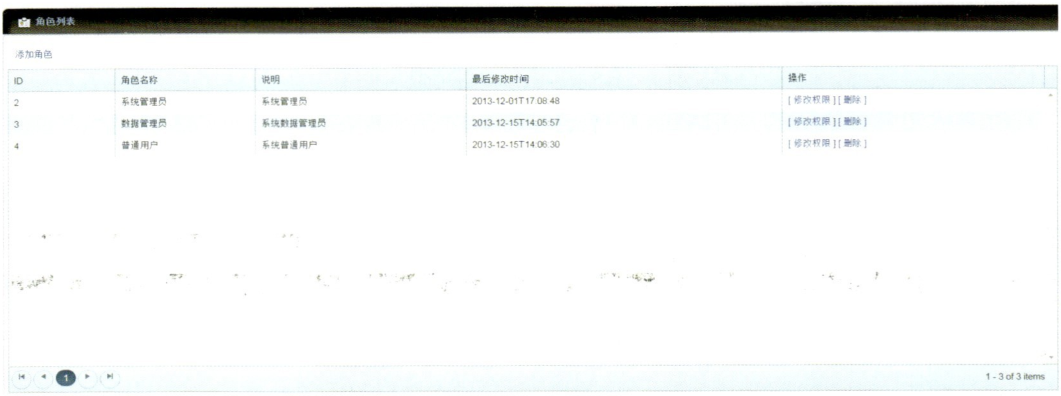

图 6.3-3　角色设置示意图

在此页面可以完成的操作包括添加/删除角色、角色权限的配置等。通过设置角色，可以方便快捷地为多个用户分配相同的权限，以及便捷地修改用户权限。值得注意的是，删除角色之前需要确保该角色不被系统用户所拥有，否则将会提示操作失败。权限配置如图 6.3-4 所示。

图 6.3-4　权限配置示意图

6.3.2　数据管理模块

数据管理模块主要负责系统中各种数据和信息的存储、维护、操作等，主要功能包括：排污口信息查询、浓度数据查询、总量数据查询、海区容量查询、高级数据查询、污染物排放标准查询、排污口信息录入和上传、浓度数据录入和上传、总量数据录入和上传、海区容量录入、高级数据查询、污染物排放标准录入、污染物排放统计、特征值分析、超排预警等。

目前数据管理模块实现的具体功能如下：

（1）排污口信息查询。

在排污口数据中用户可以对排污口信息进行查询或修改操作。排污口数据查询过程中，支持以排污口的基本信息作为过滤条件（图 6.3-5）。

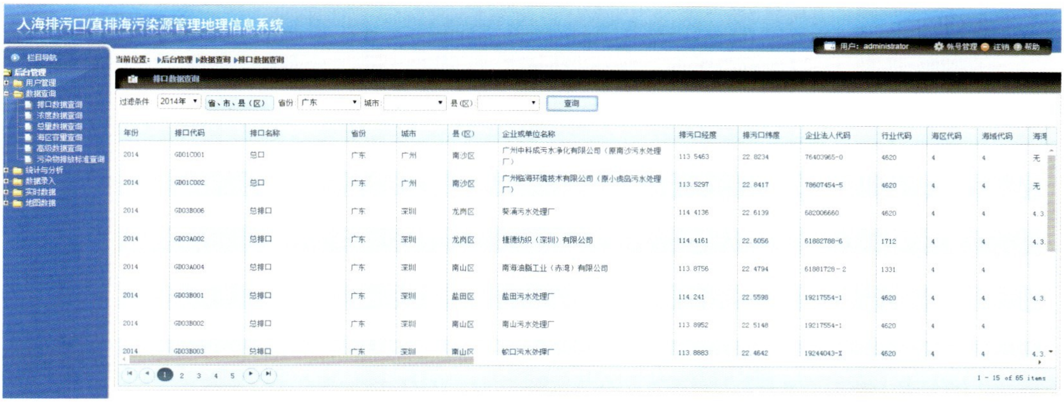

图 6.3-5　排污口信息查询示意图

（2）监测数据查询。

监测数据查询包括浓度数据查询和总量数据查询，用户在数据查询过程中，支持时间区间的查询和条件的查询等（图 6.3-6）。

图 6.3-6　查询条件示意图

获取查询结果后，拥有数据管理权限的用户，可以在"操作"列上对数据进行修改、删除操作。对需要修改的数据，点击"修改"后，系统进入数据修改界面，在该界面中用户可以对无数值的检测项目进行删除，只保留有数值的检测项目，方便数据的录入与修改。用户也可以通过最底下的下拉列表框添加新的检测项目，修改完成后，点击"保存"即可（图 6.3-7）。

选择	监测项目	监测值	
☐	排污口代码	AB-123456	
☐	监测时间	2015-11-04 / 00:00:00	格式: 2013-01-01 / 格式: 01:01:01
☐	是否达标	是	
☐	污水流量（m3/h）	12	
☐	污水排放时间(h)	5	
☐	污水量（104 m3/a）	31	
☐	化学需氧量	235	mg/L
☐	五日生化需氧量	-0.001	mg/L
☐	氨氮	-0.001	mg/L
☐	总铬	0.22	mg/L
☐	总镉	0.22	mg/L
☐	甲醛	-0.001	mg/L
☐	总氮	0.22	mg/L

删除　｜　不达标项目　▼　｜　添加　｜　保存

图 6.3-7　监测数据编辑界面

（3）海区容量查询。

在海区容量查询界面中，用户可以查询海区容量的基本信息，并可根据海区名称、海区代码、容量条件等进行条件查询（图 6.3-8）。

图 6.3-8　海区容量数据查询

218

用户可以在"操作"栏中对查询到的海区容量信息进行修改(图 6.3-9)。

图 6.3-9　海区容量数据修改

（4）高级数据查询。

高级数据查询功能可对数据库中的用户信息、排污口数据、浓度监测数据、污染物总量数据、海区容量信息、污染物排放标准等表进行查询。高级数据查询的目的是为用户提供一个更为灵活、高效的查询入口。在这个模块中，用户可以自定义查询条件，自定义显示结果内容，各个查询条件之间用逻辑连接符进行连接(图 6.3-10)。

图 6.3-10　高级数据查询示意图

（5）污染物排放标准查询。

在污染物排放标准查询界面中，用户首次进入该页面，会显示出所有的排放标准，用户还可以根据污染物排放标准名称进行条件查询（图 6.3-11）。

图 6.3-11　污染物排放标准查询

（6）统计与分析。

统计与分析包含了污染物排放统计（浓度均值统计、污染物排放情况统计、污染源排放情况统计）、特征值分析、超排预警等。

目前的统计支持按省份、城市、纳污环境功能区、海区、行业五种方式进行数据统计。统计方式分为三种：浓度均值统计、污染物排放情况统计、污染源排放情况统计。设置相应的统计数值后，通过点击"输出 Excel 文件"将统计结果以 Excel 文件的形式提供。

A. 浓度均值统计。

进入污染物排放统计页面，在统计类型中，选择"浓度均值统计"，在检测时间里选择年份，选择统计的省份（图 6.3-12），点击"输出 Excel 文件"按钮，即导出生成的结果，生成 Excel 结果如图 6.3-13 所示。

图 6.3-12　浓度均值统计

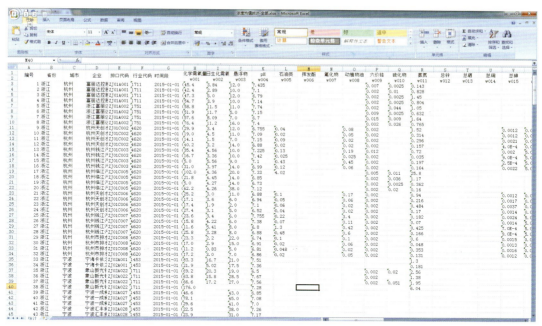

图 6.3-13　浓度均值统计结果

　　B. 污染源排放情况统计。

　　在统计类型中,选择"污染源排放情况统计",在检测时间里选择对应的时间段,选择统计类型中省份、城市、环境功能区、海区代码、行业代码,类别中选择"全部""工业""市政""综合"(图 6.3-14),点击"输出 Excel 文件"按钮,即导出生成的结果(图 6.3-15)。

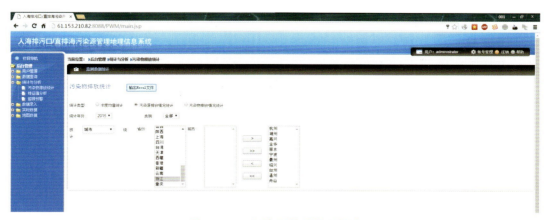

图 6.3-14　污染源排放情况统计

　　C. 污染物排放情况统计。

　　在统计类型中,选择"污染物排放情况统计",在检测时间里选择对应的时间段,选择统计类型中省份、城市、环境功能区、海区代码、行业代码,类别中选择"全部""工业""市政""综合"(图 6.3-16),点击"输出 Excel 文件"按钮,即导出生成的结果(图 6.3-17)。

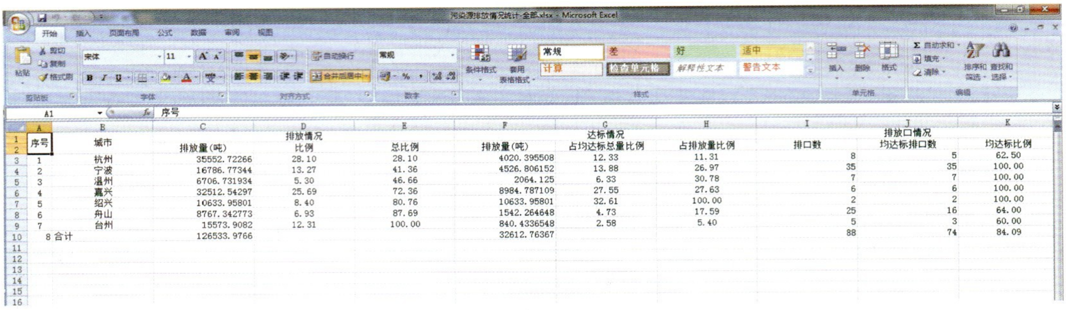

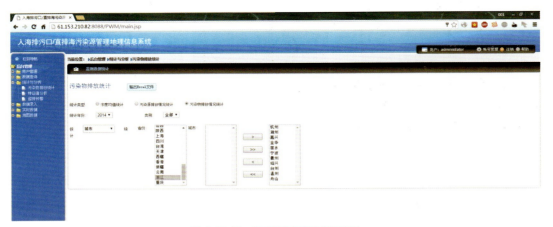

图 6.3-15　污染源排放情况统计结果

图 6.3-16　污染物排放情况统计

图 6.3-17　污染物排放情况统计结果

（7）超排预警。

超排预警功能提供两种预警方式：首先，污染物排放浓度超过标准表中对应该排污口污染物所允许的排放浓度即进行预警；其次，总量累加式预警，即在一定时间段（限定在一年）内，某排污口排放污染物总量进行累加，与全年该排污口允许排放总量进行比较，一旦超出，即进行预警（图 6.3-18）。输出结果见图 6.3-19。

（8）特征值分析。

特征值分析功能旨在对排污口主要污染物进行统计以及超标判断。取该排污口污染物排放总量最多的 3～5 个污染物作为特征污染物，对确定的几种污染物进行统计分析，通过实际排量与标准排放量进行达标判断（图 6.3-20）。输出结果见图 6.3-21。

图 6.3-18 超排预警示意图

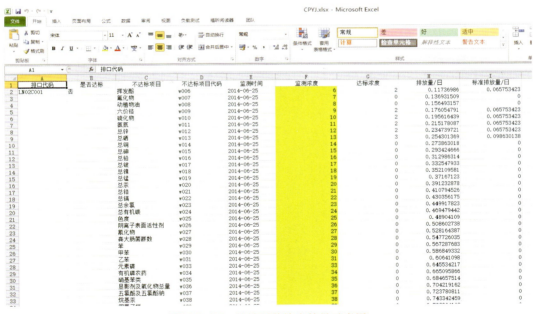

图 6.3-19 超排预警输出结果示意图

（9）排污口信息录入。

在该页面中用户输入相应的数值,确认无误后,点击"确定"按钮,输入的数值将保存到数据库中,点击"重置"按钮,则将所有输入框中的值重置为空,排空信息录入界面(图 6.3-22)。

图 6.3-20 特征值分析功能意图

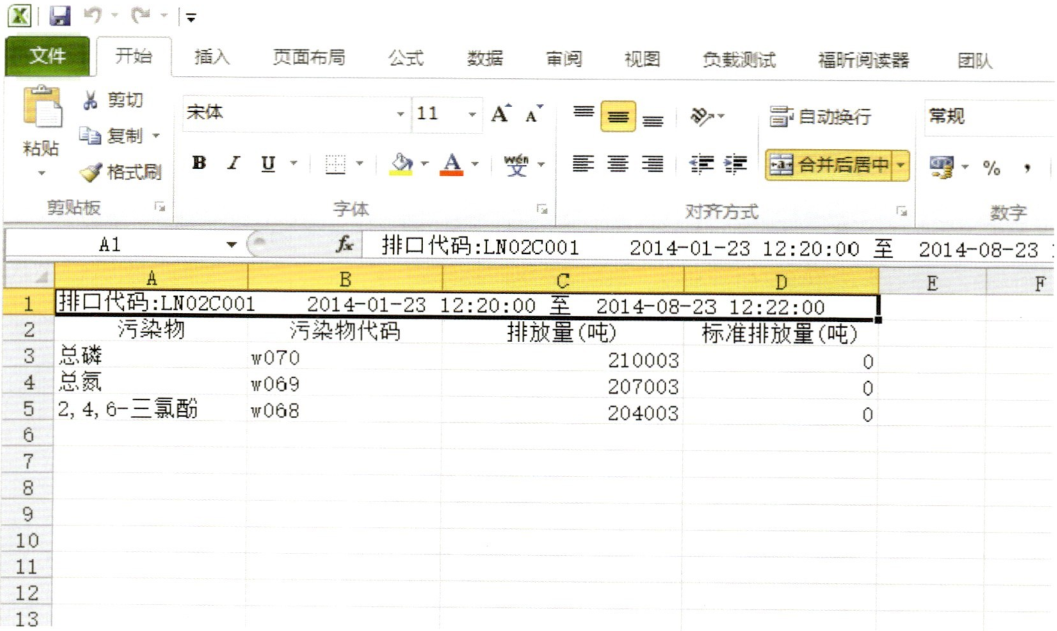

图 6.3-21 特征值分析输出结果示意图

(10) 排污口数据上传。

在排污口数据上传页面中,用户通过上传 Excel 文件的形式批量导入浓度数据,上传的 Excel 版本为 Exce 2007 及以上的版本,点击"排污口数据上传文件样例"连接,下载排污口数据模版(图 6.3-23),里面包含数据格式例子,根据对应条件输入相应内容,即可通过"选择文件"按钮选择需要上传的 Excel 文件,并点击"上传"按钮。数据上传成功后,可以在数据查询菜单下的浓度数据查询页面查询上传的数据。

图 6.3-22　排污口数据录入

图 6.3-23　排污口数据 Excel 模版

（11）浓度数据录入。

在浓度数据录入页面，由于浓度数据的部分检测项目没有数据，为了方便用户数据输入，用户可选择没有数据的检测项，点击"删除"，以隐藏该项目，通过下拉框选择需要显示的检测项，并点击"添加"，以显示该项目。通过这种方式以此减少页面内容，方便用户操作。用户在数据框中输入相应的数据，并确认无误后，点击"保存"按钮，数值将保存到数据库中（图 6.3-24）。

（12）浓度数据上传。

在浓度数据上传页面中，用户通过上传 Excel 文件的形式批量导入浓度数据（图 6.3-25），上传的 Excel 版本为 Excel 2007 及以上的版本。点击"浓度数据上传文件样例"连接，下载排污口数据模版（图 6.3-26），里面包含数据格式例子，根据对应条件输入相应内容，即可通过"选择文件"按钮选择需要上传的 Excel 文件，并点击"上传"按钮。数据上传成功后，可以在数据查询菜单下的浓度数据查询页面查询上传的数据。

图 6.3-24　浓度数据录入

图 6.3-25　浓度数据上传

图 6.3-26　浓度数据 Excel 模版

（13）总量数据录入。

在总量数据录入页面，由于总量数据的部分检测项目没有数据，为了方便用户数据输入，用户可选择没有数据的检测项，点击"删除"，以隐藏该项目，通过下拉框选择需要显示的检测项，并点击"添加"，以显示该项目，通过这种方式以此减少页面内容，方便用户操作。用户在数据框中输入相应的数据，并确认无误后，点击"保存"按钮，数值将保存到数据库中（图 6.3-27）。

图 6.3-27　总量数据录入

（14）总量数据上传。

点击左边菜单栏的浓度数据上传菜单，进入到浓度数据上传页面，在该页面中用户通过上传 Excel 文件的形式批量导入浓度数据（图 6.3-28），上传的 Excel 版本为 Excel 2007 及以上的版本。点击"总量数据上传文件样例"连接，下载总量数据模版（图 6.3-29），里面包含数据格式例子，根据对应条件输入相应内容后，再通过"选择文件"按钮选择需要上传的 Excel 数据文件，并点击"上传"按钮。数据上传成功后，可以在数据查询菜单下的总量数据查询页面查询上传的数据。

（15）海区容量数据录入。

在海区容量数据录入页面，用户在该页面中输入海区容量基本信息后，点击"保存"按钮即可将数据保存到数据库中（图 6.3-30）。

（16）污染物排放标准录入。

在污染物排放标准录入页面，用户在该页面中输入排放标准、标准名称以及排放标准数值等内容后，点击"保存"按钮，即可将数据保存到数据库中（图 6.3-31）。

图 6.3-28　总量数据上传

图 6.3-29　总量数据 Excel 模版

图 6.3-30　海区容量数据录入界面

图 6.3-31　污染物排放标准录入界面

6.3.3　地理信息管理模块

地理信息管理模块借助 ArcGIS 系列软件集中管理空间资源数据,主要负责与地理位置相关的数据信息展示与操作,包括直排海污染源与排污口的空间定位、专题制图、绘制环境功能区和混合区边界图等,同时可以实现排污口查询、数据统计、面积计算、距离计算、特定区域排污口个数统计等操作。

GIS 地图数据以 ArcGIS Server 为核心,借助 ArcGIS Desktop 对空间数据进行集中管理和发布,结合 ArcGIS Online 提供的地图资源,在本地以 ArcGIS For JavaScript 为应用程序框架,ArcGIS Web Appbuilder 为开发工具进行开发。

（1）排污口/污染源地理信息展示。

点击地图界面上的排污口标记可以弹出对应排污口信息(图 6.3-32)。将所有排污口按控制等级分为四个层次,即国控、省控、市控、县控及其他,分别在不同地图比例尺进行展示。地图放大到一定程度,会以排污口代码来标识各个排污口。点击图标将会弹出排污口信息,有图片的排污口将会显示现场图片(图 6.3-33)。

（2）环境功能区/海洋功能区展示。

通过"图层列表"中的"业务图层"对排污口图层进行隐藏或显示操作。隐藏排污口图层,可方便查看海洋功能区。不同色块代表不同类型的功能区,通过点击某个色块,以显示该功能区基本信息(图 6.3-34)。

（3）查询功能。

查询功能可以根据国控排污口、省控排污口、市控排污口、县控及其他等排污口信息来查询(图 6.3-35),查询条件分为省份、城市、排污口代码、排污口名称、主要污染物(图 6.3-36),

图 6.3-32　排污口信息展示

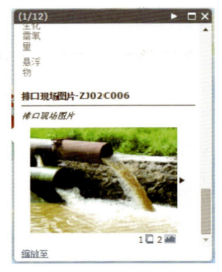

图 6.3-33　排污口现场图片

图 6.3-34　显示海洋功能区

图 6.3-35　查询（一）

图 6.3-36　查询（二）

如只想查省份,其他项需输入"@"或任意无关字符,可在"使用空间过滤器限制要素"—"仅与用户自定义区域相交的要素"中自定义搜索域,点击"应用"即可查询出对应结果(图 6.3-37)。

　　(4) 绘图功能。

　　利用绘图功能可以计算出排污口排放的污水扩散面积,为决策提供更方便的空间数据。绘图功能可以绘制的要素包括点、折线、手绘线、矩形、圆、椭圆、面、手绘面等,外观也可以进行相应调整,主要包括样式、颜色、透明度等(图 6.3-38)。

(5)图表(数据统计绘图)。

图表功能是对排污口的总量进行统计并绘图,系统根据国控排污口、省控排污口、市控排污口来统计(图 6.3-39),用户选择相应的年限后,在地图上框选需要统计的区域排污口,点击"应用",即可对在选中的排污口进行总量计算并绘制图形(图 6.3-40),统计结果显示出统计排污口的个数和污染物的总量(图 6.3-41)。

图 6.3-37　查询(三)

图 6.3-38　GIS 绘图

图 6.3-39　数据统计绘图(一)

图 6.3-40　数据统计绘图(二)

图 6.3-41　数据统计绘图(三)

（6）测量功能。

该工具可以对地图上的要素进行测量，可以计算排污口的离岸距离。点要素返回坐标值，线要素返回长度，面要素返回周长和面积。每种测量结果都提供若干不同距离单位，可以选择和切换测试结果（图 6.3-42）。

图 6.3-42　测量功能示例

（7）排污口统计。

该工具主要用于对排污口个数进行统计，支持点、线、面等方式进行区域选择，在选取相应区域后，分析统计属于该面积内的国控排污口、省控排污口、市控排污口和其他排污口的数量（图 6.3-43、图 6.3-44）。

图 6.3-43　排污口统计功能

图 6.3-44　排污口统计结果

6.4　应用前景

（1）排污口位置精准度决策支持。

在系统中，入海排污口的位置被映射到 WebGIS 图层之上，其与底图之间的相对位置可以为决策者提供排污口位置是否精准的信息。如某排污口在地图上显示距离陆地边缘有一定距离，而在排污口信息表中排放方式标记为"近岸排放"，那么该排污口的位置极有可能是错误的，需要当地相关部门重新测量以确定。

（2）排污口选址辅助。

入海排污口的选址是控制海域污染的有效手段之一。合理的选址也就是通过多种手段确定排污口设置的最佳位置，从而充分利用水体的自净能力达到保护水环境的目的。入海排污口的选址需要考虑的因素很多，如拟排放海域的纳污容量、功能区类别、污染物扩散条件等等。针对纳污容量因素，本系统可以在空间统计模块中加入纳污总量计算，与实际排放总量相比较，进而为某纳污海域的排污口设置提供辅助信息；针对纳污海域的功能区类别因素，本系统可以通过加载既有功能区图，从视觉角度判断某海域是否支持排污口的设置；从充分利用水体自净能力的角度，本系统可以绘制污染物扩散缓冲区，从而通过缓冲区的叠加效果提供选址辅助信息。

（3）超排预警决策支持。

超排预警功能可以有效指导入海排污口的污水排放，其辅助决策支持方式主要包括对已经超标排放的企业执行限制排放或禁止排放措施,以及对尚未超标排放的企业提醒其排放余量等。

（4）特征污染物排放分析。

特征污染物是反映某种行业污染物排放特征的某种或某几种污染物,一般而言,可以理解为排放总量较多的污染物,例如机械制造及电镀行业中的六价铬,制药行业中 COD、BOD_5、硝基酚类等。特征污染物的排放分析有利于指导行业污水的排放,进而起到保护环境的作用。

（5）在国家大力推进信息化建设的今天,开发入海排污口/直排海污染源管理地理信息系统是在环境保护领域应用数字信息技术的有益尝试。数据管理平台由传统的 C/S 架构迁移到近年来更为流行的 B/S 架构,使得管理人员能够更方便、快捷、高效地使用系统进行辅助决策。系统采用基于成熟 ArcGIS 平台的插件式（Plug-in）开发方式,以期获得高度的可扩展性。GIS 技术种类繁多,可以实现的功能更是五花八门,基于本系统框架,可以快速、高效地开发符合功能需求的各类插件,使其与基础平台无缝连接,以便扩充和完善信息管理和决策支持的功能。入海排污口/直排海污染源管理地理信息系统探索将以 ArcGIS Server 为代表的 WebGIS 技术应用到入海排污口管理中。

（6）我国正逐渐重视入海排污口的保护和治理工作,但由于传统的数据表达手段较少,展示效果不佳,数据分析功能欠缺,排污口的管理工作面临着诸多困难。WebGIS 能够在统筹管理环境数据的基础上,进行多样的可视化效果展示,大大增强了数据的直观性。WebGIS 强大的数据分析工具也能够省却人工分析的繁重任务,提供及时、准确的分析结果,以便制定相关决策。近几年云端 GIS 的概念被提出,基于 ESRI 的云 GIS 平台进行了研究和探索。传统的 GIS 技术在环境保护领域的应用已经不少,然而充分结合 GIS、Internet 和云 GIS 技术,开展 WebGIS 在入海排污口管理领域的应用研究尚显贫乏,本课题的研究成果可以说是一次有意义的探索,并成功应用于绍兴市和舟山市入海排污口管理。

6.5　小　结

（1）入海排污口/直排海污染源管理地理信息系统主要模块可分为三大部,分别为用户管理、数据管理、地理信息管理等,为了系统后续升级和扩展,也预留部分接口,如浓度数据实时接收等。

（2）用户管理模块作为首先完成的系统模块,能够对系统用户进行统一、分层次管理。按照需求将用户权限等级分为五层,即:环保部、跨省管理中心站、省、市、县。不同权限等级的用户拥有相对应的系统权限。数据管理模块开发完成了数据管理相关的内容,主要包括:监测数据录入和上传,排污口信息录入和上传,海区容量数据录入,污染物排放标准维护,排污口数据、监测数据、海区容量数据查询,数据统计和分析,超排预警,特征值分析等。地理信息管理模块完成了排污口/污染源的地理显示,支持绘图、测量、定位、数据统计、排污口统计等,同时可以加载环境功能区/海洋功能区图等。

（3）经过多方的测试和部分单位的试用,经反馈,入海排污口/直排海污染源管理地理信息系统已经达到了初步使用状态。利用系统提供的功能实现对排污口信息和监测数据的统筹管理,同时利用 GIS 展示、空间查询、数据统计等功能,进而为科学管理污水排海提供技术支撑和辅助决策支持。

(4) 入海排污口/直排海污染源管理地理信息系统探索将以 ArcGIS Server 为代表的 WebGIS 技术应用到入海排污口管理中。数据管理平台由传统的 C/S 架构迁移到近年来更为流行的 B/S 架构,使得管理人员能够更方便、快捷、高效地使用系统进行辅助决策。本系统已成功应用于绍兴市和舟山市入海排污口管理。

参考文献

[1] 贾卓,汤友华,李秀,等. 基于 WebGIS 的入海排污口信息管理系统的设计与实现[J]. 海洋技术学报,2016(2):38-45.

[2] 胡杰,周鹏飞,郭乔进. 基于 MVC 设计模式的 SSH 框架的研究[J]. 信息化研究, 2016(1):17-22.

[3] 万东. 基于 Struts＋Hibernate＋Spring 的轻量级 J2EE 框架[J]. 现代电子技术, 2011(16):39-41.

[4] 许自舟,梁斌,张浩,等. 基于 ArcGIS Server 的海洋环境信息服务平台设计与实现 [J]. 海洋环境科学,2013(2):284-288.

[5] 甄福全. 基于公有云平台 ArcgisOnline 的 WebGIS 实现[J]. 哈尔滨师范大学自然科学学报,2015(3):75-78.

[6] 崔艳军,石金峰,张海东. 基于 ArcGIS Server 与 Web Service 的 WebGIS 技术研究 [J]. 城市勘测,2008(3):14-16.

[7] 王玲玲,刘惊雷,马晓敏. 基于 GIS 的污染源管理信息系统设计与实现[J]. 微计算机信息,2008(1):174-175＋173.

[8] 徐少坤,宋国民,王海葳,等. 基于信息可视化技术的地理空间元数据可视化研究[J]. 测绘工程,2013(3):83-87.